易学易懂

电气数学入门

[日]山下明 著

陈译 吕兰兰 张宏怡 译

数学是所有科学的基础，学习电学需要数学作为基础。本书旨在帮助初学者理解电子电路领域的基础数学知识，共包含9章内容和问题的答案。从简单的数字表示方法、数字的算术运算和数学符号的表示开始介绍，逐步引入到工程矩阵、函数表征和复数坐标系统，然后进一步探讨微分方程、拉普拉斯变换和傅里叶级数在电子电气中的应用，为读者建立起简易明晰的电气工程数学体系。

本书可作为从事电子电气工作的工程技术人员的入门级数学引导读物，也适合作为电子电气相关专业人员的专业级辅导用书。

图书在版编目（CIP）数据

易学易懂电气数学入门 /（日）山下明著；陈译，吕兰兰，张宏怡译．—北京：机械工业出版社，2024.6（2024.11 重印）

ISBN 978-7-111-75535-7

Ⅰ．①易…　Ⅱ．①山…②陈…③吕…④张…　Ⅲ．①电气工程－应用数学　Ⅳ．① TM11

中国国家版本馆 CIP 数据核字（2024）第 068897 号

机械工业出版社（北京市百万庄大街 22 号　邮政编码 100037）

策划编辑：江婧婧　　　　责任编辑：江婧婧

责任校对：孙明慧　陈　越　　封面设计：王　旭

责任印制：常天培

固安县铭成印刷有限公司印刷

2024 年 11 月第 1 版第 2 次印刷

148mm × 210mm ·10.125 印张·336 千字

标准书号：ISBN 978-7-111-75535-7

定价：95.00 元

电话服务	网络服务
客服电话：010-88361066	机　工　官　网：www.cmpbook.com
010-88379833	机　工　官　博：weibo.com/cmp1952
010-68326294	金　　书　　网：www.golden-book.com
封底无防伪标均为盗版	机工教育服务网：www.cmpedu.com

原书前言

学习电学需要数学知识作为基础。

一开始就突然提出这个要求，是因为数学是科学的语言。科学（=理科：学校理学学科的总称）是一门探索“自然运作方式”的学科。更加高大上的说法是，“追求自然规律”或“探索真理”。

这里，理科和数学的关系可以用下面这张图来表示。

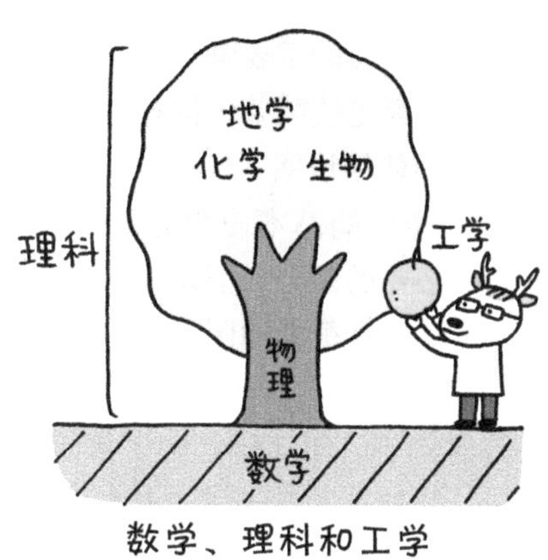

数学、理科和工学

简而言之，数学是所有科学的基础，科学是探索自然运作方式的学科，包括物理、化学、地学、生物等分支领域。为什么数学能成为科学的语言，能够很好地描述自然界，这个我无法论证。但是古希腊的毕达哥拉斯大师曾经说过“万物皆数”。

因此，用数学来描述这个世界是合情合理的。

现在，我们来看看上面的图，可以看到树上结着果实。当果实成熟时，人类就可以食用它们。这就是“工学”。它是一门考虑如何将自然规律应用于人类的学科。在理解自然规律的基础上，考虑如何让它们对人类有用。

本书旨在为初学者提供必要的数学知识，以便更好地学习电学。初学者可能会因为不熟悉数学术语、符号和计算而感到困惑。因为数学是电学的语言，所以如果在这里遇到困难，将会非常棘手。

因此，本书的结构是为那些想要学习电学的人准备的，以便他们能够掌握阅读专业书籍所需的数学知识。

○这本书的读法

我想，阅读本书的读者有很多出发点。“什么是方程式？”类似有这样疑问的人，也有人会说“我曾经做过微分计算”。这里介绍本书各章的概要和相关内容，请参考判断自己需要哪一章。

本书的结构是，如果从第 1 章开始按顺序阅读的话，就可以像上台阶一样轻松地进行阅读。如果不是从头读，而是从中间开始读的读者，若出现不明白的地方，请参考脚注再回去读一遍。

第 1 章　数字的处理

书中介绍了在电气工程学的世界中如何处理数字。虽然不能直接解决问题，但书中有很多“电气工程的重要常识”。读了这里，就能很好地读懂专业书字里行间的意思。内容比较简单，推荐一读。

第 2 章　数与表达式的使用说明

本章主要介绍数和表达式的基本使用方法。如果这些内容都掌握了，那可以跳过，也可以只读必要的部分。但是，如果忽视了数学的基本规则，以后学习难的数学知识时就会有很大的困扰。为了巩固基础，也可以通读。

第 3 章　一次方程式

电工学习必要的数学知识，第 2 章和第 3 章的内容就足够了。除了电气方面需要理解的部分，到这一章为止都是中学数学的内容。如果没有必要的话也可以跳过，但是里面有很多重要的公式和方程式的处理方法。通过解决方程式问题，可以学到用数学就能做的事情（数学作为武器的使用方法）。

第 4 章　联立方程式和矩阵

第 4 章的前半段是中学学习的“一次方程组”。本书进一步介绍了“矩阵”。矩阵对于考取资格证书来说并不是必要的。但是，为了能够理解数学的精髓，可以进一步读一下 4-5 节以后的内容。

第 5 章　函数

这是本书占用篇幅最多的一章。在学习电气工程的时候，这里提到的数学类似笔记一样，是非常重要的工具。作者已经写得很详细了，为了更好地阅读接下来的章节，而且能够更好地理解专业书籍，请认真阅读。本章中涵盖数学的思考方法、电气工程学的使用方法等，内容丰富。

第 6 章　复数

在电路中必须有 j 登场。不是从电气工程学的立场，而是从数学的立场对复数进行说明。为什么复数会在电路中出现，这在电路的书中有详细介绍，在这里我们着重巩固数学的基础。

第 7 章　微分・积分

要想很好地理解电气工程的内容，微积分的知识是必须掌握的。由于微积分内容较多，所以很多书籍都是直接使用，而省略了详细的说明。这里，我们重温这方面的知识，所以第 7 章的知识是必须掌握的。

第 8 章　微分方程・拉普拉斯变换 / 第 9 章 傅里叶级数・傅里叶变换

这些领域也分别有专门的书籍介绍，但在第 8 章和第 9 章，我们对微分方程、拉普拉斯变换、傅里叶级数、傅里叶变换这些必要的知识进行介绍。限于篇幅，本书无法全部说明。不过，这本书的内容很有趣，重点讲解了其精髓部分。

正如前文所述，数学是电气工程的语言，在某种意义上是“道律”。要想熟练使用数学这一工具，有必要阅读其使用说明书。希望学习电气工程的人们通过本书能够熟练使用数学这一工具，收获更多的果实。

2016 年 9 月

山下明

特别感谢厦门理工学院的支持才有了本书的顺利出版。

目录

本书将各项目的难易程度分为 5 个等级。作者依个人观点划分，仅供读者参考。

第 1 章

数字的处理

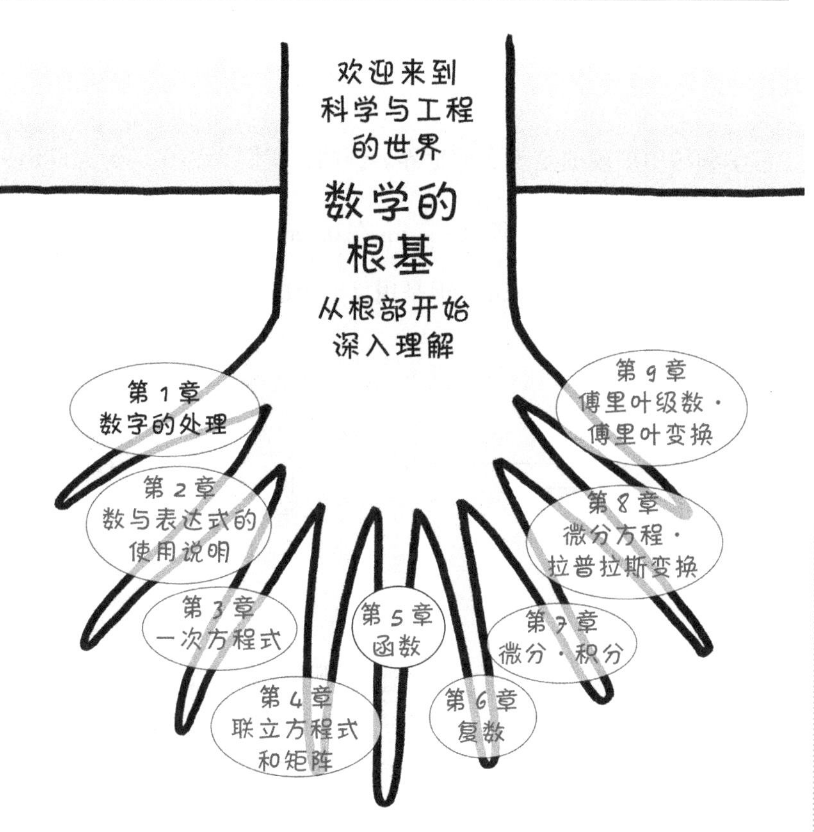

首先要学会使用数字。因为数字的性质都是一样的，所以使用起来非常方便。

1-1 ▶ 数字的标记①：有效数字

～有意义的有效数字到哪里为止！？～

▶【有效数字】

具有意义的数字。

对数学领域和现实工程学领域中数字的处理方式，多少有一些不同。在数学领域中，可以严格地定义一个任意指定的数值。我们以分数举例，来展现这种差异。在数学世界中的$\frac{1}{3}$可定义为「将 1 平均分为 3 份后的值」。但是工程学领域中展现的是现实的世界。例如，我们无法在尺子上读出$\frac{1}{3}$这样的值，不是吗？如图 1.1 所示，$\frac{1}{3}$ cm 在 0.3cm 和 0.4cm 之间，准确地说是 0.3333333333333333……cm。但是用尺子能估算到的最大限度也只能测量就到 0.33cm 左右了。

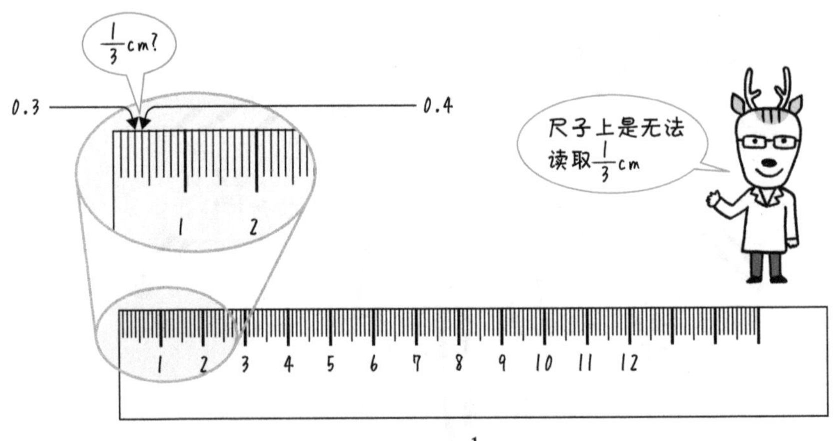

图 1.1　尺子上的$\frac{1}{3}$ cm？

综上所述，从数学角度来看，$\frac{1}{3}$ cm 可以定义为「将 1cm 做 3 等分后」的数值，但是现实中是无法用尺子测量出$\frac{1}{3}$ cm 这个数值的。除此之外，在现实世界的工程测量中，能够读取的位数也是有限的。在用数字表示测量结果时，根据该位数的限制，来决定所测量数字具有实际意义的部分。

让我们以体重计为例，思考下到底什么程度的数字才有意义。如图 1.2 所示，当体重计的指针指向 5 和 6 之间时，我们可以认为

$$5\text{kg} < 体重 < 6\text{kg}$$

但是，对于小数点后的第一位应该是多少呢？事实上我们是无法断言「一定是这个值」。

这是由测量者自己决定的部分，所以具有一定的不确定性。图 1.2 中测量的体重是 5.6kg。测量值的最后一位往往都存在有这样的不确定性。

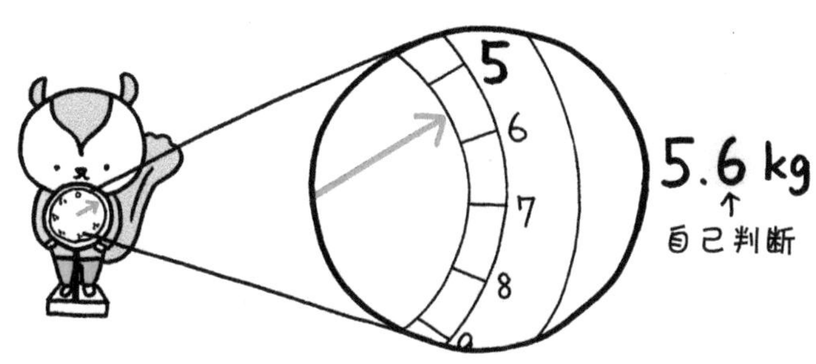

图 1.2　**体重计刻度的有效数字**

那么，如果把这个测量的体重标记为「5.600000000kg」，这会怎么样呢？这会使我们总觉得有点不协调。因为这个体重计不可能准确测量到那么精确的程度。这个测量数字实际有意义的部分是到 5.6 为止。后面的 000000000 没有意义。

像这样具有意义的、有所表示的数字被称为有效数字。另外，有效数字有几位被称为有效位数。5.6kg 的有效位数为 2 位。

问题 1-1 下列数字的有效位数是多少？

（1）3.14　（2）3.141　（3）3.1415　（4）1.73205080　（5）2.71828

答案在 P.270

1-2 ▶ 数字的标记②：指数表示

～从鲸鱼到水蚤。不，从宇宙到原子～

▶【指数表示】

可以很容易地表示非常大的数字和非常小的数字。

数字是非常方便的，从出奇的大到出奇的小的事物，都可以用数字在纸面上轻易地被标注出来。

图 1.3 为鲸鱼和水蚤的画。鲸鱼是 30m 左右的鲸鱼，水蚤的大小约为 2mm。如果用同样的比例尺缩小，画在纸上，那水蚤就看不见了（并不是因为作图比较麻烦的原因）。

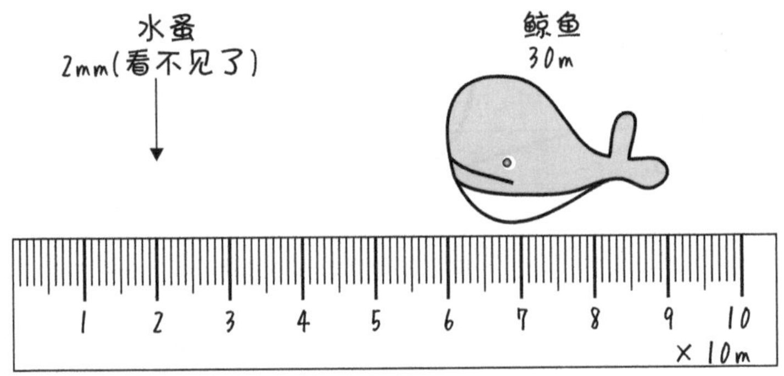

图 1.3 **鲸鱼和水蚤**

像这样，在表示物体的大小时，一一画出来进行比较实在太费劲了。于是人类发明了用数字来表示事物大小，这是个伟大的发明。从前有位了不起的国王用手或者脚的长度作为测量的基准数字，但现在我们使用的是米（m）这个长度单位。而且如果使用指数表示方法的话，从非常大到非常小都可以通过同样的单位来进行表示。

指数表示是指使用**指数**形式来表示数字的大小。以 10 这个数为底数，通常用 10 的几次方来表示数字的大小。于是鲸鱼和水蚤的尺寸可以表示为

$$\text{鲸鱼：}30\text{m} = 3 \times 10^1\text{m}$$

$$水蚤：2mm = 0.002m = 2 \times 10^{-3}m$$

在表示大小时，鲸鱼的指数为 10^1，1 次方，水蚤的指数为 10^{-3}，-3 次方。

使用这个表示方法，宇宙和原子的大小也能轻松表示。宇宙的大小㊀为 5×10^{24}m，氢原子的大小㊁为 0.529×10^{-10}m，图 1.4 为氢原子、水蚤、鲸鱼、宇宙的大小。

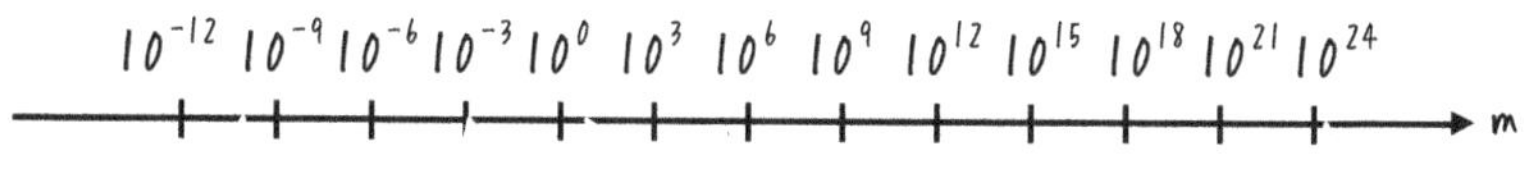

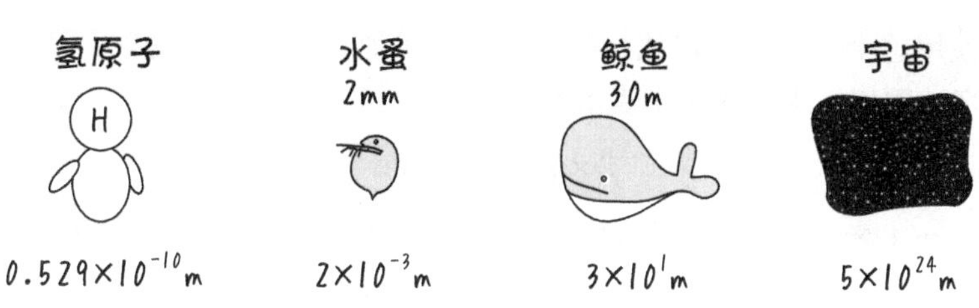

图 1.4　从宇宙到氢原子

像这样，通过指数形式来表示的话，可以简单地表示大得不得了的东西和小得不得了的东西。

$$宇宙：5 \times 10^{24}m = 5000000000000000000000000m$$

$$氢原子：0.5^{29} \times 10^{-10}m = 0.0000000000529m$$

㊀ 讨论宇宙的形状和大小是非常困难的，这里只是单纯地用数字的大小对其进行简单的描述。如果宇宙是以光的速度（每秒行进 3×10^8m）在膨胀，并且宇宙从诞生到现在已历经 130 亿年（$=130 \times 10^8$ 年 $\times 30$ 日 $\times 60$ 分 $\times 60$ 秒 $= 1.68 \times 10^{16}$ 秒）来对宇宙的大小进行估算，速度 × 时间 $= 3 \times 10^8 m/s \times 1.68 \times 10^{16} s = 5 \times 10^{24}m$。但是宇宙是不规则的，如果这个值只能从特定的某个方面来对宇宙进行描述。有兴趣的同学可以努力成为宇宙物理学学者对宇宙进行更深入的研究。

㊁ 精确地测量氢原子大小是不可能的，但是大概的原子大小可以通过物理学家玻尔的氢原子模型来进行估算，氢原子的半径（也被称为玻尔半径）是 0.529×10^{-10}m。

难易度 ★☆☆☆☆

1-3 ▶ 数字的标记③：前缀

~只用一个字母~

▶【前缀】

比指数表示更简洁。

和歌是日本歌的一种形式，是由 31 个假名文字所构成，所以也被称为三十一文字。自古以来，日本人就在和歌中记载着自然之美、恋爱、自己的境遇等。同样，科学家或技术人员有时会给出一个字母，用它来表示数量大小的信息。这样的字母叫作前缀，如表 1.1 所示。

使用这个前缀，可以比指数表示更简单地表示非常大的数字和非常小的数字。例如，水蚤的大小表示为

$$2 \times 10^{-3}\text{m} = 2\text{mm}$$

在 m（米）这个单位前面，用 1 个前缀 m（毫）表示 10^{-3} 的大小。虽然没有和歌那么有情调，但是用起来十分方便。

● 例　**使用前缀表示 2.5×10^{-5}m。**

答　观察指数部分（10^{-5}），在准备好的前缀（参照表 1.1）中最接近的是 μ（10^{-6}），所以指数部分定为 10^{-6}，可分解为

$$2.5 \times 10^{-5} = 2.5 \times 10^{1} \times 10^{-6}\text{m} = 25 \times 10^{-6}\text{m} = 25\mu\text{m}。$$

这样，在使用前缀表示时，就可省略指数部分。

问题 1-2 试着使用适当的前缀，使以下表示变得简洁。

（1）2×10^{-3}m　（2）3×10^{3}m　（3）0.33×10^{-2}m　（4）5×10^{-6}m

答案在 P.270

表 1.1 **数的表示（有点像阶梯的形状）**

用数字直接写出来	指数表示	前缀	读法
1000000000000000000	10^{18}	E	Exa
100000000000000000	10^{17}		
10000000000000000	10^{16}		
1000000000000000	10^{15}	P	Beta
100000000000000	10^{14}		
10000000000000	10^{13}		
1000000000000	10^{12}	T	Tera
100000000000	10^{11}		
10000000000	10^{10}		
1000000000	10^{9}	G	Giga
100000000	10^{8}		
10000000	10^{7}		
1000000	10^{6}	M	Mega
100000	10^{5}		
10000	10^{4}		
1000	10^{3}	k	Kilo
100	10^{2}	h	Hecto
10	10^{1}	da	Deca
1	10^{0}		
0.1	10^{-1}	d	Deci
0.01	10^{-2}	c	Centi
0.001	10^{-3}	m	Mili
0.0001	10^{-4}		
0.00001	10^{-5}		
0.000001	10^{-6}	μ	Micro
0.0000001	10^{-7}		
0.00000001	10^{-8}		
0.000000001	10^{-9}	n	Nano
0.0000000001	10^{-10}		
0.00000000001	10^{-11}		
0.000000000001	10^{-12}	p	Pico
0.0000000000001	10^{-13}		
0.00000000000001	10^{-14}		
0.000000000000001	10^{-15}	f	Femto
0.0000000000000001	10^{-16}		
0.00000000000000001	10^{-17}		
0.000000000000000001	10^{-18}	a	At

难易度 ★★☆☆☆

1-4 ▶ 单位的意义和标记

~单位决定 1 这个值~

▶【单位的含义】

一份的量的大小。

在科学和工程学中，需要表示现实世界中各种各样的量。这就需要定义计量事物的标准量，这种标准量被称为单位。正如字面意义一样，「单（一份）」表示的多少「位（大小）」的量。

比如钱，日本的金钱单位是日元。日元这个符号，就决定日元中 1 这个数值的大小。如果标记为“1 日元”，就意味着“以日元为单位的东西只有 1 个”。如果标记为“980 日元”，就表示“以日元为单位的东西有 980 个”。

在同一种单位之间可以进行加法或减法计算。如果是钱的不同的单位，加上前缀或通过单位换算转换为同一种单位表示后也可进行运算。例如：

100 日元 + 1 美元 = 100 日元 + 120 日元 = 220 日元

1 万日元 + 100 日元 = 10000 日元 + 100 日元 = 10100 日元

这里美元这个单位，1 美元 = 120 日元就可以换算，前缀「万 = 10000」也可以换算[㊀]。

但是，像下面这样的计算是不行的。

70kg + 175cm = ？？？

也就是说，如果单位不同，是不能进行运算的。我是体重 70kg、身高 175cm 的作者，把体重和身高相加，完全没有意义。

另一方面，像下面这样是可以进行运算的。

$$3\text{m} \times 5\text{m}^2 = 15\text{m}^3$$

㊀ 欧美的前缀通常是以每 3 位数来划分；日语的前缀通常以每 4 位数进行划分。如：万 = 10^4、亿 = 10^8、兆 = 10^{12}、垓 = 10^{16}……。

也就是说，将 3m 这个长度的量和 $5m^2$ 这个面积的量相乘，得到了 $15m^3$ 这个新的量（体积）。两个单位相乘或相除，可得到不同的单位。

例如，搬运 10kg 的金属块 5m 时的能量

$$10\text{kg} \times 5\text{m} = 50\text{kg} \cdot \text{m} = 50\text{J}$$

这个点符号在单位中表示乘法计算。另外，作为 kg · m = J，还备有新的能量单位 J（焦耳）。相除的情况下，比如用 5m 这个量除以 2s 这个时间

$$5\text{m}/2\text{s} = 2.5\text{m/s}$$

m/s 读作「米每秒」，表示速度的单位。这个斜线符号“/”在单位运算中表示除法。

▶【单位的标记】

量 = 数值 × 单位。

世界上存在各种各样的量，用数学公式表示的时候，大致有两种表示方法，即在文字表达式中包含或不包含单位。例如，如果用 L 这个符号代表作者的身高，作者的身高是 175cm，那么用两种方法分别表示为

（1）$L = 175\text{cm}$　　（2）$L = 175\,(\text{cm})$

式（1）中 L 表示的量为 175cm，含有 cm 这个单位。在式（2）中，L 表示的量是 175，不包含 cm 这个单位。但是为了表示 L 这个量是什么，所以在后面加了括号并记载了单位。因此，像 L 这种表示量的符号被称为量符号。

本书采用的是第（1）种标记法。单位使用的是罗马体，罗马体呈笔直的字形，如“abcd”。量符号为文字式，使用斜体，斜体字是稍微弯曲的字形，如：“*abcd*”。第（2）种标记法中，即使在手写时字体难以区别的情况下，我们也可以明显地区别出单位和量符号。

1-5 ▶ 加法和减法

~会出现相同的单位~

▶【加法和减法】

相同单位之间的值：单位成为公因数。

我们在 1-4 节中介绍过，拥有相同单位的数之间可以做加法或减法运算。这里，我们在满足加减法运算的条件下进行计算练习。

原本，现实世界中处理的值是由「数字和单位」组合而成，用「数值 × 单位」的量来表示。例如，用 $L_{松鼠}$符号表示松鼠的身高 32cm 时，即

$$L_{松鼠}=32\text{cm}$$

也就是说，$L_{松鼠}$这个记号的意思是「32 × cm」这个量。同样，用 L 这个符号表示作者身高 175cm，即 $L_{作者}$= 175cm。这样，我们就可以进行以下操作：

$$L_{作者}+L_{松鼠}=175\text{cm}+32\text{cm}=(175+32)\text{cm}=207\text{cm}$$

也就是说，$L_{作者}$和 $L_{松鼠}$有同样的「cm」单位，因此可以作为共同因子提到括号外面去。

再一次就共同因子进行说明。例如，15 和 12 这两个数字可分解为 15 = 3 × 5，12 = 3 × 4，都是以 3 这个数字为倍数。这样的共同倍数被称为共同因子。这样，加法运算时，可以 15 + 12 = 3 ×（5 + 4）的共同因子放在括号外。对于 $L_{作者}$和 $L_{松鼠}$，就具有「cm」这样的共同因子。

减法也可以以同样的方式进行运算

$$L_{作者}-L_{松鼠}=175\text{cm}-32\text{cm}=(175-32)\text{cm}=143\text{cm}$$

综上所述，只要在单位相同的情况下，在进行加法和减法运算后，单位不发生改变。如图 1.5 和图 1.6 所示，在以「cm」为单位进行长度的加减运算后，计算结果还是长度。当然，这样的计算结果是具有意义的。

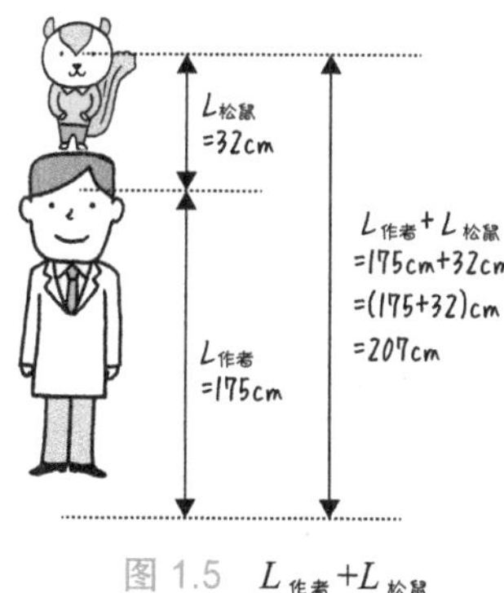

图 1.5　$L_{作者}+L_{松鼠}$

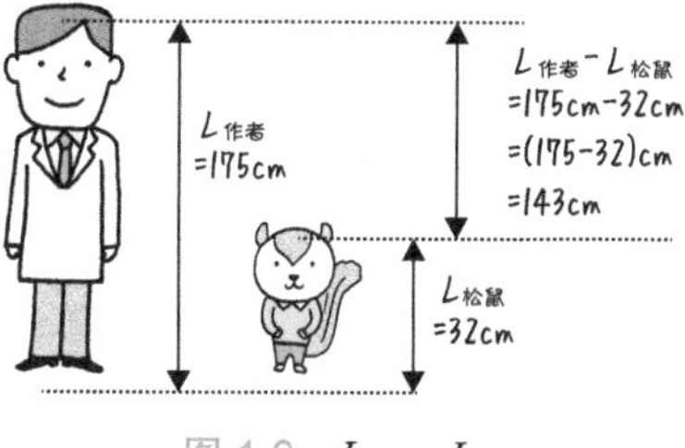

图 1.6　$L_{作者}-L_{松鼠}$

图 1.5 表示加法运算后从作者的脚到松鼠头顶的长度，图 1.6 表示减法运算后站在同一高度时从作者头顶到松鼠头顶的长度。

● 例　**设定 $L_1=10\text{cm}$、$L_2=0.2\text{m}$、$L_3=2$ 尺时，假定 1 尺 $=0.303\text{m}$。求出以下各值。**

（1）L_1+L_2　（2）L_1-L_2　（3）$L_1+L_2+L_3$（cm）

答　（1）首先，将 L_1 和 L_2 的单位统一。对齐的单位没有特别指定是 cm 还是 m，所以都可以。如果统一单位为 cm 的话，则 $L_2=0.2\text{m}=20\text{cm}$

$$L_1+L_2=10\text{cm}+20\text{cm}=30\text{cm}$$

（2）和（1）一样统一单位

$$L_1-L_2=10\text{cm}-20\text{cm}=-10\text{cm}$$

（3）量符号 $L_1+L_2+L_3$ 的旁边有带括号的（cm）标记。这意味着希望用（cm）这个单位来表示这个量符号的值。那么，就把单位统一成 cm 吧。$L_2=0.2\text{m}=20\text{cm}$、$L_3=2$ 尺 $=2\times0.303\text{m}=60.6\text{cm}$

$$L_1+L_2+L_3=10\text{cm}+20\text{cm}+60.6\text{cm}=90.6\text{cm}$$

1-6 ▶ 乘法和除法

~可能会出现不同的单位~

▶【乘法和除法】

单位也可进行乘法、除法运算。

在 1-4 节中介绍了，不同单位的数值不能相加。下面，详细说明其理由，并说明进行乘法运算后会发生什么情况。

如图 1.7 所示，松鼠的体重 $m = 5.6\text{kg}$ 和身高 $L = 32\text{cm}$ 的加法运算。

$$m + L = 5.6\text{kg} + 32\text{cm}$$

但是，因为单位不同，所以没有共同因子。因此，5.6 和 32 这两个数字不能相加。也就是说，$m + L$ 这个量是没有意义的，不能进行不同单位之间的加法运算，减法也一样。

图 1.7　**体重 + 身高**

下面，让我们来考虑乘法和除法的情况。图 1.8 中，有辆车以每秒 2 米，也就是速度 2m/s 行驶。我们试着用这个 2m/s 的量乘以以 s（秒）为单位的时间。

$$2\text{m/s} \times 0\text{s} = 2 \times 0\,[\text{m/s}]\cdot[\text{s}] = 2 \times 0\left[\frac{\text{m}}{\cancel{\text{s}}}\cdot\cancel{\text{s}}\right] = 0\text{m}$$

$$2\text{m/s} \times 1\text{s} = 2 \times 1\,[\text{m/s}]\cdot[\text{s}] = 2 \times 1\left[\frac{\text{m}}{\cancel{\text{s}}}\cdot\cancel{\text{s}}\right] = 2\text{m}$$

$$2\text{m/s} \times 2\text{s} = 2 \times 2 \,[\text{m/s}] \cdot [\text{s}] = 2 \times 2 \left[\frac{\text{m}}{\cancel{\text{s}}} \cdot \cancel{\text{s}}\right] = 4\text{m}$$

$$2\text{m/s} \times 3\text{s} = 2 \times 3 \,[\text{m/s}] \cdot [\text{s}] = 2 \times 3 \left[\frac{\text{m}}{\cancel{\text{s}}} \cdot \cancel{\text{s}}\right] = 6\text{m}$$

像这样，如果只取出速度 × 时间这个量的单位，进行“m/s”和“s”的乘法运算，就得到“m”这个单位。也就是说，速度和时间这两个不同单位的东西相乘，得到了具有长度单位的新的量。用公式来写的话，速度 v〔m/s〕和时间 t〔s〕的乘法运算是：

$$v\,[\text{m/s}] \times t\,[\text{s}] = v \times t\,[\text{m/s}] \cdot [\text{s}] = v \times t \left[\frac{\text{m}}{\cancel{\text{s}}} \cdot \cancel{\text{s}}\right] = vt\,[\text{m}]$$

像这样，就可以知道 vt〔m〕这个量了。在图 1.8 中，$vt = x$，这个公式中使用表示位置 x〔m〕的量符号。也就是说，在单位不同的量间的乘法，数字乘以数字，单位乘以单位，这样就产生了新的单位。除法也一样。

像这样，只取出单位进行计算，研究新产生的单位是什么，这种研究方法被称为维度解析。

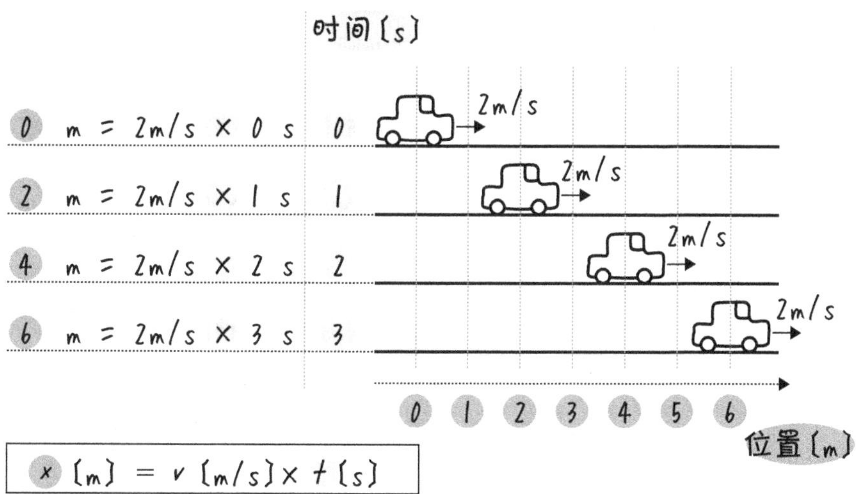

图 1.8 位置 = 速度 × 时间

难易度 ★☆☆☆☆

1-7 ▶ 四则运算和有效数字

~有效数字小的会起作用~

这里，我们就不同有效数字之间的四则计算进行说明。有关有效数字的内容，请参阅 1-1 节。

▶【加法·减法】

精度取误差最大的数的末位。

与其说不如实际计算一下。试着对用电子天平称的 12.34 克的蚬贝和用 100 日元买到 321 克的猪肉做加法运算，求出重量之和。

$$12.34\text{g} + 321\text{g} = 333.34\text{g} \quad ?$$

这个到底正确吗？计算是正确的，但让我们实际思考一下，求出的值的有效数字是多少呢？蚬贝被测量得相当准确，精确到小数点后两位。但是，猪肉重量的测量精度只到个位。由于个位上的最小刻度通常为 1/10，在读取个位上的数字时，对于不同测量者间估计会有一些差异。也就是说，这个猪肉的测量值可以说在 321 ± 5g 左右的范围。最小刻度为 10g，这个 1/10 刻度，也就是 1g 部分的值都属于测量者的偏差。这就是说，小数后第一位的部分即使写了也没有意义。

将这些精确到小数第二位的蚬贝的重量和精确到个位的猪肉的重量相加得到的重量，精度为多少呢？最多也就是猪肉重量的精度吧。

因此，通过加法求出的值的有效数字，精度为误差最大的猪肉的精度，即小数点前第一位。也就是说，四舍五入到小数点前第一位，结果如下[㊀]。

$$12.34\text{g} + 321\text{g} = 333.\cancel{34}\,\text{g} = 333\text{g}$$

㊀ 本来应该使用333.$\cancel{34}$g ≒ 333g 或333.$\cancel{34}$g ≃ 333g，这样的符号用来表示“可以近似为”的。但是，在工程学的书籍中，在近似的情况下，也多采用“=”来表示。

▶【乘法 · 除法】

取有效位数最小的位数。

接下来是让我们思考乘法和除法时的有效位数。让我们来看看 5.81 × 2.3 这个例子。5.81 的有效位数为 3 位，2.3 的有效位数为 2 位，有效位数小的是 2.3 的 2 位。因此，计算结果的有效位数也为 2 位。

```
            5 . 8   1
×           2 . 3        ⇐ 最小位数为 2
-----------------------------
        1 7 4 3
      1 1 6 2
-----------------------------
      1 3 . 3 6 3 = 13  ⇐ 计算结果
                  ⇑ 为了和最小位数（= 2）一致，因此这里四舍五入
```

▶【计算结果的时候】

被有效数字小的数字（有误差）影响精度。

● 例 **注意有效数字，进行以下计算。**

（1）321 − 1.23　　（2）321.0 ÷ 1.23

答 （1）321 和 1.23 中，误差最大的为 321，精度为个位。因此，计算结果四舍五入到小数点前第一位。

$$321 - 1.23 = 319.77 = 320$$

（2）321.0 和 1.23 的有效位数分别为 4 位和 3 位，计算结果的有效位数与有效位数小的 3 位一致。为了有效位数达到 3 位，把第 4 位的小数进行四舍五入。

$$321.0 \div 1.23 = 260.9756 \cdots = 261$$

问题 1-3 注意有效数字，进行以下计算。

（1）$1.245+2.36$ （2）$3.51-2.7$ （3）4.5×3.61 （4）$52.8\div2.4$

答案在 P.270

COLUMN 外星人是如何处理数字的呢？

人这种动物，一般来说共有 10 根手指。也许是因为这个原因，一般数字也有 0123456789 这 10 种。比 9 大的数是 10，比 99 大的数是 100，通过位数递增来表示数字。

但是，如果准备的数字多于两个，就没有什么问题了。也可以只用 0 和 1 来表示。比如 0、1、10、11、100、101 等。0、1 和 2 这三个也没关系。0、1、2、10、11、12、100、101、102、110 等。像这样，准备多少种数字是很自由的，人类使用的数字有 10 种。10 种数字的表示方法叫作十进制，n 种就叫作 n 进制。

如果有 8 根手指的外星人的话，可能会使用八进制。

第 2 章

数与表达式的使用说明

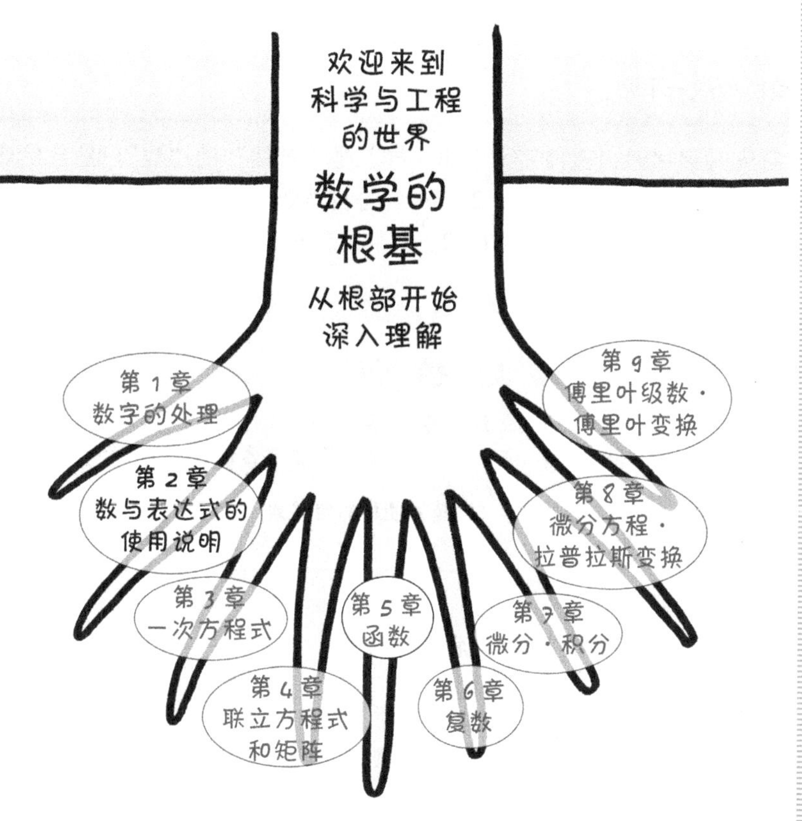

在第 2 章中，我们将以抽象的方式处理数字和文字。不要被“抽象”一词所迷惑。正是因为数学是抽象的，所以它的适用范围非常地广泛，数学是一种非常强大的武器。

2-1 ▶ 数的种类其①

~自然数·整数·有理数·无理数·实数~

处理数学的问题，首先当然会涉及“数”这个概念，其实“数”种类有很多。在对“数”进行计算之前，让我们来掌握各种“数”的性质吧。这里依次介绍“自然数”“整数”“有理数”“无理数”“实数”和“复数”。另外，在第 6 章中将对“复数”做说明。

▶【自然数】

自然地数一下吧。

首先是自然数，就像字面意思一样，是“自然”的“数”。是自然计数事物数量时使用的概念，1、2、3……是自然数。0 不记入自然数。具体来说，在数苹果的时候，会从 1、2、3、4、5……开始数，但不会从 0、1、2、3、4……开始数[1]。

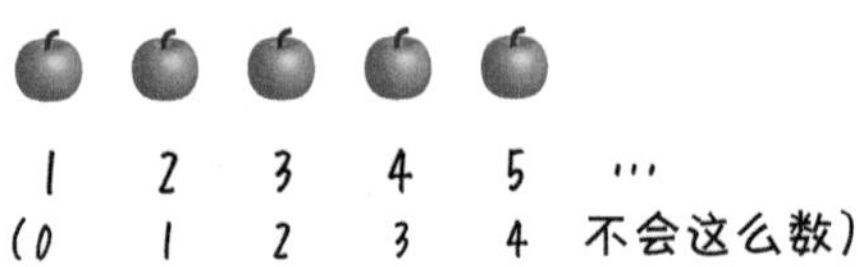

图 2.1 数苹果使用的自然数

▶【自然数的性质】

加法后仍然是自然数， 减法后不一定。

这里介绍自然数的性质。如图 2.2 所示，2 个苹果和 3 个苹果相加就会得到 5 个苹果。相加的 2 个数都是自然数。相加的结果 5 也是自然数。也就是说，2 个自然数相加后得到的数也是自然数。另一方面，在两个自然数相减的情况下，答案不一定是自然数。

[1] 在学习信息工程的时候，经常会从 0 开始数。主张自然数中应该包括 0 的意见也不少，但是很多教科书都不把 0 包括在自然数中。

2 + 3 = 5

自然数 自然数 自然数

图 2.2 **自然数 + 自然数 = 自然数**

让我们来看图 2.3。左图是从 3 个苹果中去掉 2 个苹果，剩下 1 个苹果的样子。用公式表示的话，就是 3-2=1。但是，在右侧的图中，从 2 个苹果中去掉 3 个苹果。这样的话需要去借一个苹果，这种情况就无法用画图来表示。也就是说，这种情况下的答案不符合自然数的范围。

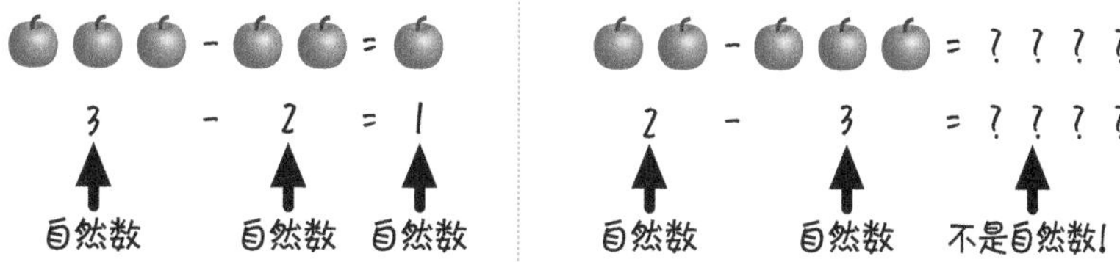

图 2.3 **自然数 − 自然数 = 不一定是自然数**

用自然数做加法，得到的答案也是自然数。因此，自然数相加后的数仍然是自然数这个结论是正确的。另外，用自然数做减法，得到的答案有时会超出自然数的范围。因此，自然数做减法其结果不一定为自然数[1]。

问题 2-1 自然数相乘后是自然数吗？

问题 2-2 自然数相除后是自然数吗？

答案在 P.271

[1] 请注意，这里不是以开放的形式来表示的。

2-2 ▶ 数的种类其②

~自然数 · 整数 · 有理数 · 无理数 · 实数~

▶【整数】

可以进行加法和减法运算。

2-1 节中介绍了自然数，自然数有时无法进行减法运算。例如，“3 − 2 = 1”的回答是自然数 1。可“2 − 3 = ？？？？”的答案不在自然数的范围中。因此，自然数和做减法运算后得到的数的集合统称为整数。

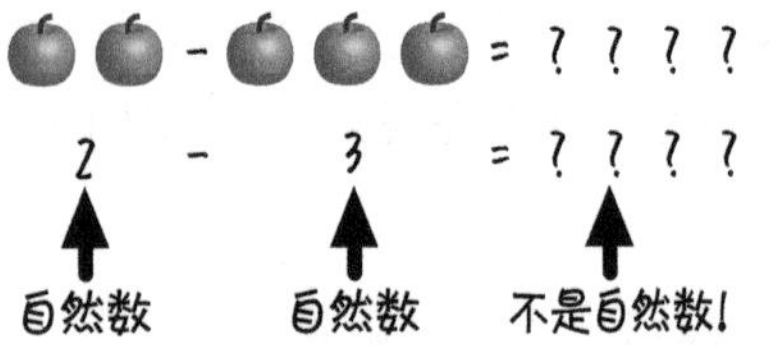

图 2.4 自然数不能进行减法运算的情况

表示比 1 小 1 的整数为 0，比 0 小 1 的数为 −1，比 −1 小 1 的数为 −2……，如图 2.5 所示。可以看出，0 是特别的存在，在表示比 0 小的整数时，在自然数的左边加上“−（负）”符号来表示。这个符号叫作负号，带负号的数被称为负数。与此相对，像自然数那样没有负号的数叫作正数。

另外，为了强调正数，有时会在正数的左侧加上“+（正）”符号，标记为+3 或+100 等[㊀]。如上所述，表示正数和负数的“+”和“−”被称为符号。0 及其以上的数，被称为非负数。

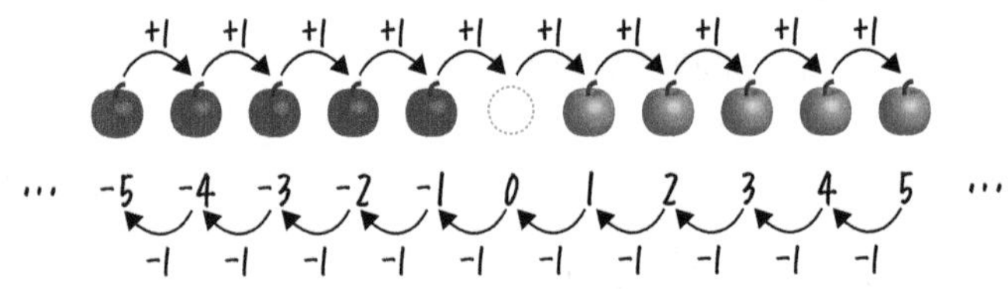

图 2.5 整数的结构 · 苹果和毒苹果

在图 2.5 中，蓝色的普通苹果表示为正数，灰色的毒苹果表示为负数，0 表示为没有苹果存在，利用苹果来展现视觉感官上的正负数。

㊀ 在数学中，正数和负数通过“+”（正）和“−”（负）的符号来表示，而在会计中，通常采用“▲”符号和红色数字表示正数和负数。

为了详细说明负数的性质，我们绘制了图 2.6。某正数的负数是指给这个正数加上一个负号得到的数值。其性质是将某正数与其对应的负数相加等于 0。如图 2.6 所示，普通苹果和毒苹果合在一起就会变成什么都没有了。

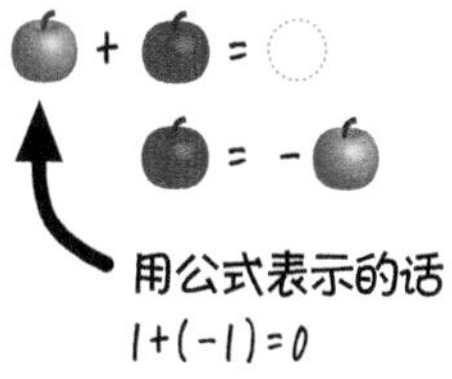

用公式表示的话

$1+(-1)=0$

图 2.6　负数与毒苹果

从“某正数和其对应的负数相加等于 0”的负数性质㊀可以推导出一些非常有趣的数的性质。如负数乘以负数的结果为正数，其性质推导如下：

$1+(-1)=0$	负数的定义
$[1+(-1)]\cdot(-1)=0\cdot(-1)$	等式两边同乘以（−1）
$1\cdot(-1)+(-1)\cdot(-1)=0$	左边是（−1）分别乘以 1 和（−1） 右边是 0 乘以任何数都为 0
$-1+(-1)\cdot(-1)=0$	（−1）· 1 = −1（任何数乘以 1 都为任何数本身）
$\underbrace{(+1)+-1}_{+1-1=0}+(-1)\cdot(-1)=(+1)+0$	等式两边同加（+1）
$(-1)\cdot(-1)=+1$	结论

▶【正数 · 负数】

$A+(-A)=0$	（正数）+（其对应的负数）= 0
$(-A)*(-A)=+A$	（负数）·（负数）=（正数）

例　**计算下列式子。**

（1）3−5　　（2）1−100　　（3）0−15

（4）5+(−1)　　（5）−1+5　　（6）(−1)+(−5)

（7）−2 · 3　　（7）5 · (−3)　　（7）(−2) · (−3)

㊀ 准确地说，这就是数学上负数的定义。就比如“电波”是指 300 万兆赫兹以下频率的电磁波（根据电波法第 2 条），“某正数与其对应的负数相加等于 0”这就是负数的定义，这是由人们决定的事实，也就是说，“定义”是无需证明的。

答 （1）$3-5=-2$

如果换算减法，则 $5-3=2$，3 减去 5 不够，还差 2。因此，2 加上负号，-2 是答案。

（2）$1-100=-99$

和（1）一样，$100-1=99$，带负号就是结果。

（3）$0-15=-15$

和（1）一样，15-0=15，带负号就是结果。

（4）$5+(-1)=5-1=4$

与负数相加时，减去该正数。

（5）$-1+5=5-1=4$

在保持符号的状态下更换顺序也没关系。

（6）$(-1)+(-5)=-(1+5)=-6$

负数之间的加法，是将去掉负号的数相加后再加上负号。

（7）$(-2)\cdot 3=-(2\times 3)=-6$

负数乘以正数等于负数。

（8）$5\cdot(-3)=-15$

与（7）相同。

（9）$(-2)\cdot(-3)=+(2\times 3)=6$

负数乘以负数等于正数。

问题 2-3 计算下列式子的值

（1）$59-63$ （2）$49-89$ （3）$8+(-5)$ （4）$-5+10$

（5）$(-2)+(-8)$ （6）$(-9)\cdot 2$ （7）$3\cdot(-5)$

（8）$(-2)+(-8)$ （9）$(-100)\cdot(-20)$

答案在 P.271

在这里，让我们更详细地了解整数的性质。如图 2.7 所示，将整数从左到右排列为……−5、−4、−3、−2、−1、0、1、2、3、4、5……。从这张图可以看出，为什么自然数不能做减法。用这张图进行加法是指，以被加的数为基准，向右移动相加数的量。减法就是以被减去的数为基准，向左移动要减去的数量。

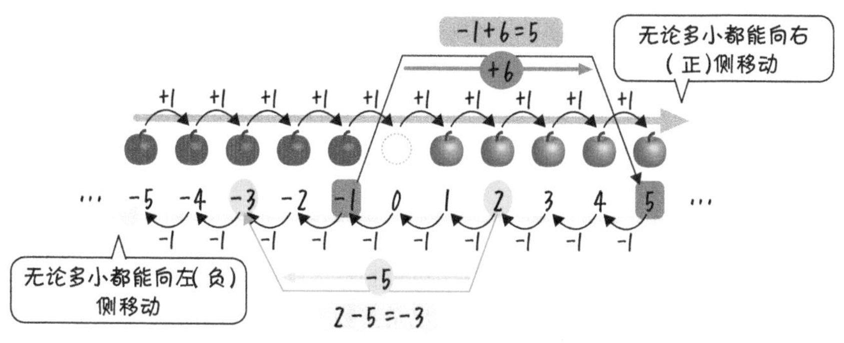

图 2.7 **整数可以进行任意的加减运算**

自然数为 1、2、3……，随着数变大，可以通过更大的数来表示，所以标记上不会有困难。但是，如果不断地进行减法运算来表示负数的值的话，由于自然数中没有比最小数值 1 更小的自然数，所以无法表示。也就是说，从图 2.7 来看，自然数在右边无论多大都可以，但左边在 1 处就停了。另一方面，整数时，由于有负数，所以无论怎么减去，都有答案。即使做减法向左走，负数也有很多，做减法的答案一定是整数。据此，整数做减法后仍是整数[㊀]。

问题2-4 整数做乘法后还是整数吗？

问题2-5 整数做除法后还是整数吗？

答案在 P.272

㊀ 请参阅本书 2-1 节。

难易度 ★★☆☆☆

2-3 ▶ 数的种类其③

~自然数 · 整数 · 有理数 · 无理数 · 实数~

▶【有理数】

有理数是整数（正整数、0、负整数）和分数的统称， 是整数和分数的集合。

任何整数做加减运算后都是整数。用数学语言表达的话就是加法和减法运算是整数集的闭合运算。

那么整数进行乘法和除法会怎么样？进行乘法运算时，

- 正数与正数相乘结果为正数，也是整数
- 正数与负数相乘结果为负数，也是整数
- 负数与正数相乘结果为负数，也是整数
- 负数与负数相乘结果为正数，也是整数

因此整数进行乘法运算得到的结果都是整数。但是，如果进行除法运算会怎么样呢？图 2.8 中表示整数除法运算，其展示了可以被整除的情况和不能被整除的情况。

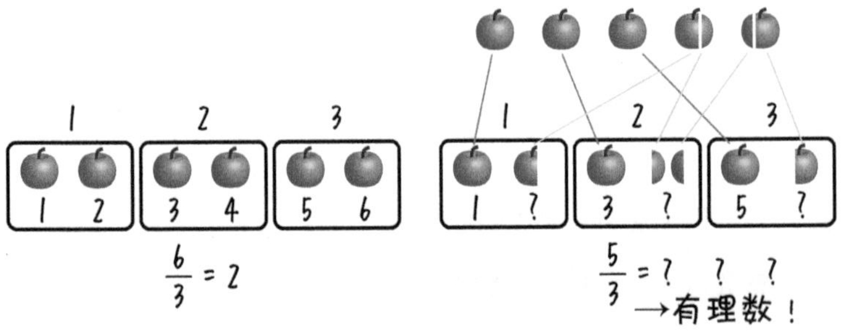

图 2.8 **整数的除法**

图 2.8a 是整数除以整数，结果都为整数的示例。如果把 6 个苹果分成 3 等分，那么每等分的苹果是 2 个。图 2.8b 是整数除以整数，但是出现了不能整除的情况，答案无法用整数来表示。因为即使不能被整除也一定是

数，所以将表示这个除法的分数本身认定为数，将其命名为有理数。像这样，用整数除法表示的数被称为有理数。有理数对于加法、减法、乘法、除法，其结果都可以是有理数。

例 **计算下列式子**

（1）$\frac{1}{2}+\frac{1}{3}$ （2）$\frac{1}{2}-\frac{1}{3}$ （3）$\frac{1}{2}\cdot\frac{2}{3}$ （4）$\frac{1}{2}\div\frac{3}{4}$

答 （1）$\frac{1}{2}+\frac{1}{3}=\frac{1\cdot 3}{2\cdot 3}+\frac{1\cdot 2}{3\cdot 2}=\frac{3}{6}+\frac{2}{6}=\frac{3+2}{6}=\frac{5}{6}$

分母不同的有理数相加时需要使分母一致，这叫作通分，两个分母的最小公倍数（本问题中为6）的分母值。为了使分母一致，将各自分数的分母分子乘以相同的数，分母一致后，再计算分子。

（2）$\frac{1}{2}-\frac{1}{3}=\frac{1\cdot 3}{2\cdot 3}-\frac{1\cdot 2}{3\cdot 2}=\frac{3}{6}-\frac{2}{6}=\frac{3-2}{6}=\frac{1}{6}$

和（1）相同。

（3）$\frac{1}{2}\cdot\frac{2}{3}=\frac{1\cdot 2}{2\cdot 3}=\frac{2}{6}=\frac{1}{3}$

分数的乘法是分子与分子之间，分母与分母之间进行相乘。

（4）$\frac{1}{2}\div\frac{3}{4}=\frac{\frac{1}{2}}{\frac{3}{4}}=\frac{\frac{1}{2}\cdot\frac{4}{3}}{\frac{3}{4}\cdot\frac{4}{3}}=\frac{\frac{1}{2}\cdot\frac{4}{3}}{\cancel{\frac{3}{4}}\cdot\cancel{\frac{4}{3}}}=\frac{1}{2}\div\frac{3}{4}=\frac{1\cdot 4}{2\cdot 3}$

$=\frac{4}{6}=\frac{2}{3}$

分数除法是将除数的分母和分子互换后的倒数乘以被除数的分母和分子，然后再对分子和分母分别做乘法。简而言之，分数的除法就是乘以其倒数。

$$\frac{A}{B}\div\frac{C}{D}=\frac{A}{B}\cdot\underbrace{\frac{D}{C}}_{\frac{C}{D}\text{的倒数}}$$

2-4 ▶ 数的种类其④

~自然数·整数·有理数·无理数·实数~

▶【无理数】

无法用分数表示的数。

也有更麻烦的数，就是无法用分数表示的数。例如，将进行 2 次乘法运算后变为 2 的数记为“$\sqrt{2}$”。也就是说，$\sqrt{2}\cdot\sqrt{2}=2$。其中，$\sqrt{2}=1.41421356\cdots\cdots$，就无法用分数表示。因此，不能用分数表示的数被称为无理数。

无理数不仅仅是采用平方根的数，还有其他各种各样的数。例如，圆周率 π 是圆的圆周与直径之比，$\pi=3.141592\cdots\cdots$。自然对数的底 $e=2.71828\cdots\cdots$等。

▶【平方根】

乘以两次就是原来的数。

关于平方根我们再做一些详细的说明。在英语中 root 是“根”的意思，乘以两次就是原来的数。如$\sqrt{A}\cdot\sqrt{A}=A$，其中$\sqrt{A}$就是 A 的平方根。

平方根具有以下性质。这里限制 A，$B\geqslant 0$

$$\sqrt{A^2}=A \quad \cdots \quad ①\text{平方根的定义}$$

$$\sqrt{AB}=\sqrt{A}\sqrt{B} \quad \cdots \quad ②\text{两数乘积的平方根等于各数平方根的乘积}$$

$$\sqrt{\frac{A}{B}}=\frac{\sqrt{A}}{\sqrt{B}} \quad \cdots \quad ③\text{两数相除的平方根等于各数平方根再相除}$$

● 例 **计算下列式子**

（1）$\sqrt{4}$ （2）$\sqrt{18}$ （3）$\sqrt{3}\cdot\sqrt{27}$ （4）$\dfrac{1}{\sqrt{2}}$

（5）$\dfrac{1}{\sqrt{2}-1}$ （6）$\sqrt{\dfrac{21+15}{5+7}}$

答　(1) $\sqrt{4}=\sqrt{2^2}=2$

根据平方根的性质①。

(2) $\sqrt{18}=\sqrt{9\cdot 2}=\sqrt{9}\sqrt{2}=\sqrt{3^2}\sqrt{2}=3\sqrt{2}$

根据平方根的性质②，拆分为$\sqrt{9}$和$\sqrt{2}$的积，使用了性质①。

(3) $\sqrt{3}\cdot\sqrt{27}=\sqrt{3\cdot 27}=\sqrt{3\cdot 3\cdot 3\cdot 3}=\sqrt{3^2}\sqrt{3^2}=3\cdot 3=9$

$\sqrt{3}$乘以$\sqrt{27}=\sqrt{81}=\sqrt{9^2}=9$也可以，但尽量用小的数值计算，以免犯错误。

(4) $\dfrac{1}{\sqrt{2}}=\dfrac{1\cdot\sqrt{2}}{\sqrt{2}\cdot\sqrt{2}}=\dfrac{\sqrt{2}}{2}$

让分子变为平方根而消去分母的平方根，使用的这种方法叫作有理化。分母和分子乘以相同的平方根，分母变为有理数。

(5) $\dfrac{1}{\sqrt{2}-1}=\dfrac{\sqrt{2}+1}{(\sqrt{2}-1)(\sqrt{2}+1)}=\dfrac{\sqrt{2}+1}{(\sqrt{2})^2-1^2}=\dfrac{\sqrt{2}+1}{1}$

$=\sqrt{2}+1$

平方根加上有理数的分母后，进行有理化，是将正负符号互换后同乘以分母和分子。另外，分母的计算使用展开公式$(A+B)(A-B)=A^2-B^2$时很容易。

(6) $\sqrt{\dfrac{21+15}{5+7}}=\sqrt{\dfrac{36}{12}}=\sqrt{3}$

先计算根号中的加法。请注意，$\sqrt{A+B}$不等于$\sqrt{A}+\sqrt{B}$。

问题2-6 计算下列式子。

(1) $\sqrt{64}$　(2) $\sqrt{128}$　(3) $\sqrt{7}\cdot\sqrt{14}$

(4) $\dfrac{2}{\sqrt{3}}$　(5) $\dfrac{\sqrt{3}+1}{\sqrt{3}-1}$

答案在P.272

难易度 ★★★★★

2-5 ▶ 数的种类其⑤

~自然数・整数・有理数・无理数・实数~

▶【实数】

一条数轴上 “实” 际存在的 “数”。

虽然出现了各种“数”的种类，但接下来只要列举实数和复数（复数的相关内容将在第 6 章进行说明）就可以了。实数是指一条直线上可以表示的数，包括无理数、有理数等前面介绍的所有的数。表示实数的直线叫作实数线。当然，实数做四则运算后的值还是实数[㊀]。

让我们介绍一下实数的性质。稠密性是指两个值之间存在一定的值。例如，如图 2.9 所示，0 和 1 之间有$\frac{1}{2}$，0 和$\frac{1}{2}$之间有$\frac{1}{3}$，0 和$\frac{1}{3}$之间有$\frac{1}{4}$，0 和$\frac{1}{4}$之间有$\frac{1}{5}$。像这样，两个值之间有一定有值。即使是有理数也保持着这种稠密性。

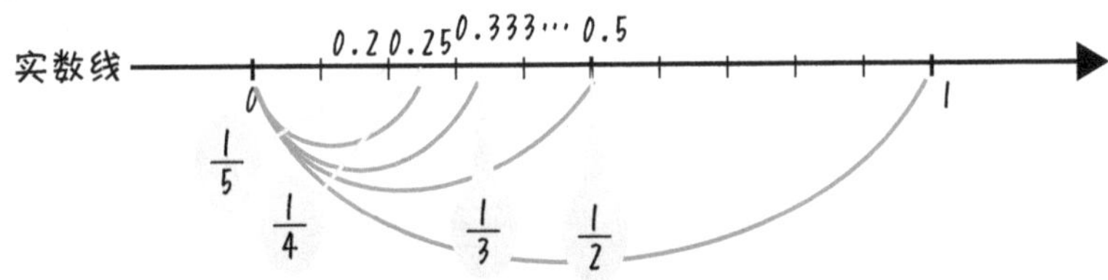

图 2.9 **实数・有理数的稠密性**

但是实数具有更进一步的性质，即实数具有连续性。这就是说两个值之间塞满了数值。我们试着在图 2.10 的实数线上找到$\sqrt{2}$的位置。因为$\sqrt{2}=1.4142\cdots\cdots$，$\sqrt{2}$的第一位是 1，所以$\sqrt{2}$处于 1 和 2 之间，$\sqrt{2}$的第二位是4，所以其处于 1.4 和 1.5 之间，$\sqrt{2}$的第三位是1，所以其处于 1.41 和 1.42 之间。

㊀ 参照 2-1。

像这样逐渐放大这条直线，就能知道这是可以无限放大的。就像能伸展的松紧带一样。也就是说，两个值之间有密密麻麻的数，这就是实数的连续性。

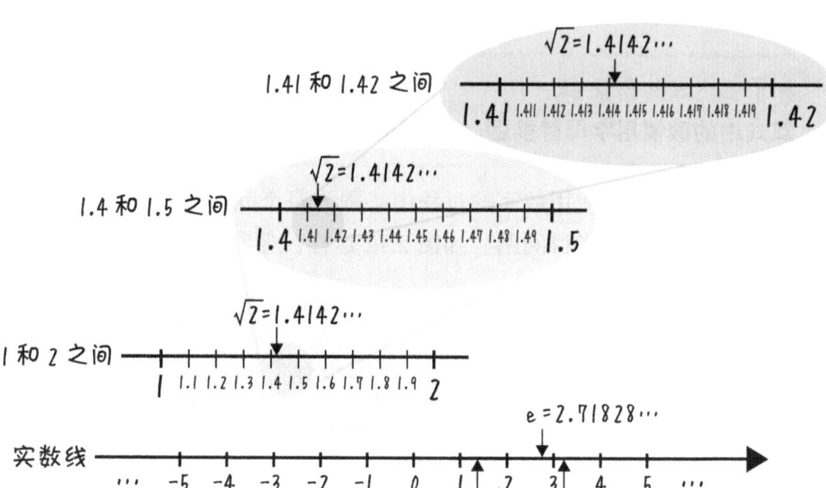

图 2.10　实数线和$\sqrt{2}$（实数的连续性）

以上列举了自然数、整数、有理数、无理数和实数，将它们分类后如图 2.11 所示。在电气领域中很多用电的测量仪器测量得到的数值都是用有限位数的实数来表示的。

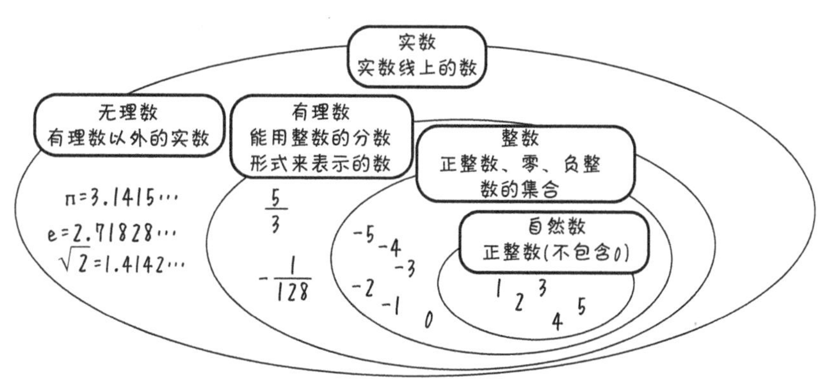

图 2.11　数的分类

2-6 ▶ 表达式之①：意义

～用字母代表数字～

▶【表达式的意义】

算式中的数值用字母替换后， 计算的规则就会变得明显。

计算的时候，在使用数字的过程中必须为每个问题准备一个公式。在这里，举个便利店的账目问题。如图 2.12 这样，便利店的苹果一个卖 120 日元。

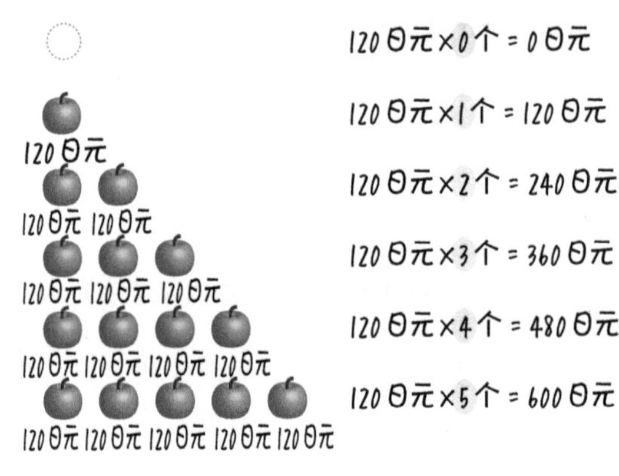

图 2.12 **通过数字来计算**

这时具体的表示如下：

如果你买 0 个苹果，120 日元 ×0 个 =0 日元
如果你买 1 个苹果，120 日元 ×1 个 =120 日元
如果你买 2 个苹果，120 日元 ×2 个 =240 日元
如果你买 3 个苹果，120 日元 ×3 个 =360 日元
如果你买 4 个苹果，120 日元 ×4 个 =480 日元
如果你买 5 个苹果，120 日元 ×5 个 =600 日元
⋮

像这样，根据苹果的销售个数需要逐一计算。如上所述，虽然像这样用数字进行计算是具体而且清晰的，但缺乏普遍性，为了获取更多的信息，这就需要庞大的算式。在这个例子中，如果想知道苹果个数所对应的金额，就需要一个与苹果个数对应的表达式。

另一方面，如果将苹果的个数替换为字母的话，则所有关于个数的金额都可以用一个公式来表示。图 2.13 是购买了 A 个 120 日元苹果时的金额。如果将 120 日元乘以 A，就可以得到合计的金额，所以 $120 \times A$ 日元为合计金额。

这个用 $120 \times A$ 日元表示的公式，苹果的个数用 A 来表示，A 可以代表任意的苹果个数，合计价格都是 $120 \times A$ 日元。仅用一个公式，就可以表示无限种的金额。这就是使用字母形式公式的优点。

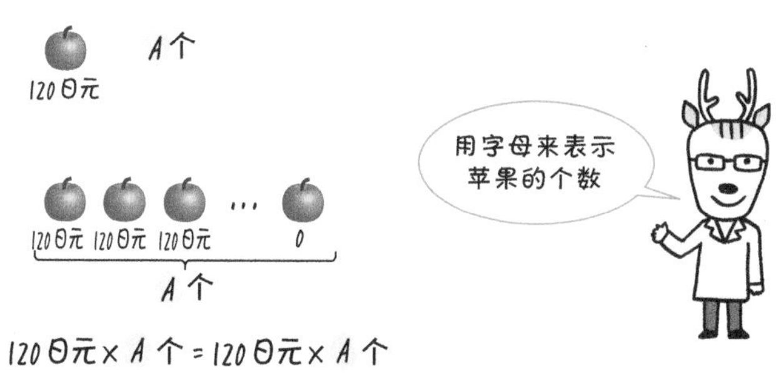

图 2.13　**使用字母来计算**

问题 2-7　便利店卖的葡萄一串是 580 日元，要买 A 串需要付多少钱，假设消费税包含在货款中。

答案在 P.272

难易度 ★★★★★

2-7 ▶ 表达式之②：记法

~书写规则~

▶【表达式的书写规则】

①「×」符号省略或记为「·」

②「÷」符号记为分数

③数字（系数）在前，字母在后

④下标在右下，指数在右上

既然使用了字母，就必须在写法上做相应的规定，否则无论是读还是写都会产生混乱。下面介绍一下，在数学世界中文字表达式的书写是如何统一的。

①「×」符号省略或记为「·」

乘法运算时，交叉符号「×」不在字母公式中使用[㊀]。要么省略，要么使用符号[·]表示。

正确的例子	不好的例子
$3A$、$3\cdot A$	$A\times3$、$3\times A$
$\frac{1}{2}x$、$\frac{1}{2}\cdot x$	$\frac{1}{2}\times x$、$x\times\frac{1}{2}$

②「÷」符号记为分数

基本上在字母公式中不使用“÷”符号，而是用分数表示除法。

正确的例子	不好的例子
$\frac{A}{2}$、$\frac{1}{2}A$	$A\div2$
$\frac{V}{I}$	$V\div I$

㊀ 在向量分析（本书不做介绍）领域中出现的内积使用点符号[·]来表示，向量积（也称为外积）使用交叉符号[×]来表示。从向量分析的角度来看，字母表达式的乘法运算最好是包含在内积的思考方式中，所以不建议使用[×]符号。

③数字（系数）在前，字母在后

字母与数字“相乘”时，这个数字被叫作系数。字面中被“系”在字母上的“数”的意思。这个系数通常写在字母前面。

另外像 $\pi = 3.1415\cdots\cdots$、$\sqrt{3} = 1.7320508\cdots\cdots$ 这样的被赋予数值的表达式，通常写在数字（系数）和字母之间。

正确的例子	不好的例子
$2A$、$2 \cdot A$	$A2$、$A \cdot 2$
$2\dfrac{V}{I}$、$2 \cdot \dfrac{V}{I}$	$\dfrac{V}{I}2$、$\dfrac{V}{I} \cdot 2$
$2\pi r$	$\pi 2r$、$r\pi 2$、$r\pi 2$
$\sqrt{2}\,VI$	$2VI\sqrt{3}$、$VI\sqrt{3}2$、$VI2\sqrt{3}$

④下标在右下，指数在右上

对于大量的字母作为记号的时候，英文字母和希腊字母有时会不够用。这时，会在字母上附加数字和字母，以便生成更多的字母记号。这些数字或字母被称为下标，如 x_1、x_2、x_N、E_{100}、$R_{27.5}$、$x_{1,2}$、$x_{i,j}$ 像这样写在字母的右下方。

将字母乘以几次的指数应写在右上角⊖。例如，a 的三次方表示为 a^3。

在规则③中指出系数在前，字母在后的规则是为了不与下标和指数混淆。

正确的例子	不好的例子
A^5	${}^5A$
x_i	${}_ix$
$2A^5$	A^52

⊖ 在高等数学中，同时标记上下标的情况也会经常出现，例如 $X_{ij}^{(1)}$，$Y_{k,l}^{(n)}$。

2-8 ▶ 表达式之③：使用方法

~通用化~

▶【字母表达式的用途】

通用性很好！

字母表达式有无法估量的用途。下面，我们通过图例讲解，认识字母表达式的优点。

图 2.15 显示了购买 1 个 120 日元的苹果和 1 条 200 日元的青花鱼时的账目。因为有苹果和青花鱼两种金额，所以要写出所有的计算结果的话将是庞大的数量。

如果将图 2.15 的账目用字母表达式的话，所有苹果和青花鱼的组合账目都可以只用一个公式来表示。

在图 2.14 中，用字母表达式表示购买 A 个苹果、B 条青花鱼时的账目。苹果一个 120 日元，所以买 A 个的时候，合计价格是 $120A$ 日元，因为一条青花鱼是 200 日元，所以买 B 条的时候，合计价格是 $200B$ 日元。

综上所述，买 A 个苹果、B 条青花鱼时的合计价格为 $120A+200B$ 日元。

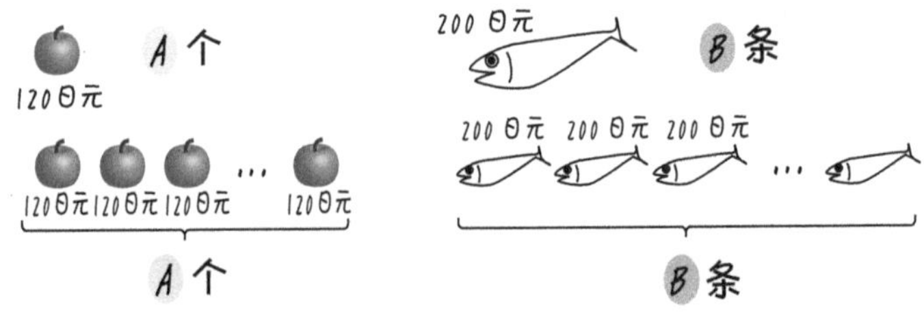

图 2.14　苹果和青花鱼的表达式

图 2.15 显示了苹果从 0 到 5 个，青花鱼从 0 到 5 条的账目，如果用字母表达式的话，只需 $120A + 200B$ 日元这一个式子，无论苹果和青花鱼的数量是多少，都可以明确地计算出账目。

例如，购买 500 个苹果、2000 条青花鱼时的账目为 $A = 500$、$B = 2000$，则代入可以立即求得。

$$\text{总计}: 120A + 200B\ \text{日元} = 120 \cdot 500 + 200 \cdot 2000\ \text{日元} = 460000\ \text{日元}$$

我们将 $A = 500$ 和 $B = 2000$ 代入 $120A + 200B$ 中。像这样将公式中的字母替换为数字或其他字母的操作称为代入。代入不仅可以用数字替换字母，还可以用字母替换字母。

例如，如果我们将 $A = 10 - x$、$B = x - 10$ 代入公式，则会得到 $120(10 - x) + 200(x - 10)$。

问题 2-8 买一个半苹果、两条青花鱼要多少钱？

答案在 P.272

120日元×0个=0日元	120日元×1个=120日元	120日元×2个=240日元
200日元×0条=0日元	200日元×0条=0日元	200日元×0条=0日元
合计=0日元	合计=120日元	合计=240日元

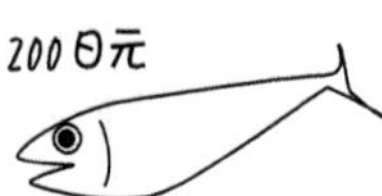

120日元×0个=0日元	120日元×1个=120日元	120日元×2个=240日元
200日元×1条=200日元	200日元×1条=200日元	200日元×1条=200日元
合计=200日元	合计=320日元	合计=440日元

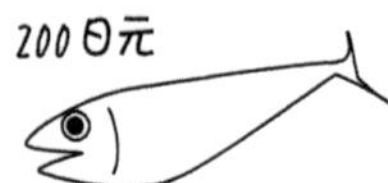

120日元×0个=0日元	120日元×1个=120日元	120日元×2个=240日元
200日元×2条=400日元	200日元×2条=400日元	200日元×2条=400日元
合计=400日元	合计=520日元	合计=640日元

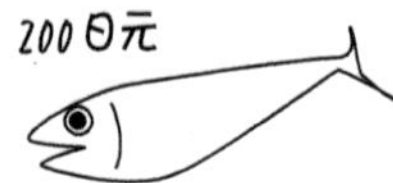

120日元×0个=0日元	120日元×1个=120日元	120日元×2个=240日元
200日元×3条=600日元	200日元×3条=600日元	200日元×3条=600日元
合计=600日元	合计=720日元	合计=840日元

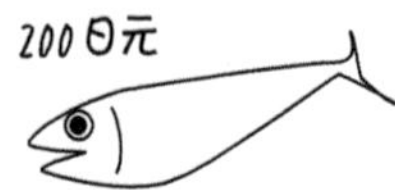

120日元×0个=0日元	120日元×1个=120日元	120日元×2个=240日元
200日元×4条=800日元	200日元×4条=800日元	200日元×4条=800日元
合计=800日元	合计=920日元	合计=1040日元

120日元×0个=0日元	120日元×1个=120日元	120日元×2个=240日元
200日元×5条=1000日元	200日元×5条=1000日元	200日元×5条=1000日元
合计=1000日元	合计=1120日元	合计=1240日元

图 2.15　**按数值计算苹果**

120日元

120日元

120日元

120日元×3个=360日元
200日元×0条=0日元
合计=360日元

120日元×4个=480日元
200日元×0条=0日元
合计=480日元

120日元×5个=600日元
200日元×0条=0日元
合计=600日元

120日元×3个=360日元
200日元×1条=200日元
合计=560日元

120日元×4个=480日元
200日元×1条=200日元
合计=680日元

120日元×5个=600日元
200日元×1条=200日元
合计=800日元

120日元×3个=360日元
200日元×2条=400日元
合计=760日元

120日元×4个=480日元
200日元×2条=400日元
合计=880日元

120日元×5个=600日元
200日元×2条=400日元
合计=1000日元

120日元×3个=360日元
200日元×3条=600日元
合计=960日元

120日元×4个=480日元
200日元×3条=600日元
合计=1080日元

120日元×5个=600日元
200日元×3条=600日元
合计=1200日元

120日元×3个=360日元
200日元×4条=800日元
合计=1160日元

120日元×4个=480日元
200日元×4条=800日元
合计=1280日元

120日元×5个=600日元
200日元×4条=800日元
合计=1400日元

120日元×3个=360日元
200日元×5条=1000日元
合计=1360日元

120日元×4个=480日元
200日元×5条=1000日元
合计=1480日元

120日元×5个=600日元
200日元×5条=1000日元
合计=1600日元

和青花鱼的账目

2-9 ▶ 表达式的计算①

~其实很简单，只是计算~

▶【表达式的计算】

和数值计算没有什么不同。

与数字表达式相比，包含字母的表达式似乎更抽象、更难理解。然而，实际计算的部分只有数字，计算时的规则也与数字表达式完全相同。在这里通过例子来习惯字母表达式的计算吧。

● 例　**计算下列式子。**

（1）$2a+3a$　（2）$2a-3a$　（3）$5a\cdot 6a$

（4）$5a\cdot 6b$　（5）$\dfrac{8a}{2b}$　（6）$\dfrac{9a^3}{3ab}$

答　（1）$2a+3a=(2+3)a=5a$

字母表达式的加法运算可以将相同字母的系数相加。字母表达式中的这些相同的字母被称为同类项，将相同的字母归在一起称为同类项的结合。

（2）$2a-3a=(2-3)a=-1\cdot a=-a$

和（1）一样，结合同类项。但是，这里 $-1\cdot a$ 一般表示为 $-a$。$1\cdot a$ 也同样用 a 来表示。

（3）$5a\cdot 6a=5\cdot 6\cdot a\cdot a=30a^2$

系数之间能进行乘法运算，多个相同的以 $aa=a^2$ 这样的指数形式表示。

（4）$5a\cdot 6b=5\cdot 6\cdot a\cdot b=30ab$

系数与系数进行乘法运算，而字母之间互不相同，所以保持原样。

(5) $\dfrac{8a}{2b}=\dfrac{\overset{4}{\cancel{8}}a}{\underset{1}{\cancel{2}}b}=\dfrac{4a}{b}$

各系数之间做相除运算。字母之间互不相同，所以保持原样。

(6) $\dfrac{9a^3}{3ab}=\dfrac{9aaa}{3ab}=\dfrac{\overset{3}{\cancel{9}}\overset{1}{\cancel{a}}aa}{\underset{1}{\cancel{3}}\underset{1}{\cancel{a}}b}=\dfrac{3aa}{b}=\dfrac{3a^2}{b}$

各系数之间做除法运算。如果分母和分子有相同的字母，就能进行约分。在上面的解答中，展开 a^3=aaa，就很容易理解，如果熟练的话，可以直接进行约分得到结果。即 $\dfrac{9a^3}{3ab}=\dfrac{\overset{3}{\cancel{9}}\,\cancel{a}^{\overset{2}{\cancel{3}}}}{\underset{1}{\cancel{3}}\underset{1}{\cancel{a}}b}=\dfrac{3a^2}{b}$。

接下来，我们准备了大量的计算题。请务必使用纸和笔，动手解题，加深对数学知识的理解。与体育和艺术一样，数学也离不开练习。

问题 2-9 计算下列式子。

(1) $49x+89x$　(2) $59t-63t$　(3) $10A\cdot 72A$

(4) $\dfrac{1}{2}a\cdot 4b$　(5) $\dfrac{15x}{81y}$　(6) $\dfrac{10a^5b}{3a^2b^3}$

(7) $\dfrac{1}{2}a^2\cdot\dfrac{1}{4ab}$　(8) $\dfrac{A}{81B}\cdot\dfrac{6C}{A^2}\cdot\dfrac{15B}{2C}$　(9) $\dfrac{a^2b}{\sqrt{2ab^3}}$

答案在 P.272 ~ 273

问题 2-10 已知 A=4、B=3，求下列各式的值。

(1) $2A+3B+5A$　(2) $\dfrac{5A^3}{2A^2B}$　(3) $\dfrac{5A^3B}{A^2B}$

(4) $\dfrac{81AB}{AB^2}$　(5) $\dfrac{AB}{A+B}$　(6) $\dfrac{AB}{\sqrt{A^2+B^2}}$

提示 (1) 到 (4) 的问题，先进行字母表达式的计算，然后再代入数值，这样计算会更容易。

答案在 P.273

难易度 ★★☆☆☆

2-10 ▶ 表达式的计算②

~有点复杂的计算~

▶【如果字母表达式的计算很复杂的话】

① 要注意负号

② 通分分数中的分母

③ 把小数改写为分数

让我们练习一下稍微复杂一点的字母表达式的计算吧。在这里也通过例子进行说明。我们一边注意上面①~③的要点一边看例子。

● 例　**计算下列式子。**

（1）$x-\dfrac{x-1}{3}$　（2）$\dfrac{2x-1}{3}-\dfrac{3-x}{2}$　（3）$0.1A-B-\dfrac{-A+B}{5}$

答　（1）$x-\dfrac{x-1}{3}$

$=\dfrac{3x}{3}-\dfrac{x-1}{3}$　⇐ ②对齐各项式的分母

$=\dfrac{3x-(x-1)}{3}$　⇐ ①注意符号

$=\dfrac{3x-x+1}{3}$　⇐ 去掉括号

$=\dfrac{2x+1}{3}$　⇐ 对表达式中的分子做计算

请注意，$-\dfrac{x-1}{3}$开头的负号作用于整个分子部分。也就是$-\dfrac{x-1}{3}=\dfrac{-(x-1)}{3}=\dfrac{-x+1}{3}$。分母不同时，需要通分求解。分母不同的情况下通分并对齐。

（2）$\dfrac{2x-1}{3}-\dfrac{3-x}{2}$

$=\dfrac{2(2x-1)}{6}-\dfrac{3(3-x)}{6}$　⇐ ②将分母通分，凑成 6

$$=\frac{4x-2}{6}-\frac{9-3x}{6}$$ ⇐ 去掉分子的括号

$$=\frac{(4x-2)-(9-3x)}{6}$$ ⇐ ①注意负号

$$=\frac{4x-2-9+3x}{6}$$ ⇐ 去掉分子的括号

$$=\frac{7x-11}{6}$$ ⇐ 整理分子的同类项

和（1）一样，分母不同，所以先对分母通分。通分后的分母是原始分母 2 和 3 的最小公倍数 6。也请注意这里出现的负号。

（3）$0.1A-B-\frac{-A+B}{5}$

$$=\frac{1}{10}A-B-\frac{-A+B}{5}$$ ⇐ ③把小数用分数的形式表示

$$=\frac{A}{10}-\frac{10B}{10}-\frac{2(-A+B)}{10}$$ ⇐ ②通分分式中的分母，把分母凑成 10

$$=\frac{A-10B-2(-A+B)}{10}$$ ⇐ ①注意负号

$$=\frac{A-10B+2A-2B}{10}$$ ⇐ 去掉分子的括号

$$=\frac{3A-12B}{10}$$ ⇐ 整理分子的同类项

这里计算时，把小数写作分数的形式，即 $0.1=\frac{1}{10}$。

下面也准备了很多计算问题，请务必使用纸和笔自己动手解决问题并理解。

问题 2-11 计算下列式子。

（1）$R-\frac{R+1}{5}$ （2）$\frac{2E-1}{3R}-\frac{3-E}{2R}$ （3）$0.1V-\frac{-V+1.5RI}{3}$

答案在 P.274

2-11 ▶ 表达式的计算③

~繁分数　分数中有分数~

▶【繁分数】

消分母 = 分母和分子乘以相同的数来消除分母。

分数的计算中，分母处理经常会很棘手。一个分数的分母中还含有分数，这个分数被称为繁分数。例如

$$\frac{1}{\frac{1}{2}+\frac{1}{3}}$$ 把这个分数变换为， $$\frac{1}{\frac{1}{2}+\frac{1}{3}}=1\div\left(\frac{1}{2}+\frac{1}{3}\right)$$

分数只要分母和分子乘以相同的数，消除分数的分母，这样分数式就变得简单了。上式中 $\frac{1}{\frac{1}{2}+\frac{1}{3}}$ 这个分式中的分母 2 和 3 的最小公倍数为 6，将分母和分子同时乘以 6 的话，就会有

$$\frac{1}{\frac{1}{2}+\frac{1}{3}}=\frac{1}{\frac{1}{2}+\frac{1}{3}}\frac{6}{6}$$ ⇐ 分子 · 分母同乘以 6

$$=\frac{6}{\left(\frac{1}{2}+\frac{1}{3}\right)\times 6}$$ ⇐ 各自计算分子和分母

$$=\frac{6}{\frac{1}{2}\times 6+\frac{1}{3}\times 6}$$ ⇐ 去掉分母的括号

$$=\frac{6}{3+2}=\frac{6}{5}$$

这样一来，答案就很清楚了。像这样，通过将分母和分子乘以相同的数来去掉分母的操作被称为「去分母」㊀。

▶【分数线的位置】

除法的位置。

㊀ 在解方程时，将两边乘以相同的数来消除分母的操作也称为“去分母”。

繁分数就是在分数中还包含有分数，所以有必要好好理解繁分数中到底哪个是分母哪个是分子。等号“=”的右边用除法写出了繁分数的分子、分母。$\dfrac{1}{\frac{1}{A}}$ 和 $\dfrac{\frac{1}{A}}{1}$ 互为倒数。$\dfrac{1}{\frac{1}{A}}=1\div\dfrac{1}{A}$，1 是分子，$\dfrac{1}{A}$ 是分母。分母、分子同乘以 A 有 $\dfrac{1}{\frac{1}{A}}=\dfrac{1}{\frac{1}{A}}\,\dfrac{A}{A}=\dfrac{A}{\frac{1}{A}A}=\dfrac{A}{1}=A$。

对于 $\dfrac{\frac{1}{A}}{1}$，$\dfrac{\frac{1}{A}}{1}=\dfrac{1}{A}\div 1$，$\dfrac{1}{A}$ 为分子，1 为分母。分子、分母同乘以 1 有 $\dfrac{\frac{1}{A}}{1}=\dfrac{1}{A}$。

例 **化简繁分数 $\dfrac{1}{\frac{1}{A}+\frac{1}{B}}$。**

答 分母、分子同乘以 AB 消去复杂的分母

$$\frac{1}{\frac{1}{A}+\frac{1}{B}}=\frac{1}{\frac{1}{A}+\frac{1}{B}}\,\frac{AB}{AB} \quad \Leftarrow \text{分子·分母同乘以 } AB$$

$$=\frac{AB}{\left(\frac{1}{A}+\frac{1}{B}\right)AB} \quad \Leftarrow \text{各自计算分子和分母}$$

$$=\frac{AB}{\frac{1}{A}AB+\frac{1}{B}AB} \quad \Leftarrow \text{去掉分母的括号}$$

$$=\frac{AB}{\frac{1}{\cancel{A}}\cancel{A}B+\frac{1}{\cancel{B}}A\cancel{B}} \quad \Leftarrow \text{化简分母}$$

$$=\frac{AB}{B+A}=\frac{AB}{A+B} \quad \Leftarrow \text{按字母顺序排列分母}$$

问题 2-12 计算下列式子。

（1）$\frac{1}{2}-\frac{1}{3}$ （2）$\frac{1}{\frac{1}{2}-\frac{1}{3}}$ （3）$\frac{1}{1+\frac{1}{A}}$ （4）$\frac{1}{1+\frac{1}{1+\frac{1}{A}}}$

答案在 P.275 ~ 276

COLUMN 数学表达式中的字母

初学数学中的表达式时，老师通常会教你用字母来书写，如 A、B、a、b、x、y 等。随着学习的深入，你需要的字母越来越多，而字母表的数量却越来越少。这时会出现希腊字母，如 α（阿尔法）、β（贝塔）、ε（艾普西龙）等。

特别是非英语圈的人可能不习惯在数学表达式中采用字母，因为这些字母看起来好像没有代表什么具体的意义。其实不然，例如，欧姆定律中，电压为 V[V]、电流为 I[A]、电阻为 R[Ω]，欧姆定律就写成 $V=IR$。在非英语圈的人看来，V、I、R 都是字母，但是以英语为母语的人，V 就理解为 Voltage（电压）的 V，I 是 Intensity（“电流”的强度）的 I，R 是 Resistance（电阻）的 R。对于 $V=IR$ 这个式子，就像（Voltage）=（Intensity）（Resistance）一样变得非常容易理解。

数学和电气工程中出现的大多数的缩写都是来自西方词汇，因此，如果英语不是你的母语，你就会有点吃亏。因此，我想提议，在数学表达式上使用汉字会怎么样呢？欧姆定律的话可以写成电压 = 电流 · 电阻。如果考虑到只有 26 个英文字母，汉字不是更方便，因为汉字的数量更多。不过，这并不会受到汉字文化之外的人的欢迎。

第 3 章

一次方程式

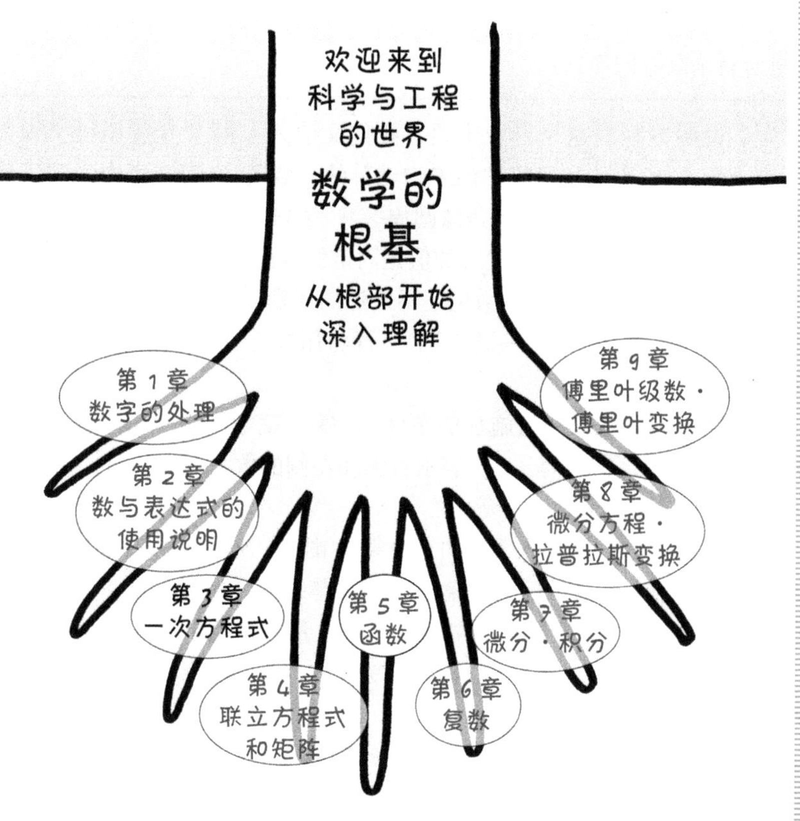

在这章中，对一次方程的“理解内容”和“实际解题”的理解和技巧尤为重要。为了便于理解一次方程，我们准备了大量苹果和天平的图画来说明，并提供了大量的练习题。

3-1 ▶ 方程式是什么

~原来是方程式~

在第 3 章中我们将对一次方程式进行说明。一次方程式是数学的专业术语，在说明方程式之前（一次方程，请参照 3-2 节）。我们先对方程式的形式做个大致了解。

▶【方程式】

是含有未知数的等式。

为了说明方程式这个专业术语，我们又引入了两个专业用语“未知数”和“等式”。未知数是指“尚未知道”的“数”。在第 2 章中学习了代数表达式的处理方法，但并不是像圆周率 π =3.14159……和自然对数的底 e =2.71828……那样，代数所代表的值是固定的或已经知道的，而未知数则是在给定的条件下，所代表的数值还不知道的代数。在习惯这些表示之前，本书为了明确“未知数”这一概念[一]，下面将用标记有问号的盒子 来代表未知数。

通常通过等式对未知数施加的条件[二]。等式就如字面意思一样，是相“等”的“式”子。通过等号 =，表示右侧和左侧的数是相同的这一关系[三]，由等号 = 书写的表达式就是“等式”。

让我们通过图的形式来了解方程式吧。图 3.1 所示的是关于苹果数量的方程式。左边有 1 个带问号的盒子和 3 个苹果，右边有五个苹果。左右两边通过等号“=”建立关系，左边的苹果数量和右边的苹果数量应该相等。这个条件被写成一个等式，这就成为这个带问号的盒子 所代表的未知数的“方程式”。

对于直觉敏锐的读者，应该马上就知道带问号的盒子 应该代表了两个苹果。实际上，如图 3.2 所示，左右两边即使相等地去掉三个苹果，等式也是成立，所以你会发现带问号的盒子 里面有两个苹果。像这样具体地求解未知数的过程就叫作解方程式。

[一] 明示性：为了明确表示事物的本身。本书中，使用了盒子代表未知数，为了给读者留下强烈印象。

[二] 这个条件可以决定未知数，也可以限定未知数的范围。

[三] 等号“=”被确定为满足“$A=A$”。

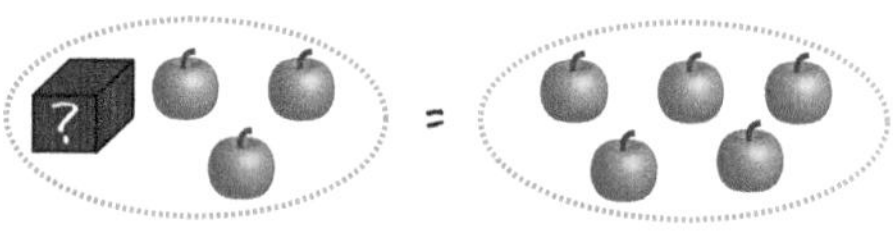

「左右苹果的数量相等」也就是说、使用等号「=」写成「等式」。
因为左边包含了「未知数」的带问号的盒子，
所以这个等式是「方程式」。

图 3.1　一次方程式的例子（图）

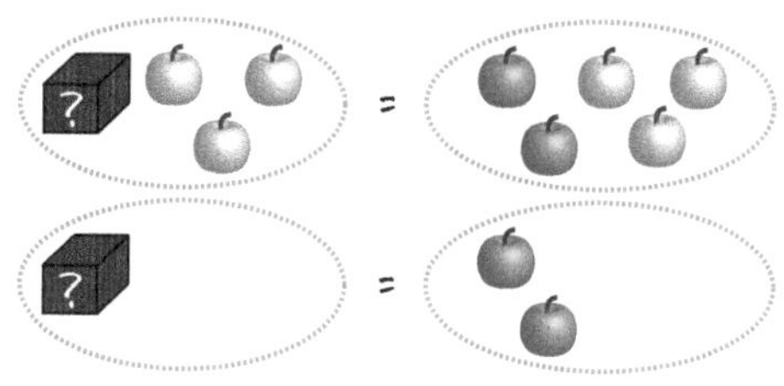

图 3.2　图解“解方程式”

上述虽然通过图解的方式说明了“方程式”的概念和解法，但是在解决复杂的问题时，如果一个一个地画图的话，会花费很多时间。因此，使用第 2 章介绍的“代数表达式”来描述方程式。让我们试着用代数表达式写出图 3.1 所示的方程式吧。把 x 这个代数设为未知数，再加上 3，等于 5，于是有，

$$x + 3 = 5$$

这样通过代数表达式写起来就简便多了。

问题 3-1　图 3.1 通过苹果和带问号的盒子来表述方程式和用代数表达式表述方程式，哪个更简洁呢，用纸和笔动手试一下吧。

答案在 P.276

难易度 ★★★★★

3-2 ▶ 一次方程式的“一次”指什么

~ 那么阶数指的是什么？ ~

在这里详细说明方程式的阶数。不过，如果你对方程式的阶数理解不深，对解一次方程式的问题不太感兴趣的话，也可以从 3-6 节开始阅读。

▶【阶数】

相同 “字母” 之间相乘的次数。

“阶数”是指同一个代数相乘的次数。例如，x^2 就是 x 相乘二次。另外，$100x^2$ 中 x^2 中有 100 这个数字，它与 x 这个代数所代表的数值无关，所以可以认为 x^2 和 $100x^2$ 关于 x 的阶数都是 2。另外，像 $100x^2$ 中的 100，它是与关系代数相关的数值，这类的数值被称为系数。

例如，如图 3.3 所示，在 $x + 3 = 5$ 中，x 的阶数为 1。如图 3.4 所示，$2x + 3 = 5$，x 的阶数为 1（系数为 2，系数与方程的阶数无关）。

因此，相关代数（在图 3.3 和图 3.4 中为 x）的阶数都是 1，所以这类的方程式被称为一次方程式。

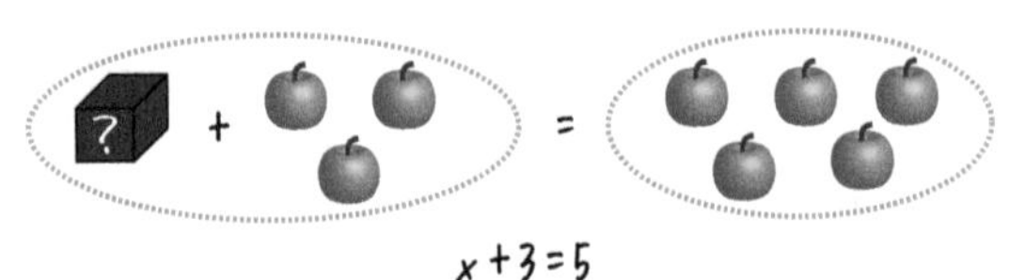

图 3.3 方程式的阶数（这个为一次方程式或一阶方程式）

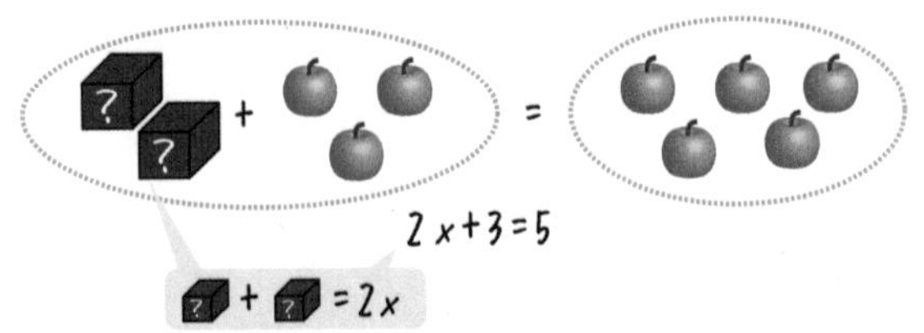

图 3.4 方程式的阶数（这个也是一次方程式）

但是，图 3.5 所示的情况就不是一次方程式了。图中两个相同的带问号的盒子 进行了相乘操作得到 ^{2}，因此这个方程式中带问号的盒子 的阶数为 2，该方程式是关于带问号的盒子 的二次方程式。

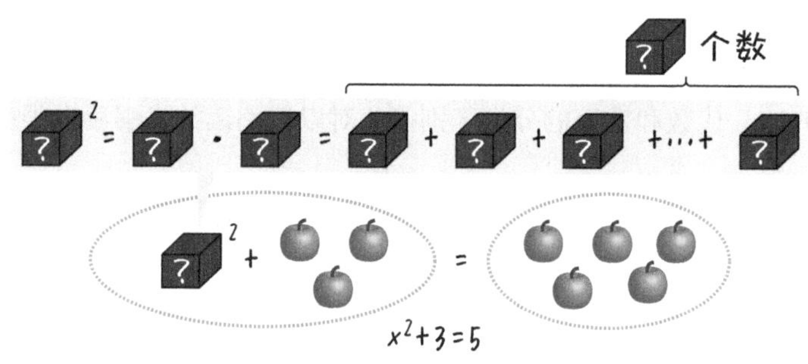

图 3.5　**方程式的阶数（这个为二次方程式！）**

同样地三个相同的带问号的盒子 相乘，方程式中带问号的盒子 ^{3} 的阶数为 3，这类方程式被称为关于带问号的盒子 的三次方程式。

即使是更高的阶数（称为高阶）也一样，例如方程式中带问号盒子 ^{10800} 的阶数为 10800，那么该方程式就被称为关于带问号的盒子 的 10800 次方程式。

进一步一般化，包含阶数为 n 的带问号盒子 ^{n} 的方程式就被称为带问号的盒子 的 n 次方程式。

3-3 ▶ 单项式和多项式 · 系数和常数

~项由加法分割~

下面介绍一些方程式中代数式的书写习惯。如果好好地理解表达式中名字的叫法、代数和数字的分类区别等，对以后阅读技术书籍会很有帮助。

▶【项】

用加法分隔代数表达式时，产生的不能再分开的最小的代数对象（构成要素）。

虽然感觉有些抽象，但是通过图解就很容易理解。如图 3.6 所示，如果用加法符号“+”分隔 $8x^6+105x^5y+3x^2y^2+2y^9$，则可以分解为“$8x^6$”“$105x^5y$”“$3x^2y^2$”“$2y^9$”这 4 个项。我们把这个加法符号“+”分隔的最小要素叫作项。

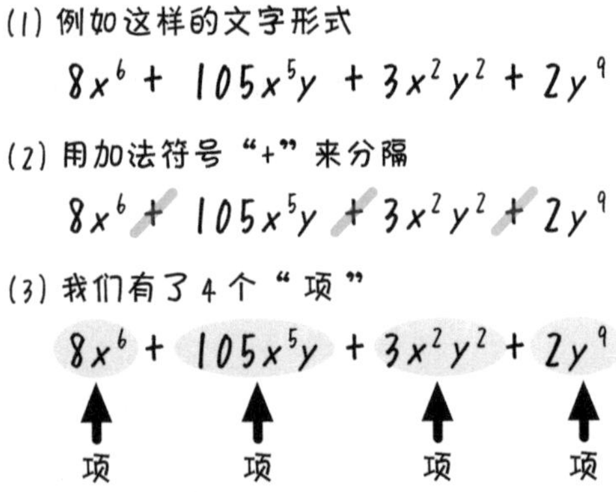

(1) 例如这样的文字形式

$$8x^6+105x^5y+3x^2y^2+2y^9$$

(2) 用加法符号“+”来分隔

$$8x^6+105x^5y+3x^2y^2+2y^9$$

(3) 我们有了 4 个“项”

$$8x^6+105x^5y+3x^2y^2+2y^9$$

项　项　项　项

图 3.6　通过“项”来分解代数式

为了方便称呼，每一项都按顺序取了名字。如图 3.7 所示，开始的项是第 1 项，接下来是第 2 项、第 3 项……以这样的顺序来命名，在说明代数式的时候，通常像“请注意这个式子的第 3 项……”的叫法来进行讲解。

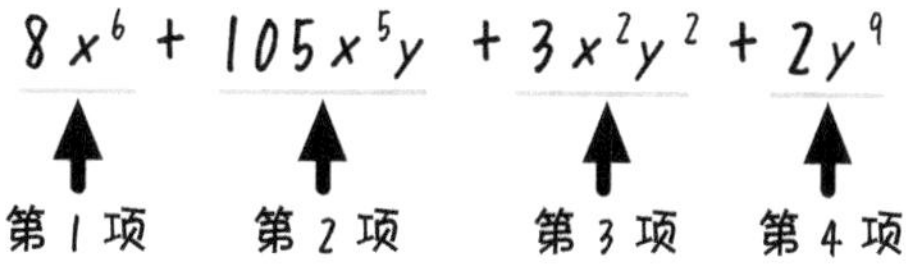

$$8x^6 + 105x^5y + 3x^2y^2 + 2y^9$$

第1项　第2项　第3项　第4项

图 3.7 “项”的名字

▶【单项式和多项式】

单项式： **只含有一个项的代数式。**

多项式： **含有多个项的代数式。**

关于单项式和多项式，就如上述说明那样，所以让我们来具体看看例子吧。

例 **单项式：** 1　$2x$　$100x^{500}$　$\frac{4}{3}\pi r^3$　$abcdefgxyz$

多项式： $x+1$　$2x+100$　x^2+x+1　$a+b$　$a+b+c+d+e+f$

问题 3-2 让我们对以下各代数式做单项式和多项式的分类。另外，如果是多项式，请回答这个多项式有多少个项。

（1）π　（2）πr^2　（3）$ax+b$　（4）$x^2+y^2+z^2$　（5）-0.5

问题 3-3 回答以下各多项式的第 2 项是什么。

（1）$x+\pi$　（2）$2x^3+x^2-1$　（3）$ax+by+cz$

（4）$x^2+y^2+z^2$　（5）ax

答案在 P.276

难易度 ★★☆☆☆

3-4 ▶ 系数和常数

~系数会根据关注的字符而变化~

▶【系数和常数】

系数： 与所关注的数字或文字相关的数字常数。

常数： 一定的值、数值、文字。

常数和系数这两个词经常容易混淆。常数是指固定数值的数，如 30.3，π 当然也会被视为常数。即使在代数式中，如果说明“a 是固定值”，则其自然也属于常数，但在 ax^5 中，a 为 ax^5 的系数，而 x 的阶数为 5。

另一方面，系数是指在一个单项式（只有单一项的代数式。参照 3-3 节）中，除代数关系以外的其他数字或代数。例如，考虑关于 x 和 y 的多项式 $100x^2+105xy+108y^2$。很容易就知道 x^2 的系数是 100，y^2 的系数是 108。但是，对于 xy，则系数为 105，x 的系数为 $105y$，y 的系数为 $105x$，系数根据所定义的代数关系的不同，相对应的系数也会发生变化。此外，系数不一定是常数。

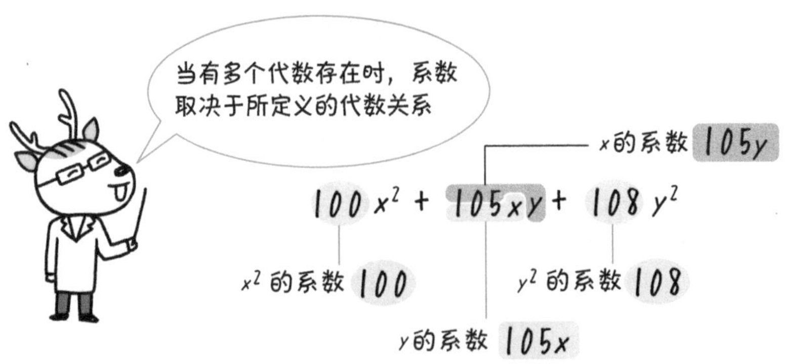

图 3.8 多项式中的各个系数

请注意，如果对于同一个代数关系有不同次项存在，则最高次数代表了这个方程式的阶数。图 3.9 展示了各种阶数的方程式。另外，为了使方程的书写顺序统一且易于阅读，一般按照次数从高到低的顺序书写。这个顺序叫作降的顺序（所谓的降序）。相反的顺序叫作升的顺序（所谓的升序）。

一次方程式：$2x+1=3$　最高次数为 1

二次方程式：$2x^2+x+1=3$　最高次数为 2

3 次方程式：$x^3+4x^2-x-2=0$　最高次数为 3

4 次方程式：$x^4-1=0$　最高次数为 4

5 次方程式：$x^5+2x^4-2x^3+5x^2+7x-2=0$　最高次数为 5

⋮

n 次方程式：$x^n+5x^{n-1}-10x^4+1=0$　最高次数为 n（一般 n>4）

图 3.9　**方程式的阶数**

● 例　**下面的 2 个代数式是按照 5 次方程式的“降序”和“升序”的书写方式来书写的。**

降序：$x^5+2x^4+3x^3+2x^2+x+1$

升序：$1+x+2x^2+3x^3+2x^4+x^5$

问题 3-4　关于代数式 $ax^2+by^2+2xy+a^2$，试着求出以下各值，a、b 是常数。

（1）x^2 的系数　（2）y 的系数　（3）xy 的系数

（4）第 2 项的系数[一]　（5）关于 x 的阶数

（6）关于 y 的阶数　（7）只有常数的项（也被定义为常数项）

答案在 P.276

㊀ 提示：不是常数的字符很明显就只有一个，所以只要注意到该字符，答案就显而易见。

难易度 ★★★☆☆

3–5 ▶ 恒等式和方程式

~ 无论未知数是什么数，方程式都成立 ~

在这里，为了进一步加深对方程式的理解，我们对等式这个概念再次进行详细的说明。

等式是包含等号“=”的代数式，例如，代数式 $A=B$ 是指 A 和 B 的值是相等的意思。等式左侧（在此为“A”）称为左边，右侧（此处为“B”）称为右边。在等式中，如果包含未知数，这其实就组成了方程式，但在讲述方程式时我们想引入两个思考方式，一个是“天平”，另一个是“带问号的盒子”。当天平左右两边的重量相等时，天平就处于平衡状态，该状态用等号“=”表示。此外，还通过带问号的盒子来表示未知量或未知数。

图解	通过代数式表示	说明
	天平的右边有 3 个苹果，左边有 1 个带问号的盒子和 1 个苹果。 $x+1=3$	天平处于平衡状态，此时左边“带问号盒子和 1 个苹果”的重量和右边 3 个苹果的重量是相等的。如果用 x 表示带问号的盒子，则这个状态可用代数式表示为 $x+1=3$。
	$x+1-1=3-1$	天平的左右两边各拿走 1 个苹果，此时天平仍然处于平衡状态。代数方程式则表示为方程两边各减去 1。
	$x=2$	于是，带问号的盒子的重量等于两个苹果的重量。代数方程式就是 $x=2$。

在上面的图表中，图解说明了如何利用天平的平衡，求解带问号的盒子重量的过程。当天平处于平衡时，天平左右两边的重量是相等的。在保持平衡的状态下，天平的左右两边各拿走一个苹果，此时，天平的左边就只剩下一个带问号的盒子，此时带问号的盒子的重量和另一侧的苹果的重量是相同的。这便是一次方程式 $x+1=3$ 的解法，其解为 $x=2$。

▶【方程式】

为了使天平（等式）平衡，
求解带问号的盒子（代表未知数）
等价的苹果数。

另一方面，将任何的未知数代入到等式中都能成立，该等式被称为恒等式（也就是说未知数可以取任意数值）。因为 $a + a$ 规定写为 $2a$，所以总是 $a + a = 2a$。a 取任意数值，方程式都成立。

$a = 0$，左边 $= 0 + 0=0$、右边 $= 2 \times 0 = 0$，等式成立

$a = 1$，左边 $= 1 + 1=2$、右边 $= 2 \times 1 = 2$，等式成立

$a = 2$，左边 $= 2 + 2=4$、右边 $= 2 \times 2 = 4$，等式成立

$a = 3$，左边 $= 3 + 3=6$、右边 $= 2 \times 3 = 6$，等式成立

$a = -1$，左边 $= -1 + (-1) = -2$、

右边 $= 2 \times (-1) = -2$，等式成立

图 3.10 分别展示了什么是等式、方程式、恒等式，以及各自的范围。等式是包含等号的代数式，无论是“$A = B$”还是“$1 + 2 = 3$”都被称为等式。方程式是指等式中包含未知数，所以“$x + 1 = 3$”是包含未知数 x 的方程式。这个方程式的未知数只能取一个值，即 $x = 2$。但是，恒等式“$a + a = 2a$”中，无论 a 取什么值，该等式都成立。

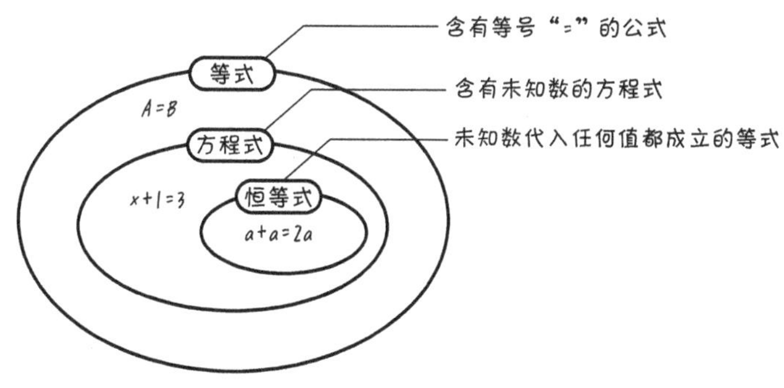

图 3.10　等式·方程式·恒等式

难易度 ★★☆☆☆

3-6 ▶ 加法和减法

~必须两边同加减~

▶【包含加法·减法的一次方程式：移项】

用加法消除减法。

用减法消除加法。

本节我们将介绍如何利用加法和减法求解带问号的盒子的方程。加法的情况下，如 3-5 节中所介绍的，从两边通过减法运算减去同样的数，这样一边就只剩下带问号的盒子，该盒子的数就确定了。为了确认，让我们再来求解一道题。

方程式中的某些项改变符号后，从方程的一边移到另一边，这样的变形叫作移项。我们将在 3-7 节中进行说明，如果进行移项，项的符号正（加）变为负（减），负（减）变为正（加）。

下面，说明通过减法求解带问号的盒子的方法。为了形象地理解减法，我们引入灰色的毒苹果。如果将毒苹果和普通的苹果相加，总和就会变为零，也就没有苹果存在了。

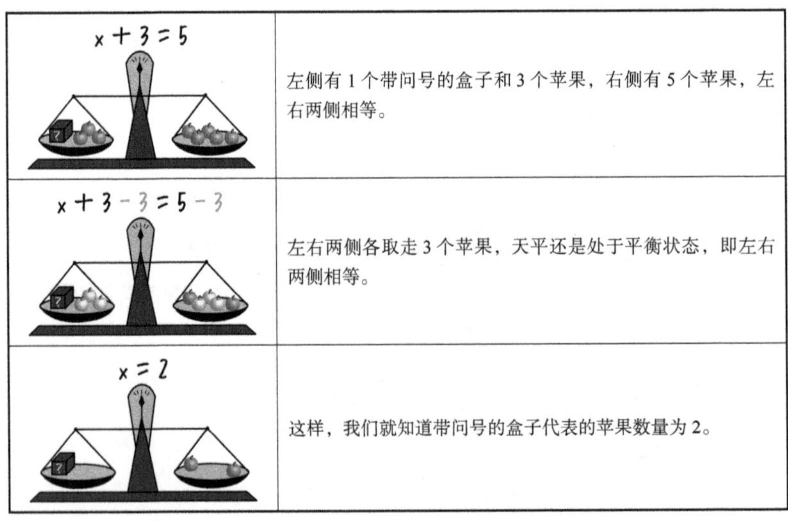

$x+3=5$	左侧有 1 个带问号的盒子和 3 个苹果，右侧有 5 个苹果，左右两侧相等。
$x+3-3=5-3$	左右两侧各取走 3 个苹果，天平还是处于平衡状态，即左右两侧相等。
$x=2$	这样，我们就知道带问号的盒子代表的苹果数量为 2。

这个毒苹果相当于数学中的负数。正如图 3.11 所示，如果将普通的苹果和毒苹果相加，苹果总和就为零。这相当于“A 这个数加上 $-A$ 这个负数，结果为零”。

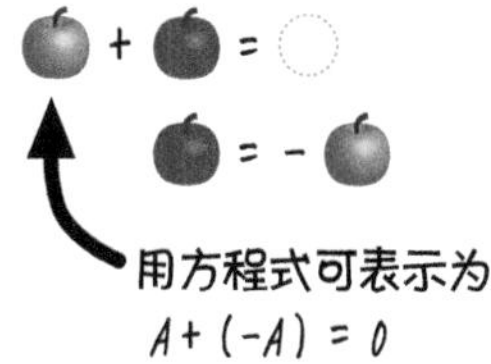

图 3.11 **利用毒苹果对负数做说明**

在下面的图表中，以 $x-2=3$ 这一次方程式为例，说明如何利用加法求解方程式。

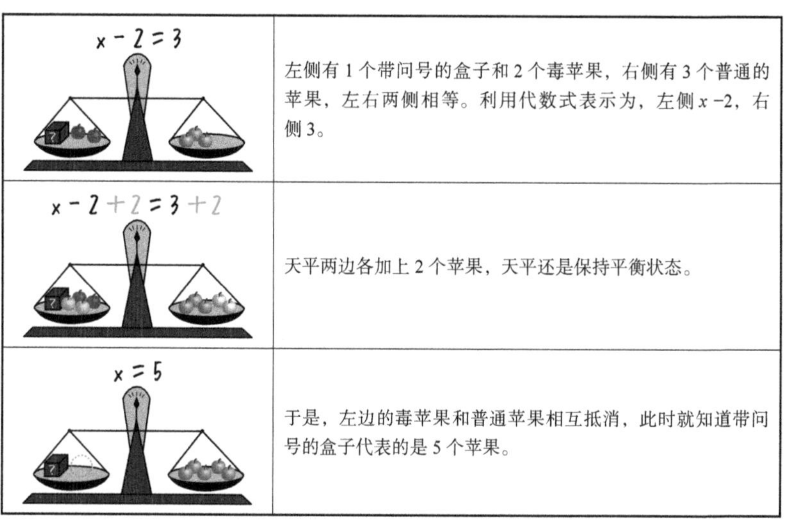

$x-2=3$	左侧有 1 个带问号的盒子和 2 个毒苹果，右侧有 3 个普通的苹果，左右两侧相等。利用代数式表示为，左侧 $x-2$，右侧 3。
$x-2+2=3+2$	天平两边各加上 2 个苹果，天平还是保持平衡状态。
$x=5$	于是，左边的毒苹果和普通苹果相互抵消，此时就知道带问号的盒子代表的是 5 个苹果。

● 例　**求下列方程式的解**

（1）$x+2=4$　（2）$x-5=1$　（3）$2x+5=x+2$

答　（1）两边同时减 2 得 $x+2-2=4-2$，**求得** $x=2$。

（2）两边同时加 5 得 $x-5+5=1+5$，**求得** $x=6$。

（3）两边同时减 x 得 $2x+5-x=x+2-x$，**求得** $x+5=2$，两边再同时减 5 得 $x+5-5=2-5$，**求得** $x=-3$。

问题 3-5 求下列方程式的解。

（1）$x+100=5000$　（2）$x-20=580$　（3）$50x+5=49x+2$

答案在 P.276

难易度 ★★☆☆☆

3-7 ▶ 乘法和除法

~必须两边同乘除~

▶【包含乘法除法的一次方程式】

用除法消除乘法。

用乘法消除除法。

在本节中，我们将介绍在方程中含有乘法和除法情况下的求解方法。

首先是乘法的情况下，方程式两边同时除以相同的数，从而使方程式的一边只留下一个单独的带问号的盒子，然后求方程式的解。在此，以 $2x = 8$ 为例说明其具体的求解方法。

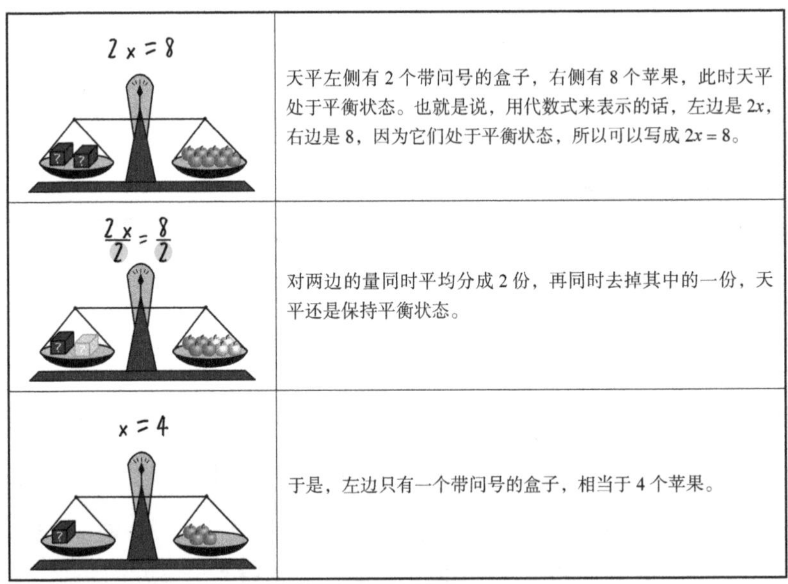

$2x = 8$	天平左侧有 2 个带问号的盒子，右侧有 8 个苹果，此时天平处于平衡状态。也就是说，用代数式来表示的话，左边是 $2x$，右边是 8，因为它们处于平衡状态，所以可以写成 $2x = 8$。
$\frac{2x}{2} = \frac{8}{2}$	对两边的量同时平均分成 2 份，再同时去掉其中的一份，天平还是保持平衡状态。
$x = 4$	于是，左边只有一个带问号的盒子，相当于 4 个苹果。

其次是除法的情况，与乘法的情况正好相反。方程式中带有除法时，方程式两边同乘以同样的数，然后使得一边只剩下一个单独的带问号的盒子，然后求方程式的解。在此，以 $\frac{1}{2}x = 3$ 为例说明。

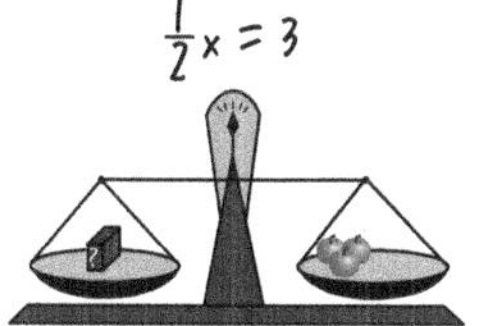	天平左侧有半个带问号的盒子，右侧有 3 个苹果，此时天平处于平衡状态。用代数式来表示的话，左边是$\frac{1}{2}x$，右边是 3，因为它们处于平衡状态，所以可以写成$\frac{1}{2}x=3$。
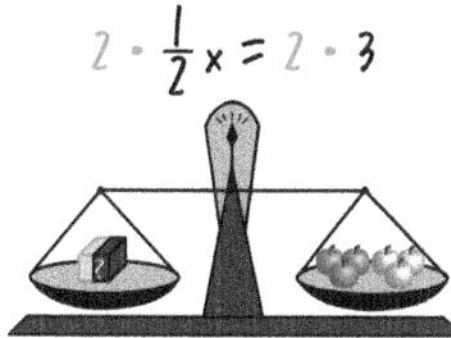	在天平两边的量是相等的情况下，把左侧带问号的盒子的量和右侧苹果的量加倍，天平还是保持平衡状态。
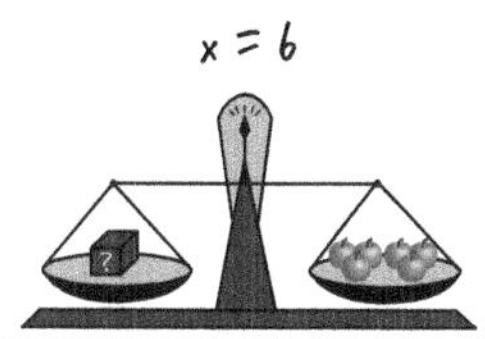	于是，左边只有一个带问号的盒子，相当于 6 个苹果。

例　**求下列方程式的解。**

（1）$2x=6$　（2）$\frac{x}{5}=2$　（3）$3x=-12$

答　（1）两边同除以 2 得

$\frac{2x}{2}=\frac{6}{2}$，解得 $x=3$

（2）两边同乘以 5 得

$\frac{x}{5}\cdot5=2\times5$，解得 $x=10$

（3）两边同除以 3 得

$\frac{3x}{3}=\frac{-12}{3}$，解得 $x=-4$

问题 3-6　求下列方程式的解。

（1）$3x=9000$　（2）$5x=95$　（3）$12345679x=111111111$

（4）$\frac{x}{2}=5$　（5）$\frac{x}{4}=-2$　（6）$\frac{x}{-5}=-3$

答案在 P.277

难易度 ★★★★★

3-8 ▶ 方程式的解

~数学和电气的情况有所不同~

下面学习的内容在单纯地学习“数学”时可能用不到，但对于掌握“电学”中使用的“数学”却是必不可少的。

▶【数值的解】

在“数学”中用“分数”，例：$\frac{1}{3}$。

在“电气”中用“小数”，例：0.333。

例如，试着求出以下一次方程式的解。

$$3x = 1$$

左边的 $3x$ 是 3 和 x 的乘法，所以如果对方程式两边同除以 3 的话，

$$\frac{3x}{3} = \frac{1}{3}，求得\ x = \frac{1}{3}$$

这个 $3x = 1$ 的方程式的解是分数，这个答案是完全正确的，数学专业的人必须按照这个解来。

不过，从实际应用的角度来看，有时并不适合用分数表示具体的量㈠，例如像测量物体的长度、测量电流的大小等。用尺子和电流计测量的量也是无法用分数来表示的。如图 3.12 所示的指针式测试仪㈡，如果不是等间隔地标记其刻度，人们读取起来会很困难。这也就不难想象像$\frac{1}{3}$这样非等分的数值是无法标记刻度的。

在大多数情况下，对于电气领域处理的大多数数值，有 3 位有效数字就足够了。除非另有说明，大部分的书籍设定的有效数字都是 3 位，本书也是如此。不过，在表示公式时或是在方程计算的过程中，也会用到分数的表示形式。这样，上述方程式的答案为，使用小数表示是电气工程的标准做法。在这种情况下，为保留 3 位有效数字，即保留小数点后第 3 位的

㈠ 详细内容可参阅 1-1 节。

㈡ 在电气测量领域，被称为“指示电气仪表”。

有效数字，需要将小数点后的第 4 位四舍五入。

$$x=\frac{1}{3}=0.333333\cdots\cdots=0.\underbrace{3}_{1}\underbrace{3}_{2}\underbrace{3}_{第3位}\overset{四舍五入}{3}333\cdots\cdots=0.333$$

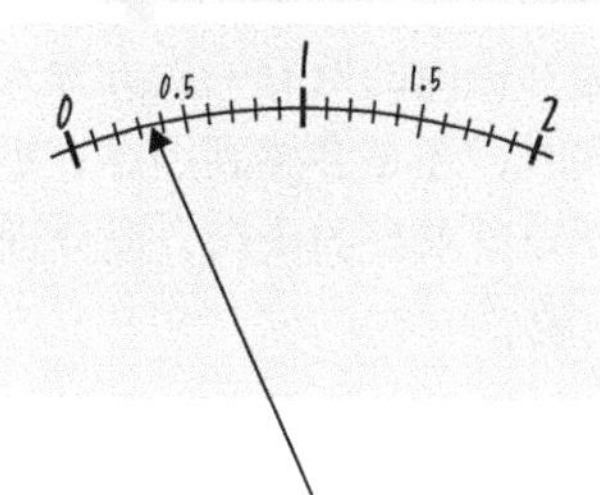

图 3.12 **普通刻度上，指针无法显示出分数**

● 例 **在方程式 $7x=11$ 中，求出以下的（1）~（3）的解。**

（1）数学解 （2）电气工程学上的解 （3）6 位有效数字的解

答 （1）两边除以 7，有 $x=\frac{11}{7}$。

（2）计算除法把有效位数设为 3 位，

$$x=\frac{11}{7}=1.57142857\cdots\cdots=\underbrace{1}_{1}.\underbrace{5}_{2}\underbrace{7}_{第3位}\overset{四舍五入}{1}42857\cdots\cdots=1.57$$

（3）取 6 位有效数字，则将第 7 位四舍五入，

$$x=\frac{11}{7}=1.57142857\cdots\cdots=\underbrace{1}_{1}.\underbrace{5}_{2}\underbrace{7}_{3}\underbrace{1}_{4}\underbrace{4}_{5}\underbrace{2}_{第6位}\overset{四舍五入}{8}57\cdots\cdots=1.57143$$

问题 3-7 在方程式 $13x=9$ 中，求出以下的（1）~（3）的解。

（1）数学解 （2）电气工程学上的解 （3）5 位有效数字的解

答案在 P.277

难易度 ★★☆☆☆

3-9 ▶ 一次方程式的求解①

~求解稍微复杂些的一次方程式吧~

迄今为止，学习了 3-6 节和 3-7 节的读者，从理论上讲，已经可以求解任何形式，包括四则运算在内的所有一次方程式。但是，当我们看到一些稍微复杂的一次方程式时，还是会感到困惑，不知从何入手求解。但是原理其实是一样的，只要知道求解的诀窍，充分理解 3-9 节和 3-10 节的内容，求解应该没有什么问题。

▶【混合四则运算】

通常把未知数移到左边， 常数移到右边。

$$\frac{1}{3}x = x - 2$$

让我们来考虑这个方程式。右边和左边都有未知数，并且，左边是除法，右边是减法，这个方程存在混合四则计算。要解这个方程式的话，我们只要把方程式变形为最终形态“x =???”的形式，求解就容易了。

为此求解的基本原则是把未知数放在左边，把常数放在右边（= 移项）。如果所有的未知数都放在左边，而所有的数字都放在右边，那么我们就可以将它们一一整理起来，最后形成“x=???”的最终形态。实际试着做的话，会导出如下的解。

$$\frac{1}{3}x = x - 2$$ 方程两边含有未知数 x

$$\frac{1}{3}x - x = -2$$ 将未知数移到左边

$$\left(\frac{1}{3} - 1\right)x = 2$$ 整理左边

$$-\frac{2}{3}x = 2$$ 把数字移到右边

$$\left(-\frac{2}{3}x\right)(-3) = (-2) \times (-3)$$ 方程两边同乘以(-3)

$$\frac{2}{-3}x \cdot (-3) = +6$$ 计算两边　注）$-\frac{2}{3}x = \frac{2}{-3}x$

$$2x = +6$$ 两边同除以2

$$x = +3$$ 答案(最终形态)

这样一来，无论方程中包含多少四则计算，都可以求解。要想顺利对一次方程求解，只有不断地练习。就像乐器和运动的练习一样，请再练习下面的问题吧。

问题 3-8 求下列一次方程式的解。

（1）$\frac{2}{3}x = x - 2$

（2）$\frac{5}{2}x = \frac{x}{2} + 2$

（3）$-\frac{1}{2}x = \frac{x}{3} + \frac{1}{2}$

（4）$1 - \frac{1}{2}x = \frac{x}{3} + \frac{1}{2}$

（5）$-\frac{1}{3}x = \frac{2x}{3} + \frac{1}{3}$

（6）$\frac{2x}{5} + \frac{1}{3} = 0$

答案在 P.277 ~ 278

3-10 ▶ 一次方程式的求解②

~一些小技巧~

在这里，我们介绍一些计算的技巧，虽然不知道也能求解一次方程式，但如果知道了，解起来就更方便。

▶【含有 10 的倍数】

取 0 消除位数。

例如，$1200x = 30000$ 的方程式，对 $x = \frac{30000}{1200} = 25$ 进行求解就行了，但是由于数量很大计算起来很麻烦。于是，我们考虑将方程式两边依次除以 10，尝试从最低位开始把位于相同位数上的零抹去。1200 有 2 个 0，30000 有 4 个，因此我们最多可抹去 2 个位数上的零，根据方程式 $1200x = 30000$，于是可简化为 $12x = 300$，这样一来就相对容易计算了。如果 $x=\frac{300}{12}$，先对分式进行约分再计算，就可以比较容易推导出答案。

▶【含有小数的方程式】

同乘以 10 的倍数或使用计算器。

如果一次方程式中含有小数，两边同时乘以 10 倍或 100 倍，消去小数，这样计算会变得方便。例如，$0.3x = 0.05x - 1$ 的方程式将右边的 x 项移到左边得 $0.3x - 0.05x = -1$，整理为 $0.25x = -1$、$x = \frac{-1}{0.25} = -4$，就求得最终解了。

但是，如果我们从一开始就注意 $0.3x = 0.05x - 1$ 的各项系数，会发现最小的系数为 0.05，并考虑将其乘以几倍后才能成为整数，我们就会发现只需要乘以 100 就可以将小数点移动两位。两边同乘以 100，即 $100 \times 0.3x = 100(0.05x - 1)$。右边带括号是因为是整个右边乘以 100，如果是 $100 \times 0.05x - 1$ 的话，此处的 -1 就没有乘以 100 倍。那么方程两边同时乘以 100，整理后为 $30x = 100 \times 0.05x - 100 \times 1$，化简得 $30x = 5x - 100$、$25x = -100$，最后 $x = -\frac{100}{25} = -4$。这样操作后方程式变为只有整数的计算，相对容易了很多。

▶【混有小数和分数】

乘以倍数使小数点移位消去小数， 再消去分数。

如 $0.1x=\frac{1}{12}x+1$，小数和分数混合存在于方程式中，先把两边乘以 10 倍消除小数得到 $10\times0.1x=10\left(\frac{1}{12}x+1\right)$，整理得 $x=\frac{10}{12}x+10$，然后约分得 $x=\frac{5}{6}x+10$，将 x 项移到左边可得 $\left(1-\frac{5}{6}\right)x=10$，化简得 $\frac{1}{6}x=10$。最后两边乘以 6，则得到最终答案 $x=60$。

▶【验算】

试着代入解。

检查计算结果是否正确的过程称为验算。将得到的方程式的解，再次代入未知数，分别计算右边和左边，如果右边和左边相同，则求得的解是正确的。

刚才的方程式 $0.1x=\frac{1}{12}x+1$ 的解为 $x=60$，将其分别代入方程式的右边和左边后，如下所示，

$$(\text{右边})=\frac{1}{12}\underbrace{x}_{x=60}+1=\frac{1}{12}\times60+1=5+1=6$$

$$(\text{左边})=0.1\underbrace{x}_{x=60}=0.1\times60=6$$

（左边）=（右边）。这对于检查复杂的方程式非常有用。

问题 3-9 尽量用简便的方法求解下面的方程。

（1）$150x=6000$ （2）$0.01x=0.1x+9$ （3）$0.8x+64=\frac{14}{100}x$

答案在 P.278 ~ 279

3-11 ▶ 一次方程式的求解③

~求解代数式相对复杂的一次方程式~

▶【很大的分数】

去除分母。

如果有很大的分母存在的话[一]，计算起来就比较麻烦。尽量简化分母缩小数值。要去除分母，把和分母完全相同的代数式同乘以等式的两边就行了。例如，在以下公式中：

$$\frac{x+\frac{1}{3}}{x+\frac{1}{2}}=3$$

两边同乘以 $x+\frac{1}{2}$

$$\frac{x+\frac{1}{3}}{x+\frac{1}{2}}\left(x+\frac{1}{2}\right)=3\cdot\left(x+\frac{1}{2}\right)$$

这里，之所以在 $x+\frac{1}{2}$ 的两侧加上括号，是因为 $x+\frac{1}{2}$ 由 x 和 $\frac{1}{2}$ 这两项组成，必须将其视为一个整体并进行相乘。这样一来，方程式的左右两边都相当整齐，

$$(\text{左边})=\frac{x+\frac{1}{3}}{x+\frac{1}{2}}\left(x+\frac{1}{2}\right)=x+\frac{1}{3}，(\text{右边})=3\cdot\left(x+\frac{1}{2}\right)=3x+\frac{3}{2}$$

所以方程式如下，相当简洁。

$$x+\frac{1}{3}=3x+\frac{3}{2}$$

将未知数 x 统一移到方程左侧去，常数移到右侧去，则有

$$x-3x=\frac{3}{2}-\frac{1}{3}\ \text{简化为}\ -2x=\frac{7}{6}，\ \text{于是}\ x=-\frac{7}{12}=-0.583$$

[一] 这与作为数字的数值大小无关，这里指的是代数式的复杂和代数项的数量有关。

问题 3-10 求下列方程式的解。

(1) $\frac{3}{x+1}=2$ (2) $\frac{1}{\frac{1}{x}+1}=2$ (3) $\frac{1}{x+\frac{3}{2}}=\frac{1}{2x+\frac{1}{2}}$

答案在 P.279

▶【有许多代数项】

重要的是要求解哪个未知代数，可将其他的代数视为常量。

无论方程式中有多少代数，只要这个被指定的代数为一阶，该方程式就可视为一次方程式并进行求解。例如

$$V_1+V_2=R_1I_1+R_2I_2-R_3I_3$$

对于上述的方程式，如果指定其中的一个代数，这个方程就可作为一次方程式并进行求解。让我们指定代数 V_1。由于 V_1 在左边，所以将其他代数（V_2）移到右边，则如下式所示。

$$V_1=R_1I_1+R_2I_2-R_3I_3-V_2$$

这样就整理为“V_1=？”的形式。这里必须注意的是，作为未知数的 V_1 不能在方程最终形式的右边出现。那么，如果把这个方程式中的 I_1 作为方程式来求解，结果会是怎么样呢？I_1 由于在方程式的右边，如果将 R_1I_1 的项移到左边，V_1+V_2 移到右边，则

$$-R_1I_1=R_2I_2-R_3I_3-(V_1+V_2)$$

方程式两边同除以 $-R_1$ 有

$$I_1=\frac{R_2I_2-R_3I_3-(V_1+V_2)}{-R_1}=\frac{-R_2I_2+R_3I_3+V_1+V_2}{R_1}$$

得到了这样的解。另外，在最后的等式中，分母的负数值通过分母分子同乘以 −1，将符号转移到分子上。

问题 3-11 试着在上述方程式中求解 I_3。 答案在 P.279 ~ 280

3-12 ▶ 一次方程式的应用①

~所谓的应用问题~

▶【应用问题】

把想求的代数设定为未知数。

据说这是中学数学中被认为很多学生不擅长的领域，但是应用范围很广、非常有用。所以请一定要好好学习。它的本质其实就是解一次方程式。总而言之就是以给定的条件为基础，建立方程式。利用之前学过的方法，对方程式中不确定的量进行求解。

在这里，将不确定的量作为未知数，根据给定的条件建立方程式的思考方法和技巧。

● 例　**箱子里好像有几只松鼠，再进去三只，打开箱子，发现里面有七只。那么最初箱子里有多少只松鼠呢？**

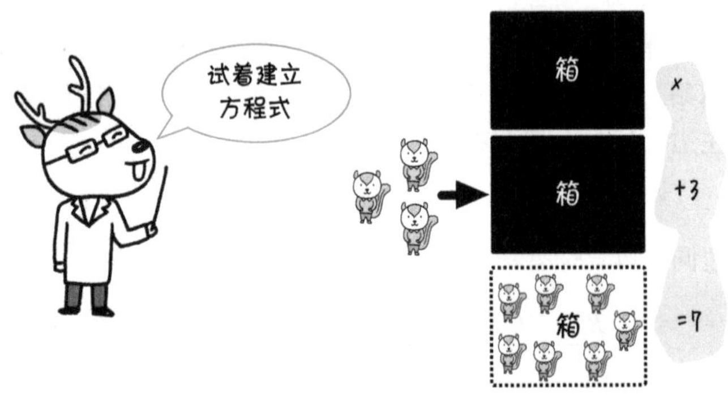

图 3.13　**计算松鼠数量的方程式 $x + 3 = 7$**

答　你可能认为不用建立一次方程式也能知道答案，但是在学习建立方程式的基础上，我们还是先通过简单的例子来理解。建立方程式的基本思想是把想要求的量作为未知数[㊀]、根据条件建立方程式。于是，我们从一开始就把箱子里松鼠的数量作为未知数 x。

㊀ 还有一种方法是，不是直接对想要求解的量求解，而是先间接求解出一个中间值，然后再根据得到的这个间接值求出本来想要的量，这里就不做讨论了。

那个未知数 x 所必须满足的条件是，再加上三只松鼠，一共七只。如果用代数式表示的话，

$$x+3=7$$

移项求解有

$$x=7-3=4$$

这就是实际应用一次方程式的具体例子。

● 例 **“我五年前的年龄是我现在的$\frac{7}{8}$”，求我现在的年龄是多少？**

答 这个问题看起来虽然有点困难，但是基本思路是一样的。把想要求的量当作未知数 x 吧。也就是说，把人现在的年龄记为未知数 x。于是 5 年前的年龄变成了 $x-5$，当时的年龄是现在年龄的$\frac{7}{8}$，因此当时的年龄为$\frac{7}{8}x$。所以有，

$$x-5=\frac{7}{8}x$$

移项求解有

$$\left(1-\frac{7}{8}\right)x=+5\text{简化为}\frac{1}{8}x=5\text{，于是 }x=5\cdot 8=40$$

所以现在的年龄是 40 岁。

问题 3-12 速度 13m/s 的电车穿过 76m 的隧道花了 7s。这辆电车有多长？

提示 7s 电车所通过的距离 (隧道的长度 + 电车的长度)。

答案在 P.280

难易度 ★★★★★

3-13 ▶ 一次方程式的应用②

~一次方程式在电气世界中的应用~

▶【在电气世界中】

确认一下什么是未知数吧。

在电气世界中，有电压、电流、电阻等很多量，这些量都有各自相对应的字母代数。需要求解的量会根据条件的变化而变化，所以有必要仔细阅读并确定哪一个是要求解的未知量。

● 例 **将电池电动势设为 E(V)，将电池的两端电压设为 V(V)，从电池流出的电流设为 I(A)，将电池的内部电阻设为 r(Ω)时，这些量满足 $E=V+Ir$ 的关系。此时求解内部电阻 r(Ω)。**

答 关于电池内阻的介绍请参考其他相关的书籍[㊀]。那么这个问题就可以认为是“根据 $E=V+Ir$ 的条件，求解未知数 r”。对调等式的左右两边，这样未知数 r 就移到了方程式的左边。

$$V+Ir=E$$

将 V 移到右边有

$$Ir=E-V$$

两边同除以 I 得

$$r=\frac{E-V}{I}$$

答案用代数形式表示，但方程式的右边不包含 r。

㊀ 例如，可参阅《易学易懂电气回路入门（原书第2版）》。

实际在电气工程相关的领域中，像这样处理一次方程式的时候，由于涉及的量很多，代数的种类也很多。因此，我们必须明确所求的量是什么，然后推导出正确的答案。

● 例　**平行板电容器静电电容 C（F），将板的面积设为 S（m^2），夹着的电介质的介电常数为 ε（F/m），板间的距离为 d（m），则表示为 $C=\varepsilon\frac{S}{d}$。根据该公式，**

（1）求解 S。（2）求解 d。

答　先不要在意电气相关的内容，问题的意思是在 $C=\varepsilon\frac{S}{d}$ 的条件下，(1) 求解 S，(2) 求解 d。

（1）互换方程式的左右两边，

$$\varepsilon\frac{S}{d}=C$$

方程式的左边为想要求解的 S 乘以 ε，除以 d 的形式。这样，我们只要将方程式两边除以 ε，再同乘以 d 就可以了。也就是说两边乘以 $\frac{d}{\varepsilon}$，

$$\frac{d}{\varepsilon}\cdot\varepsilon\frac{S}{d}=\frac{d}{\varepsilon}\cdot C，得到 S=\frac{d}{\varepsilon}\cdot C$$

（2）方程式中想要求解的 d 为分母，为了求 d，首先在方程式两边同乘以 d。

$$d\cdot C=d\cdot\varepsilon\frac{S}{d}，得到 dC=\varepsilon S$$

两边再同除以 C 得，

$$d=\frac{\varepsilon S}{C}$$

问题 3-13　已知电路中的电压 V（V）、电流 I（A）、电阻 R（Ω）的关系为 $V=IR$（欧姆定律）。试着导出电流 I 和电阻 R 的求解方程式。

答案在 P.280

问题 3-14 惠斯通电桥这种装置是将 4 个电阻组合起来，用零位法这种测量法可以高精度地测量电阻。当 3 个已知电阻 R_1、R_2、R_3 和未知电阻 R_X 之间存在 $R_1R_2 = R_3R_X$ 的关系时，如何求出未知电阻呢？

答案在 P.280

方程式的强项和弱项

在就业的考试或面试中，“你的强项是什么？”“你的弱项是什么？”这样的问题好像经常会被问到。方程式在面试中的回答会怎么样呢？

面试官：你的强项是什么？

方程式：我可以广泛应对各种问题。如果以条件为基础建立方程式求未知数，不仅能知道年龄和电车的长度，还能知道电流的大小和介电常数等无法看见的量！

面试官：那么你的弱项是什么？

方程式：如果根据条件不能建立方程式，就无法解决问题。

面试官：那么如果你被录用了，会给我们公司带来什么优势呢？

方程式：如果把优势作为未知数，根据已知的条件建立方程式，我就能得出答案了。

面接官：……

正如《前言》所示，毕达哥拉斯说“万物皆数”，但有时也很难通过数字来表示世界。录用还是不录用都很难做选择……。

第 4 章

联立方程式和矩阵

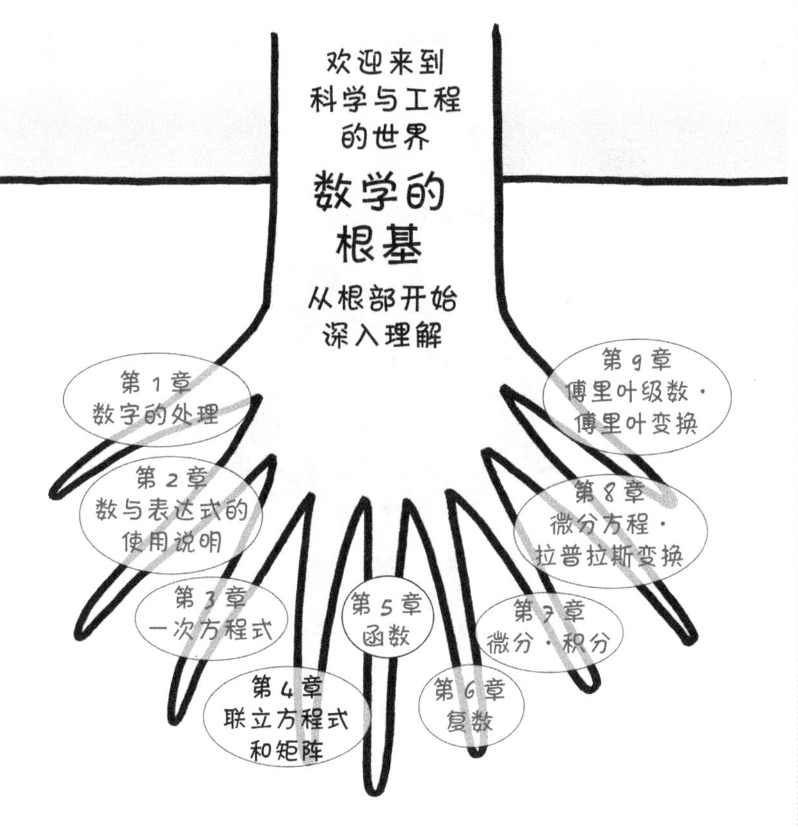

一次方程式的未知数和方程式数量增加的话就会变为联立方程组，使用矩阵就能很好地对其进行理解和解析。虽然内容听上去好像有些高深，但只要逐个章节读下去就不难理解了。

难易度 ★★☆☆☆

4-1 ▶ 联立一次方程式①：那是什么

~只是方程式的数量增加了~

把一个以上的条件方程式“联合”并“建立”起来，即联立方程式。如果联立方程式中所有未知数的阶数都为 1，那么这些方程式就构成一次的联立方程式。图 4.1 是这方面的一个图解示例。为了使等式两边苹果的数量相等，求两种带问号的盒子中苹果的数量。盒子分为木制的 和金属制的 两种。木制的盒子 的未知数用代数 x 表示，金属制的盒子 用代数 y 表示。这些盒子中苹果的数量由图中①和②这两个条件决定。

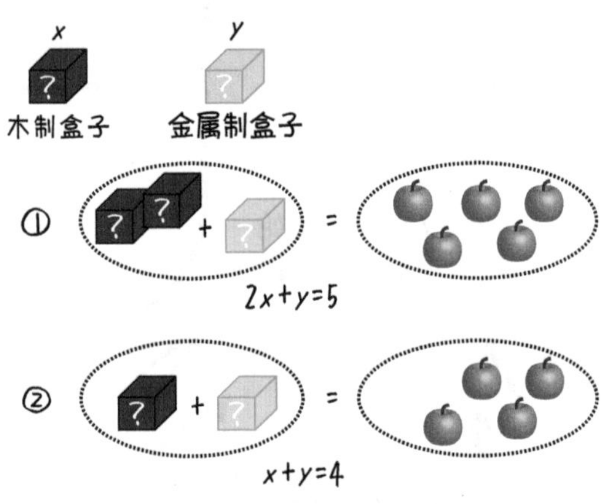

图 4.1　联立方程式的例子

如图 4.1 所示，条件①为：“两个木制盒子中的苹果”和“一个金属制盒子中的苹果”加起来共 5 个。条件②为：“一个木制盒子中的苹果”和“一个金属制盒子中的苹果”加起来共 4 个。根据条件，方程式可表示为

$$\begin{cases} 2x + y = 5 \\ x + y = 4 \end{cases}$$

正如我们将在 4-9 节中学习到的，如果联立方程中方程式的数量和求解未知数的个数相同的话，我们就可以求解出每个具体的未知数[1]。

[1] 也存在“无解”的情况，后面会详细说明。

求解方法将在后续介绍，这个方程式的解为

$x=1$

$y=3$

我们再实际确认下这些解是否正确。如图 4.2 所示，如果在盘子的左侧（代表方程式的左边）放上相应数量的苹果（代入方程式），就会发现左右盘子中苹果数量是相等。像这样，和第 3 章中学到的求解一次方程式一样，也可以对求解的结果进行验算。求解得到的未知数如果满足所有方程式，那么这就是该联立方程式的解。

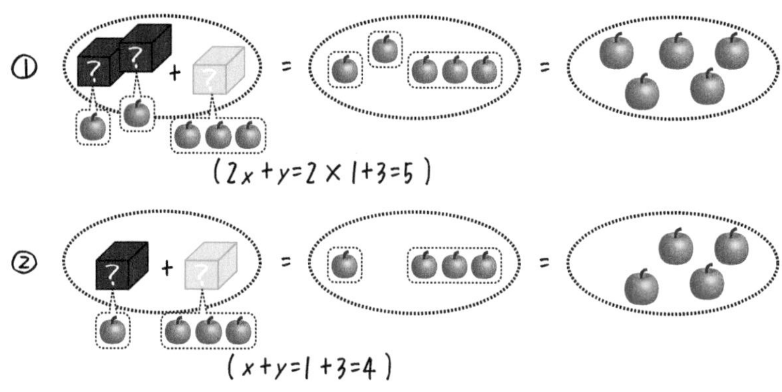

图 4.2　**代入联立方程式的解（x=1，y=3）**

问题 4-1 联立方程式$\begin{cases}7x+5y=290\\4x+3y=170\end{cases}$

请验算该联立方程式的解是否为 $x=20$、$y=30$（请代入方程式计算）。

答案在 P.281

4-2 ▶ 联立一次方程式②：代数的单位

~ 不同的单位之间不能相加 ~

在本节，我们将介绍多个代数的联立方程式，特别在电气领域中，如何处理这些不同代数变量间的关系尤为重要。在纯粹的数学中可能不必太关心这些问题，但是在电气的领域中首先要考虑的是代数变量间的关系。这样在建立联立方程式时，能更好地理解方程的含义。

如 1-5 和 1-6 节所述，当两个或两个以上不同的代数变量相加时[㊀]，它们之间的单位必须是相同的，当然这也同样适用于联立方程式。求解联立方程式的过程中，如果将两个不同单位的代数变量相加的话，则该解是错误的。

例如在图 4.1 的例子中，代数变量 x 和 y 的单位都应该是苹果的数量，我们在代数变量后将单位标记为“〔 〕”，原本 y 的单位应该是苹果的数量，但单位要写明〔单位〕。

$$\begin{cases} x = 1 \text{〔葡萄的数量〕} \\ y = 3 \text{〔苹果的数量〕} \end{cases}$$

这样，如果出现不同单位的解，在条件①下，就会如图 4.3 所示，得到左右盘子不相同的结果。如果只计算数值的话，作为解是正确的，但实际问题是左侧的 2 个葡萄和 3 个苹果与右侧的 5 个苹果不相同。这样，在处理多个字符时，需要注意不能进行不同单位之间的加法运算，特别是字符是有单位的量的情况下。

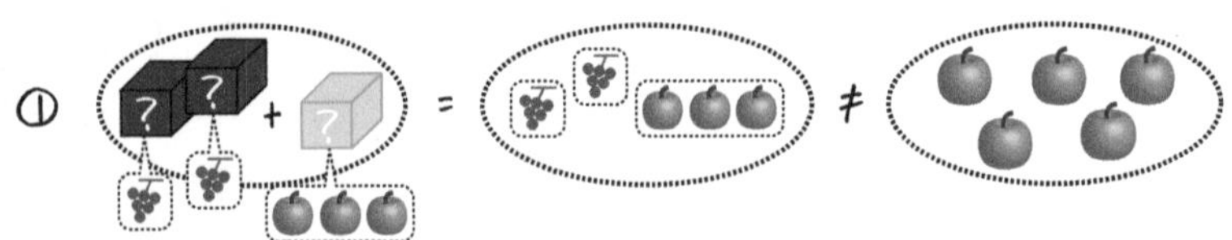

图 4.3 用不同的单位求解联立方程式

㊀ 明示性：为了明确表示事物本身。本书中，使用了盒子代表未知数，是为了给读者留下深刻印象。

在没有单位的常数用倍数[㊀]或加法运算的公式中，所有字符的单位必须相同。那么，让我们来分析一下有单位的量和未知数相关的情况吧。例如，即使是与图 4.2 相同的联立方程式，也请考虑将两个单位中的一个设为不同的单位。假设一个苹果相当于两杯苹果汁。

然后，木制盒子表示的未知数 x 的单位是苹果的个数〔个〕，金属盒子表示的未知数 y 的单位是苹果汁的杯数〔杯〕。用图表示的话，如图 4.4 所示。

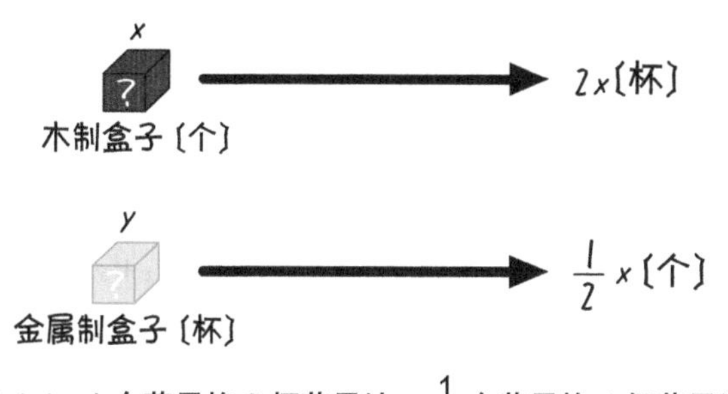

图 4.4　1 个苹果换 2 杯苹果汁，$\frac{1}{2}$个苹果换 1 杯苹果汁

然后，用苹果汁的杯数来表示条件①，用苹果的个数来表示条件②吧。于是，即使公式中的表示和外观完全相同，但下页的图 4.5 所示的问题与图 4.2 所示的问题内容完全不同。

图 4.5 的条件①是 1 个木制盒子和一个金属制盒子合在一起，木制盒子意味着会变成苹果汁的杯数。条件②是 1 个木制盒子和 2 个金属盒子，两个加在一起就是苹果的个数。在这里，木制盒子和金属盒子单位不同，用公式表示时，请将单位基于这样的关系进行换算。

㊀ 即使乘以没有单位的数，也不会改变原来的单位。（例）3 × 5cm = 15cm。

所以如果木制盒子要表示苹果汁的杯数的话，则为（木制盒子 ×2）〔杯〕。这个乘以“×2”的值意味着从一个苹果换算成两杯苹果汁，可以赋予 2〔杯 / 个〕的单位。同样金属制盒子表示苹果汁的杯数，所以如果表示苹果的个数的话，就是（金属制盒子 × $\frac{1}{2}$）〔个〕。这个相乘的值是从一杯苹果汁换算成一个苹果的意思，可以赋予“个 / 杯”这个单位。

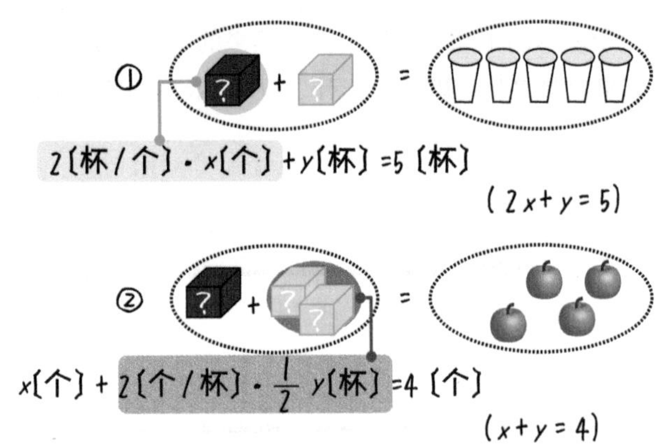

图 4.5　**图 4.2 和联立方程组的形式相同，但问题的意义却完全不同**

如果将条件①和条件②表示为联立方程式

$$\begin{cases} 2x+y=5\cdots\cdots(1) \\ x+2\cdot\dfrac{1}{2}y=4\cdots\cdots(2) \end{cases}$$

其本身与图 4.2 相同，所以答案的数值也相同，即

$$x=1、y=3$$

但是，请注意单位不同。因为 x 是以苹果的个数为单位的，y 是以苹果汁的杯数为单位的，所以图画出现了不同的问题。

如图 4.6 所示，木制盒子中代入一个苹果（$x = 1$），金属制盒子中代入 3 杯苹果汁（$y = 3$），将 1 个苹果换算成 2 杯苹果汁，就会发现这些解是正确的。如果与字符相关的系数也有单位的话，相乘时单位也会被换算。这样建立联立方程式时，加法运算需要凑齐单位，这种行为常常被称为"凑维"。

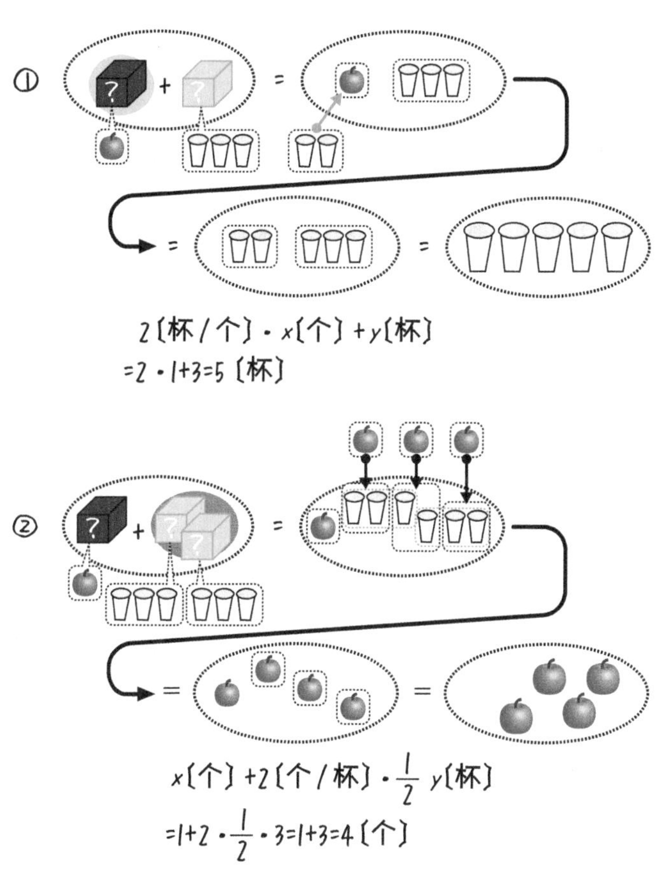

图 4.6　未知数的系数换算单位

难易度 ★★☆☆☆

4-3 ▶ 联立一次方程式③：各种各样的解法

~ 打起精神总会有办法的 ~

在此具体介绍联立一次方程的求解方法。只要打起精神就能解决问题，所以动手练习吧。

> ▶【加减法】
> **使系数统一。**

要解联立方程式，基本上是不断减少未知数的数量。请看下面的联立方程式。

$$\begin{cases} 2x+3y=5\cdots\cdots(1) \\ x+y=4\cdots\cdots(2) \end{cases}$$

加减法是将系数相同的未知数对齐，然后，通过将整个式子相加或相减来消去未知数的方法。例如，试着统一公式（1）和公式（2）中未知数 x 的系数吧。如果将式（2）整体乘以 2，那么式（1）和式（2）中 x 的系数都相同，得

$$\begin{cases} 2x+3y=5\cdots\cdots(1) \\ 2x+2y=8\cdots\cdots(2)\times 2 \end{cases}$$

这里，如果用上式减去下式，即执行（1）-（2）×2

$$\begin{array}{rll} & 2x+3y=5 & \cdots\cdots(1) \\ -) & 2x+2y=8 & \cdots\cdots(2)\times 2 \\ \hline & 0+1\cdot y=-3 & \cdots\cdots(1)-(2)\times 2 \end{array}$$

解得

$$y=-3$$

得到这样的结果，如果将该结果代入式（2）[㊀]有

$$x+(-3)=4、x=4-(-3)=4+3=7$$

综上所述，方程式的解为$\begin{cases} x=7 \\ y=-3 \end{cases}$。

㊀ 代入公式（1）也能得到同样的结果，但是因为公式（2）更简单，所以计算次数较少就能得到答案。

▶【代入法】

消去字符。

用加减法解决的问题同样也可以用代入法来解决。就是用其他的未知数来表示未知数，并代入，然后消去的方法。例如，考虑消去 y 这个字符，将公式（2）作为

$$y = 4 - x$$

这样，用 y 以外的字符表示 $y = ***$。如果将其代入另一个式子（1）

$$2x + 3(4 - x) = 5$$

因此，这是一个有 x 这个未知数的普通线性方程式。如果解这个方程式

$$2x + 12 - 3x = 5、-x = 5 - 12 \text{ 得 } x = 7$$

如果将其代入公式（2）或公式（1），则很快也会得到 $y = -3$。

问题 4-2 对图 4.1 的联立方程式 $\begin{cases} 2x + y = 5 \cdots\cdots(1) \\ x + y = 4 \cdots\cdots(2) \end{cases}$ 分别用加减法和代入消去法求解。

答案在 P.281

4-4 ▶ 联立一次方程式④：怎么应用

~ 果然还是要注意单位 ~

我国在大约四、五世纪编写的《孙子算经》这本书中，有以下问题。

> 一个篮子里有雏鸡和兔子，头有 35 只，脚有 94 只。问雏鸡和兔子各有多少只？㊀

如第 3 章所学，基本方针是将想要求的东西设为未知数。除此之外还必须注意单位，因为头的数量和脚的数量单位不同。

首先，按照基本方针，把想要求出的雏鸡和兔子的数量分别设为 x、y 吧。下面用公式表示问题，句子的第一个条件是头有 35 个，第二个条件是脚有 94 只。

雏鸡头的数量、兔子头的数量 x、y 的单位相同，如果将它们合计起来，则等于头的数量，因此可以得到以下公式。

$$x+y=35\cdots\cdots(1)$$

其次，为了使用 94 只脚的条件，用雏鸡的数量 x 和兔子的数量 y 来表示脚的数量吧。每只雏鸡有两只脚，所以雏鸡的脚数是 $2x$。每只兔子有四只脚，所以兔子的脚数是 $4y$。如果把它们加起来就等于脚的数量

$$2x+4y=94\cdots\cdots(2)$$

联立以上方程式有

$$\begin{cases} x+y=35\cdots\cdots(1) \\ 2x+4y=94\cdots\cdots(2) \end{cases}$$

对方程式求解得

$$\begin{cases} x=23 \\ y=12 \end{cases}$$

因此答案是雏鸡 23 只，兔子 12 只。

㊀ 世间以追求鹤和乌龟脚数的“鹤龟算”而广为人知。

问题4-3 请具体求解上述联立方程式。 答案在 P.281

为了更详细地分析这个问题，给单位加括号，试着附上（单位）。因为公式（1）表示头的数量，公式（2）表示脚的数量，所以用头表示整个公式的单位。这里，x 和 y 都是头的数量，为了将其换算为脚的数量，需要乘以每只脚的数量（只 / 头）。综上所述，在公式中标注单位来详细分析

$$\begin{cases} x(\text{头})+y(\text{头})=35(\text{头})\cdots\cdots(1) \\ 2(\text{只}/\text{头})\cdot x(\text{头})+4(\text{只}/\text{头})\cdot y(\text{头})=94(\text{只})\cdots\cdots(2) \end{cases}$$

如果考虑式（2）的 2（只 / 头）· x（头）的部分的话

$$2(\text{只}/\text{头})\cdot x(\text{头})=2\cdot x[(\text{只}/\text{头})\cdot(\text{头})]=2x(\text{只})$$

同样地对第二项有

$$2x(\text{只})+4y(\text{只})=94(\text{只})\cdots\cdots(2)$$

这样，所有项的单位都为只。如上所述，当字符表达式中存在多个字符，并进行加法运算时需要保持单位相同。

问题4-4 （面向在电气理论中学习欧姆定律和基尔霍夫定律的问题。没有学习过的人可以跳过）电阻为 R_1=4Ω、R_2=3Ω、R_3=2Ω、电压为 V_1=8V、V_2=7V 的电路中应用基尔霍夫定律，发现关于电流 I_1(A)、I_2(A) 有下列方程：

$$\begin{cases} V_1-V_2=R_1I_1-R_2I_2\cdots\cdots(1) \\ V_2=R_2I_2+R_3I_3\cdots\cdots(2) \\ I_1+I_2=I_3\cdots\cdots(3) \end{cases}$$

这时，分析公式（1）、（2）、（3）中的单位（分析这样的单位叫作**维度分析**）。

答案在 P.281~282

4-5 ▶ 矩阵①：元素和加减

~ 行和列就是横向和纵向 ~

▶【行列的元素】

（行， 列）＝（横， 纵）

所谓矩阵，就是将数字按行和列，也就是纵向和横向排列而成的。如果使用矩阵的话，可以将数量庞大的公式汇总在一起，非常方便。特别是，联立一次方程式，是一种非常巧妙的表示形式。

首先，我们从矩阵的表示方法开始说明。如图 4.7 所示，矩阵是把数字按纵、横方式排列，其大小（尺寸）表示为（行数）×（列数）。另外，表示矩阵的字符大多用 A、B、X、……等大写字母。

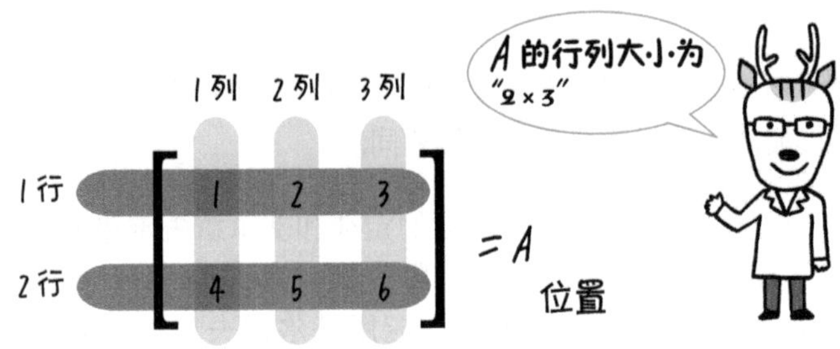

图 4.7 行列的元素

构成矩阵的数字称为成分（或元素）。各元素的位置用（行的位置、列的位置）表示。例如，在图 4.7 的矩阵 A 中，数字 4 位于第二行的第一列（2，1），元素为 4。如果两个矩阵所有元素都相同，就意味着这两个矩阵相等。

● 例 列出矩阵 $A=\begin{bmatrix}1 & 2 & 3\\4 & 5 & 6\\7 & 8 & 9\end{bmatrix}$ 分别在（1，2）、（2，3）位置处的元素。

答 （1，2）元素 =（第 1 行第 2 列）=2

（2，3）元素 =（第 2 行第 3 列）=6

▶【矩阵的加减法】

各元素分别加减。

在计算矩阵时，先进行加法和减法吧。其实很简单，只需要把矩阵中对应的各个元素相加减就可以了。

加法 $$\begin{bmatrix} a & b \\ c & d \end{bmatrix}+\begin{bmatrix} A & B \\ C & D \end{bmatrix}=\begin{bmatrix} a+A & b+B \\ c+C & d+D \end{bmatrix}$$

减法 $$\begin{bmatrix} a & b \\ c & d \end{bmatrix}-\begin{bmatrix} A & B \\ C & D \end{bmatrix}=\begin{bmatrix} a-A & b-B \\ c-C & d-D \end{bmatrix}$$

▶【矩阵的常数倍】

各元素乘以常数。

矩阵 A 的 a 倍为 aA 的矩阵，是矩阵 A 的全部元素都乘以 a 的结果。

● 例 **矩阵** $A=\begin{bmatrix} 1 & 2 \\ 3 & 4 \end{bmatrix}$、$B=\begin{bmatrix} 4 & 3 \\ 2 & 1 \end{bmatrix}$ **的时候，**（1）$A+B$（2）$A-B$（3）**求矩阵** $3A$。

答 （1）$A+B=\begin{bmatrix} 1+4 & 2+3 \\ 3+2 & 4+1 \end{bmatrix}=\begin{bmatrix} 5 & 5 \\ 5 & 5 \end{bmatrix}$

（2）$A-B=\begin{bmatrix} 1-4 & 2-3 \\ 3-2 & 4-1 \end{bmatrix}=\begin{bmatrix} -3 & -1 \\ 1 & 3 \end{bmatrix}$

（3）$3A=3\begin{bmatrix} 1 & 2 \\ 3 & 4 \end{bmatrix}=\begin{bmatrix} 1\times3 & 2\times3 \\ 3\times3 & 4\times3 \end{bmatrix}=\begin{bmatrix} 3 & 6 \\ 9 & 12 \end{bmatrix}$

问题 4-5 $A=\begin{bmatrix} 1 & 2 \\ 3 & 4 \end{bmatrix}$、$X=\begin{bmatrix} x & y \\ z & \omega+1 \end{bmatrix}$，当这两个 2×2 矩阵为 $A=3X$ 这样的关系时，求 x、y、z、ω 的各值。

答案在 P.282

4-6 ▶ 矩阵②：乘法运算

~ 行和列就是横向和纵向 ~

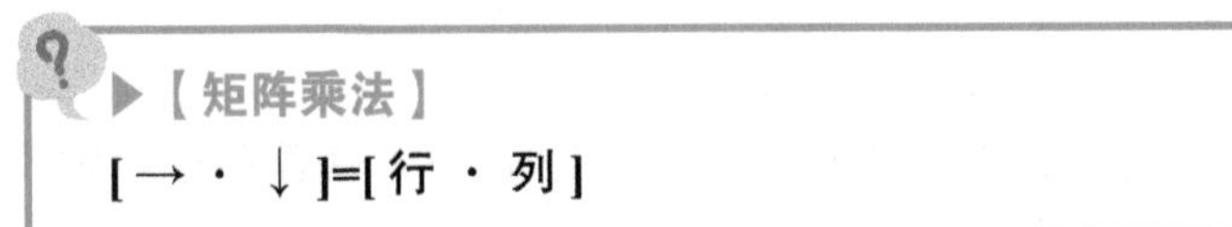

虽然矩阵的乘法有点复杂，但是如果知道 [→ · ↓] 的要领的话就很容易记住了。矩阵和矩阵相乘，还是矩阵。如图 4.8 表示 2×2 矩阵之间的乘法运算。

$$\begin{bmatrix} a & b \\ c & d \end{bmatrix}\begin{bmatrix} A & B \\ C & D \end{bmatrix} = \begin{bmatrix} aA+bC & aB+bD \\ cA+dC & cB+dD \end{bmatrix}$$

(1,1) 成分的操作

$$\begin{bmatrix} a & b \\ c & d \end{bmatrix}\begin{bmatrix} A & B \\ C & D \end{bmatrix} = \begin{bmatrix} aA+bC & aB+bD \\ cA+dC & cB+dD \end{bmatrix}$$

(1,2) 成分的操作

$$\begin{bmatrix} a & b \\ c & d \end{bmatrix}\begin{bmatrix} A & B \\ C & D \end{bmatrix} = \begin{bmatrix} aA+bC & aB+bD \\ cA+dC & cB+dD \end{bmatrix}$$

(2,1) 成分的操作

$$\begin{bmatrix} a & b \\ c & d \end{bmatrix}\begin{bmatrix} A & B \\ C & D \end{bmatrix} = \begin{bmatrix} aA+bC & aB+bD \\ cA+dC & cB+dD \end{bmatrix}$$

(2,2) 成分的操作

$$\begin{bmatrix} a & b \\ c & d \end{bmatrix}\begin{bmatrix} A & B \\ C & D \end{bmatrix} = \begin{bmatrix} aA+bC & aB+bD \\ cA+dC & cB+dD \end{bmatrix}$$

最终完成式

图 4.8 矩阵乘法（2×2 矩阵）

总之，行和列的各元素相乘再相加后，得到的值就是矩阵的各个元素。然后，矩阵乘法也许可以运算也可能无法运算。如果左侧矩阵的列数和右侧矩阵的行数不一致，矩阵就无法运算。通常，将大小为（$a \times b$）的矩阵与大小为（$b \times c$）的矩阵相乘，会生成大小为（$a \times c$）的矩阵。

● 例　$A=\begin{bmatrix}1 & 2 & 3\\4 & 5 & 6\end{bmatrix}$、$B=\begin{bmatrix}1 & 2\\3 & 4\\5 & 6\end{bmatrix}$，**求矩阵** AB。

答　$$AB=\begin{bmatrix}1 & 2 & 3\\4 & 5 & 6\end{bmatrix}\begin{bmatrix}1 & 2\\3 & 4\\5 & 6\end{bmatrix}$$

$$=\begin{bmatrix}1\times1+2\times3+3\times5 & 1\times2+2\times4+3\times6\\4\times1+5\times3+6\times5 & 4\times2+5\times4+6\times6\end{bmatrix}$$

$$=\begin{bmatrix}22 & 28\\49 & 64\end{bmatrix}$$

※ 矩阵 A 的大小为 2×3，矩阵 B 的大小为 3×2，所以相乘可以进行乘法运算的矩阵 AB 的大小是 2×2。

● 例　$X=\begin{bmatrix}x\\y\end{bmatrix}$、$A=\begin{bmatrix}2 & -3\\4 & 5\end{bmatrix}$，**求矩阵** AX。

答　$$AX=\begin{bmatrix}2 & -3\\4 & 5\end{bmatrix}\begin{bmatrix}x\\y\end{bmatrix}=\begin{bmatrix}2x-3y\\4x+5y\end{bmatrix}$$

问题 4-6　$A=\begin{bmatrix}1 & 2\\3 & 4\end{bmatrix}$、$B=\begin{bmatrix}4 & 3\\2 & 1\end{bmatrix}$，求一下 AB 和 BA，然后，确认 AB 和 BA 是否不相等（$AB \neq BA$）。

答案在 P.282

4-7 ▶ 矩阵③：使用矩阵获取便利

~ 联立方程式的情况 ~

▶【矩阵的使用】

可以说很常见

即使未知数的数量增多，使用矩阵也能很简洁地建立联立方程式。联立方程式中未知数的数量叫作元数。另外，元数为 n 的联立一次方程式称为 n 元联立一次方程式。

下面，让我们来看看这样的 n 元联立一次方程式。

$$\begin{cases} 3x+2y+z=0 \\ -x+5y+2z=3 \\ 2x+3z=2 \end{cases}$$

未知数是 x、y、z 三个。如果抽出左边的这 3 个未知数相关的系数，则如下所示。

x 的系数	y 的系数	z 的系数
3	2	1
−1	5	2
2	0	3

将其作为 3×3 矩阵 A 的各元素、$X=\begin{bmatrix} x \\ y \\ z \end{bmatrix}$ 这样的矩阵进行乘法运算的话，

$$AX=\begin{bmatrix} 3 & 2 & 1 \\ -1 & 5 & 2 \\ 2 & 0 & 3 \end{bmatrix}\begin{bmatrix} x \\ y \\ z \end{bmatrix}=\begin{bmatrix} 3x+2y+z \\ -x+5y+2z \\ 2x+3z \end{bmatrix}$$

第一个联立方程式的左边出现在各元素中。接下来，前面的 3 元联立一次方程式右边的值归结为 1 个 $B=\begin{bmatrix} 0 \\ 3 \\ 0 \end{bmatrix}$ 这样的矩阵。

$$AX = B \leftrightarrow \begin{bmatrix} 3 & 2 & 1 \\ -1 & 5 & 2 \\ 2 & 0 & 3 \end{bmatrix} \begin{bmatrix} x \\ y \\ z \end{bmatrix} = \begin{bmatrix} 0 \\ 3 \\ 2 \end{bmatrix} \leftrightarrow \begin{bmatrix} 3x+2y+z \\ -x+5y+2z \\ 2x+3z \end{bmatrix} = \begin{bmatrix} 0 \\ 3 \\ 2 \end{bmatrix}$$

由此可知，$AX = B$ 这个式子与最初的联立方程式具有相同的意义。这样，如果使用矩阵的话，无论多么大的联立方程式，都可以非常简单地描述出来。

作为一般形态，方程式的 n 个未知数为 $\{x_1, x_2, x_3, \cdots, x_n\}$。试着用矩阵写一下 n 元联立一次方程式。方程式是

$$\begin{cases} a_{11}x_1 + a_{12}x_2 + a_{13}x_3 + a_{14}x_4 + \cdots\cdots + a_{1n}x_n = b_1 \\ a_{21}x_1 + a_{22}x_2 + a_{23}x_3 + a_{24}x_4 + \cdots\cdots + a_{2n}x_n = b_2 \\ a_{31}x_1 + a_{32}x_2 + a_{33}x_3 + a_{34}x_4 + \cdots\cdots + a_{3n}x_n = b_3 \\ \vdots \quad \vdots \quad \vdots \quad \vdots \quad \vdots \quad \vdots \quad \vdots \\ a_{n1}x_1 + a_{n2}x_2 + a_{n3}x_3 + a_{n4}x_4 + \cdots\cdots + a_{nn}x_n = b_n \end{cases}$$

如果将系数作为矩阵元素如下：

$$A = \begin{bmatrix} a_{11}a_{12}a_{13}a_{14}\cdots\cdots a_{1n} \\ a_{21}a_{22}a_{23}a_{24}\cdots\cdots a_{2n} \\ a_{31}a_{32}a_{33}a_{34}\cdots\cdots a_{3n} \\ \vdots \; \vdots \; \vdots \; \vdots \quad \vdots \; \vdots \\ a_{n1}a_{n2}a_{n3}a_{n4}\cdots\cdots a_{nn} \end{bmatrix}, \quad X = \begin{bmatrix} x_1 \\ x_2 \\ x_3 \\ \vdots \\ x_n \end{bmatrix}, \quad B = \begin{bmatrix} b_1 \\ b_2 \\ b_3 \\ \vdots \\ b_n \end{bmatrix}$$

$AX = B$ 可以表示与这个 n 元联立一次方程式相同的意思。其中矩阵 A 被称为系数矩阵。

问题 4-7 联立方程式

$$\begin{cases} 7x+5y+z-w=290 \\ 2x-3y+z+w=9 \\ 4x+2y+w=190 \\ 2y-z+3w=32 \end{cases}$$

如果用矩阵表示 $AX = B$，那么如何选择 4×4 的 A 矩阵、4×1 的 X 矩阵和 4×1 的 B 矩阵呢？

答案在 P.282~283

4-8 ▶ 矩阵④：矩阵和联立一次方程式

~ 消元 ~

用矩阵来表示联立一次方程式，可以看到极其有规律性和统一性的解法。求解联立一次方程式的著名方法是高斯消除法（或叫高斯消元法）。

▶【高斯消元法】

将斜对角的元素（行和列的编号相同、位于倾斜线上的元素）变形为 1，之后将其他元素全部变形为 0。

与其说不如动手实际操作，首先介绍解法。

$$\begin{cases} 2x+3y=5 \\ x+y=4 \end{cases}$$

如果用矩阵来写联立一次方程式的话

$$\begin{bmatrix} 2 & 3 \\ 1 & 1 \end{bmatrix}\begin{bmatrix} x \\ y \end{bmatrix}=\begin{bmatrix} 5 \\ 4 \end{bmatrix}$$

此时，左边的矩阵加上右边的值后的矩阵，

$$\left[\begin{array}{cc|c} 2 & 3 & 5 \\ 1 & 1 & 4 \end{array}\right]$$

将其称为由该矩阵表示的方程的增广系数矩阵。计算时不是系数的部分也列出来便于观察，为了更清楚地表达，在中间加上竖线也可以。现在，我们介绍的联立一次方程在变形时一定是可逆的。

○ 规则（基本变形）

1. 将一个式子乘以常数倍（零点倍除外）
2. 在一个式子上加上其他式子的常数倍
3. 把两个式子互换

基于上述规则，在“将系数矩阵的对角元素全部变为 1，其余全部变为 0“的基本方针下，通过对增广系数矩阵进行变形来求解，这种解法叫高斯消元法。对角元素是指行和列编号相同的、位于倾斜线上的元素。

刚才的联立一次方程式（左侧）和增广系数矩阵（右侧）变形的情况如下所示。（1）表示第 1 行式子，（2）表示第 2 行的式子。

【联立一次方程式】		【扩大系数矩阵】
$\begin{cases} 2x + 3y = 5 \\ x + y = 4 \end{cases}$		$\left[\begin{array}{cc\|c} 2 & 3 & 5 \\ 1 & 1 & 4 \end{array}\right]$
$\begin{cases} 2x + 3y = 5 \\ 3x + 3y = 12 \end{cases}$	1 （2）×3	$\left[\begin{array}{cc\|c} 2 & 3 & 5 \\ 3 & 3 & 12 \end{array}\right]$
$\begin{cases} 2x + 3y = 5 \\ x + \quad = 7 \end{cases}$	2 （2）−（1）	$\left[\begin{array}{cc\|c} 2 & 3 & 5 \\ 1 & 0 & 7 \end{array}\right]$
$\begin{cases} \quad + 3y = -9 \\ x + \quad = 7 \end{cases}$	2 （1）−（2）×2	$\left[\begin{array}{cc\|c} 0 & 3 & -9 \\ 1 & 0 & 7 \end{array}\right]$
$\begin{cases} \quad + y = -3 \\ x + \quad = 7 \end{cases}$	1 （1）× $\frac{1}{3}$	$\left[\begin{array}{cc\|c} 0 & 1 & -3 \\ 1 & 0 & 7 \end{array}\right]$
$\begin{cases} x + \quad = 7 \\ \quad + y = -3 \end{cases}$	3 调换公式	$\left[\begin{array}{cc\|c} 1 & 0 & 7 \\ 0 & 1 & -3 \end{array}\right]$

对角的元素 = 1、其余全部 = 0

比起写下左侧的联立一次方程式，如右侧那样只计算放大系数矩阵的成分更简单且轻松。这样，重复基本变形，将矩阵的 1 个成分配置成阶梯状[㊀]，这种做法叫作简约化。

问题 4-8 利用联立方程式 $\begin{cases} x+y=35 \\ 2x+4y=94 \end{cases}$ 的增广系数矩阵，通过高斯消元法求解吧。

答案在 P.283

㊀ 其实应该使用更严密的表达方式，但只要考虑“将 1 变形成阶梯状排列”就可以了。

4-9 ▶ 矩阵⑤：矩阵的层数和联立一次方程式

~ 阶数与联立方程式有很深的关系 ~

如果联立方程式数（即条件式的个数）和未知数的个数相同，则可以具体求出未知数并得到解。下面将在 4-9 节和 4-10 节中介绍其理由以及其他情况。

○【情形①】能够完全消元时：有解

让我们用高斯消元法来求解下面的联立方程。

$$\begin{cases} 2x+3y-z=-3 \\ -x+2y+2z=1 \\ x+y-z=-2 \end{cases}$$

2	3	−1	−3	
−1	2	2	1	
1	1	−1	−2	
0	1	1	1	（1）+（3）×（−2）
0	3	1	−1	（2）+（3）
1	1	−1	−2	
1	1	−1	−2	
0	3	1	−1	替换（1）和（3）
0	1	1	1	
1	0	−2	−3	（1）+（3）×（−1）
0	0	−2	−4	（2）+（3）×（−3）
0	1	1	1	
1	0	−2	−3	
0	0	1	2	（2）×（$-\frac{1}{2}$）
0	1	1	1	
1	0	−2	−3	
0	1	1	1	替换（2）和（3）
0	0	1	2	
1	0	0	1	（1）+（3）×2
0	1	0	−1	（2）+（3）×（−1）
0	0	1	2	

※ 省略了矩阵的括号“[ ]”。

变形之后得到 $\begin{cases} x=1 \\ y=-1 \\ z=2 \end{cases}$ 的解。对方程式进行简化，如果所有行的对角线分量（行与列编号相同的倾斜分量）都为 1，那么联立方程的解只有一个。

○【情形②】无法消元时：无解

试着用高斯消元法求解下面的联立方程。其中方程的个数为 3，未知数为 x 和 y 两个，则方程的个数比未知数的个数还多。

$$\begin{cases} x+y=10 \\ x-2y=-20 \\ 3x+y=50 \end{cases}$$

1	1	10	
1	−2	−20	
3	1	50	
1	1	10	
0	−3	−30	（2）−（1）
0	−2	20	（3）−（1）×3
1	1	10	（2）×（$-\frac{1}{3}$）
0	1	10	
0	1	−10	（3）×（$-\frac{1}{2}$）
1	0	0	（1）−（2）
0	1	10	
0	0	−20	（3）−（2）
1	0	0	
0	1	10	
0	0	1	（3）×（$-\frac{1}{20}$）

在简化完成之后，观察其增广系数矩阵中的第 3 行。这行元素的意思是

$$0x + 0y = 1$$

这样的话，无论将什么值代入 y，都无法使这个等式成立。也就是说，这个联立一次方程是没有解的，即答案是“无解”。

○【情形③】无法消元时：解留有自由度

让我们用高斯消元法来求解下一个联立方程。未知数为 x、y 和 z 三个，方程式的个数为两个，此时，未知数个数比方程式个数多。

$$\begin{cases} x+y+z=2 \\ 2x+3y+z=3 \end{cases}$$

1	1	1	2	
2	3	1	3	
1	1	1	2	
0	1	−1	−1	（2）−（1）×2
1	0	2	3	（1）−（2）
0	1	−1	−1	

化简消元后为

$$\begin{cases} x+2z=3 \\ y-z=-1 \end{cases}$$

这样，就无法求出未知数 x、y、z 的值了。未知数为 3 个，方程式为 2 个，所以不能求出任何一个未知数。因此，例如用字符常数 c 代表 z，即 $z=c$，代入最后两个式子，则

$$\begin{cases} x=3-2c \\ y=-1+c \\ z=c \end{cases}$$

这样表示后，除了一个未知数的任意性，即 $z=c$ 的解还没有确定以外，其他两个未知数就求出了解。因此，如果未知数的数量大于表达式的数量，则未知数只能由缺少的表达式决定。虽然具有这样的任意性，但是也可以将其写成数学公式。

○ 秩的导入

为了对联立方程式的解的情况进行分类，引入矩阵的秩的概念。

rank (*A*) = 简化矩阵 *A* 后的非零行数

称为矩阵的秩，它与联立方程式的解有很大的关系。根据上述情况①、情况②、情况③中的各问题，求系数矩阵 *A* 和增广系数矩阵 [*A* | *B*] 的秩，如下所示。

（1）rank (*A*) = 3，rank［*A* | *B*］= 3

1	0	0	1个	1	0	0	1	1个
0	1	0	2个	0	1	0	−1	2个
0	0	1	3个	0	0	1	2	3个

（2）rank（*A*）= 2，rank［*A* | *B*］= 3

1	0	1个	1	0	0	1个
0	1	2个	0	1	10	2个
0	0		0	0	1	3个

（3）rank（*A*）= 2，rank［*A* | *B*］= 2

1	0	2	1个	1	0	2	3	1个
0	1	−1	2个	0	1	−1	−1	2个

4-10 ▶ 矩阵⑥：秩和联立一次方程式求解的条件

~ 能够完全消元的条件 ~

以 4-9 节的三个例子为基础，按秩来分类 n 元联立一次方程式的解。但是，在 4-9 节的三个例子中，其秩 n 都为 3。

▶【情形①】能够完全消元时

< 只有一个解 >

关系为：$\mathrm{rank}(A) = \mathrm{rank}[A|B] = n$

所谓解的条件，只要能够将简化后的矩阵的对角元素（行与列的编号相同）设为 1，就可以了。为此，矩阵的秩和未知数的数量必须相同。如果用公式表示的话，

$$\mathrm{rank}(A) = n$$

此时，其与增广系数矩阵的秩也相等，为 $\mathrm{rank}[A|B]=\mathrm{rank}(A)$。从 4-9 节的情况①的条件可以看出。

▶【情形②】无法消元时

< 无解 >

关系为：$\mathrm{rank}(A) < \mathrm{rank}[A|B]$

这时，就像 4-9 节的情况②所示，简化后的系数矩阵最下面的行全部变成了 0。这样一来，任何解的等式都不成立，变成了“无解”。用公式表示的话，矩阵 $[A|B]$ 的秩比矩阵 A 的秩数大，即 $\mathrm{rank}(A) < \mathrm{rank}[A|B]$。

▶【情形③】无法完全消元时

<多个解 （有解但不止一个）>

关系为： rank(A) = rank[$A|B$] < n

当方程式的数量少于未知数的数量时，就会因为未知数过多而无法确定一个解。如 4-9 节的情形③所示，即使是 rank[$A|B$] = rank(A)，由于简化后的增广系数矩阵的 1 所对应的部分比未知数少，所以所有的未知数都无法确定。如果用秩的关系表示，则为 rank(A) < n。

基于以上情况，如果用秩来表示一个联立一次方程式的解的条件，则如下。

▶【总之：联立一次方程式有解】

n 元联立一次方程式 $AX = B$ 有解：rank(A) = n

我们上面对秩和联立一次方程式的关系做了大量说明，这样无论是多少元的方程都不会惊讶了，都可以使用迄今学到的理论。像这样，学习矩阵的话，可以进行更加一般性地讨论，成为分析解的情况的强大武器。假如用计算机模拟求解复杂电路的联立一次方程式时，也需要这样的理论。

问题 4-9 求下面各联立一次方程式的解吧。另外，请求出系数矩阵的秩。

（1）$\begin{bmatrix} 1 & 1 \\ 1 & -2 \\ 2 & 1 \end{bmatrix} \begin{bmatrix} x_1 \\ x_2 \end{bmatrix} = \begin{bmatrix} 50 \\ -20 \\ 20 \end{bmatrix}$

（2）$\begin{bmatrix} 1 & 2 & 3 \\ 5 & 6 & 7 \end{bmatrix} \begin{bmatrix} x_1 \\ x_2 \\ x_3 \end{bmatrix} = \begin{bmatrix} 4 \\ 8 \end{bmatrix}$

答案在 P.283~284

4-11 ▶ 矩阵⑦：矩阵的应用其①

~ 通向线性代数的桥梁：行列式 ~

▶【行列式】

表示矩阵和联立一次方程式形状的式子。

行列式对于判断联立一次方程式是否有解的极其重要，对于行和列大小相同的正方矩阵，规定了“行列式的一个值”。其定义方法（定义）多种多样，比较难理解。这里给大家介绍一个最简单的方法。另外，如果你只读这里也完全不知道为什么要导入行列式，请和下面的 4-12 节配套阅读。

在这之前，先导入一个记法，即 $n\times n$ 的行列式 A 为

$$A=\begin{bmatrix} a_{11} & a_{12} & a_{13} & a_{14} & \cdots\cdots & a_{1n} \\ a_{21} & a_{22} & a_{23} & a_{24} & \cdots\cdots & a_{2n} \\ a_{31} & a_{32} & a_{33} & a_{34} & \cdots\cdots & a_{3n} \\ \vdots & \vdots & \vdots & \vdots & \ddots & \vdots \\ a_{n1} & a_{n2} & a_{n3} & a_{n4} & \cdots\cdots & a_{nn} \end{bmatrix}$$

将除去其第 2 行和第 3 列（上面的蓝色成分）的矩阵写成 A_{23} ㊀。

$$A_{23}=\begin{bmatrix} a_{11} & a_{12} & a_{14} & \cdots\cdots & a_{1n} \\ a_{31} & a_{32} & a_{34} & \cdots\cdots & a_{3n} \\ \vdots & \vdots & \vdots & \ddots & \vdots \\ a_{n1} & a_{n2} & a_{n4} & \cdots\cdots & a_{nn} \end{bmatrix}$$

其行和列数也一样，从矩阵 A 中去除第 i 行和第 j 列，剩下的矩阵为 A_{ij}。

用这个符号介绍行列式的定义。

㊀ 这样写的话比较麻烦，用 $A=[a_{ij}]$ 这样的方式简写比较轻松。

○ 行列式的定义

对于 $n \times n$ 的方阵 A，将行列式表示为 $\det(A)$ 或 $|A|$

当 $n=1$ 时：

$$|A| = a_{11}$$

当 $n=2$ 时：

$$\begin{aligned}|A| &= (-1)^{1+1}a_{11}|A_{11}| \\ &\quad + (-1)^{2+1}a_{21}|A_{21}|\end{aligned}$$

当 $n=3$ 时：

$$\begin{aligned}|A| &= (-1)^{1+1}a_{11}|A_{11}| \\ &\quad + (-1)^{2+1}a_{21}|A_{21}| \\ &\quad + (-1)^{3+1}a_{31}|A_{31}|\end{aligned}$$

当 $n=4$ 时：

$$\begin{aligned}|A| &= (-1)^{1+1}a_{11}|A_{11}| \\ &\quad + (-1)^{2+1}a_{21}|A_{21}| \\ &\quad + (-1)^{3+1}a_{31}|A_{31}| \\ &\quad + (-1)^{4+1}a_{41}|A_{41}|\end{aligned}$$

…………（中间省略）…………

当为 n 时：

$$\begin{aligned}|A| &= (-1)^{1+1}a_{11}|A_{11}| \\ &\quad + (-1)^{2+1}a_{21}|A_{21}| \\ &\quad + (-1)^{3+1}a_{31}|A_{31}| \\ &\quad + (-1)^{4+1}a_{41}|A_{41}| \\ &\quad + \cdots\cdots \\ &\quad + (-1)^{n+1}a_{n1}|A_{n1}|\end{aligned}$$

我们来求出行列式，看看其具体是什么样的公式吧。

当 $n=2$ 时：

$$\begin{aligned}|A| &= (-1)^{1+1}a_{11}|A_{11}| + (-1)^{2+1}a_{21}|A_{21}| \\ &= 1 \cdot a_{11}|[a_{22}]| + (-1) \cdot a_{21}|[a_{12}]| \\ &= a_{11}a_{22} - a_{21}a_{12}\end{aligned}$$

1
2
3
4 联立方程式和矩阵

当 $n=3$ 时：

$$\begin{aligned}|A|&=(-1)^{1+1}a_{11}|A_{11}|+(-1)^{2+1}a_{21}|A_{21}|\\&\quad+(-1)^{3+1}a_{31}|A_{31}|\\&=1\cdot a_{11}\left\|\begin{bmatrix}a_{22}&a_{23}\\a_{32}&a_{33}\end{bmatrix}\right\|+(-1)\cdot a_{21}\left\|\begin{bmatrix}a_{12}&a_{13}\\a_{32}&a_{33}\end{bmatrix}\right\|\\&\quad+1\cdot a_{31}\left\|\begin{bmatrix}a_{12}&a_{13}\\a_{22}&a_{23}\end{bmatrix}\right\|\\&=a_{11}(a_{22}a_{33}-a_{23}a_{32})-a_{21}(a_{12}a_{33}-a_{13}a_{32})\\&\quad+a_{31}(a_{12}a_{23}-a_{13}a_{22})\\&=a_{11}a_{22}a_{33}-a_{11}a_{23}a_{32}-a_{21}a_{12}a_{33}+a_{21}a_{13}a_{32}\\&\quad+a_{31}a_{12}a_{23}-a_{31}a_{13}a_{22}\end{aligned}$$

当 $n=4$ 时：

$$\begin{aligned}|A|&=(-1)^{1+1}a_{11}|A_{11}|+(-1)^{2+1}a_{21}|A_{21}|\\&\quad+(-1)^{3+1}a_{31}|A_{31}|+(-1)^{4+1}a_{41}|A_{41}|\\&=1\cdot a_{11}\left\|\begin{bmatrix}a_{22}&a_{23}&a_{24}\\a_{32}&a_{33}&a_{34}\\a_{42}&a_{43}&a_{44}\end{bmatrix}\right\|+(-1)\cdot a_{21}\left\|\begin{bmatrix}a_{12}&a_{13}&a_{14}\\a_{32}&a_{33}&a_{34}\\a_{42}&a_{43}&a_{44}\end{bmatrix}\right\|\\&\quad+1\cdot a_{31}\left\|\begin{bmatrix}a_{12}&a_{13}&a_{14}\\a_{22}&a_{23}&a_{24}\\a_{42}&a_{43}&a_{44}\end{bmatrix}\right\|+(-1)\cdot a_{41}\left\|\begin{bmatrix}a_{12}&a_{13}&a_{14}\\a_{22}&a_{23}&a_{24}\\a_{32}&a_{33}&a_{34}\end{bmatrix}\right\|\\&=\cdots\cdots\text{（篇幅太长，省略）}\end{aligned}$$

这样，行列式可以以 $n=1$ 时的值为出发点，求出大一号的行列式。数量增加的话，会变成非常庞大的公式，但是继续阅读到 4-13 节，就会看到非常美丽的数学。

● 例　**试求行列式** $A=\begin{bmatrix}1&3\\2&4\end{bmatrix}$。

答　$|A|=\begin{vmatrix}1&3\\2&4\end{vmatrix}=1\cdot4-3\cdot2=-2$

在这里因为 $\left\|\begin{bmatrix}1&3\\2&4\end{bmatrix}\right\|$ 和 $\begin{vmatrix}1&3\\2&4\end{vmatrix}$ 是一样的，但是后者更简洁，所以以后都

这样书写。

○ 行列式的基本性质

暂且不谈行列式的意义，先介绍一下其有趣的性质。另外，由于把矩阵的元素全部写出来很麻烦，所以使用取出矩阵的列向量来表示。

$$a_1=\begin{bmatrix}a_{11}\\a_{21}\\\vdots\\a_{n1}\end{bmatrix},\ a_2=\begin{bmatrix}a_{12}\\a_{22}\\\vdots\\a_{n2}\end{bmatrix},\ a_n=\begin{bmatrix}a_{1n}\\a_{2n}\\\vdots\\a_{nn}\end{bmatrix}$$

矩阵 A 可以表示为$A=[a_1,\ a_2,\cdots\cdots,a_n]$。对角元素都为 1，其余的元素都为 0 的行列式称为单位行列式，用 I 表示。

$$I=\begin{bmatrix}1&0&0&\cdots\cdots&0\\0&1&0&\cdots\cdots&0\\0&0&1&\cdots\cdots&0\\0&0&0&\cdots\cdots&0\\\vdots&\vdots&\vdots&\ddots&\vdots\\0&0&0&\cdots\cdots&1\end{bmatrix}$$

单位行列式与行列式相乘，不管乘在左边还是右边，行列式都不变，即 $AI=IA=A$，和数字 1 有同样的性质。另外，调换矩阵 A 的行和列给出的矩阵叫作 A 的转置矩阵，用 A^T 表示。

▶【行列式的基本性质】

① 线性：

行列式的某一列（行）中所有元素都乘以一个数，等于用这个数乘以此行列式。例如：b、c 为任意实数，v 为任意列向量，

$$|\,a_1, a_2, \cdots\cdots, ba_j+cv, \cdots\cdots, a_n\,|$$
$$=b\,|\,A\,|+c\,|\,a_1, a_2, \cdots\cdots, v, \cdots\cdots, a_n\,|$$

② 如果互换行列式的两列（行），行列式的符号发生变化：

$$|\,a_1, a_2, \cdots\cdots, a_j, a_{j+1}, \cdots\cdots, a_n\,|$$
$$=-|\,a_1, a_2, \cdots\cdots, a_{j+1}, a_j, \cdots\cdots, a_n\,|$$

③单位矩阵的行列式为 1，即 $|\,I\,|=1$

④行列式与转置行列式相等，即 $|A^T|=|\,A\,|$

以上这些性质中，①和②不仅对列成立，其对行也成立。

4-12 ▶ 矩阵⑧：矩阵的应用其②

~通向线性代数的桥梁：逆矩阵~

这里必须要先阅读 4-11 节才能理解，所以请不要着急，慢慢的仔细阅读。

▶【除法是什么样的呢？】

没有。

下面我们介绍矩阵的加法、减法、乘法，但没有介绍除法。正如减法与加法相反，除法与乘法相反。但是对于矩阵，乘除运算未必总是相反，所以没有普通数字中使用的除法一词。取而代之的是具有非常相似性质的逆矩阵。

首先，$n \times n$ 矩阵 A 的逆矩阵为 B，则

$$AB = BA = I$$

逆矩阵 B 记为 A^{-1}。如果知道逆矩阵，则联立一次方程式的解可以很容易地表示。$x = \begin{bmatrix} x_1 \\ x_2 \\ \vdots \\ x_n \end{bmatrix}$，$b = \begin{bmatrix} b_1 \\ b_2 \\ \vdots \\ b_n \end{bmatrix}$ 用列向量表示为 $Ax = b$，如果知道联立方程式的系数矩阵 A 的逆矩阵为 A^{-1}。那么，从两边的左侧分别乘以 A^{-1}，则

$$\begin{aligned} A^{-1}Ax &= A^{-1}b \\ Ix &= A^{-1}b \\ x &= A^{-1}b \end{aligned}$$

简单的化简可得到 $x = A^{-1}b$。

▶【逆矩阵的求法】

如果 $\mathrm{rank}(A)=n$，则 $[A\,|\,I]$ 可以简化为 $[I\,|\,A^{-1}]$。

众所周知，如果简化 $[A\,|\,I]$ 后在左侧出现单位矩阵，则化简后的 $[I\,|\,A^{-1}]$ 右侧便是逆矩阵。如果 $\mathrm{rank}(A)=n$，则化简时左侧成为单位矩阵。这意味着逆矩阵存在的条件是 $\mathrm{rank}(A)=n$。具体来求一下逆矩阵吧。

● 例　**求行列式** $A=\begin{bmatrix}1&2&1\\2&3&1\\1&2&2\end{bmatrix}$。

答

1	2	1	1	0	0	
2	3	1	0	1	0	
1	2	2	0	0	1	
1	2	1	1	0	0	
0	−1	−1	−2	1	0	（2）+（1）·（−2）
0	0	1	−1	0	1	（3）+（1）·（−1）
1	2	0	2	0	−1	（1）+（3）·（−1）
0	−1	0	−3	1	1	（2）+（3）
0	0	1	−1	0	1	
1	2	0	2	0	−1	
0	1	0	3	−1	−1	（2）·（−1）
0	0	1	−1	0	1	
1	0	0	−4	2	1	（1）+（2）·（−2）
0	1	0	3	−1	−1	
0	0	1	−1	0	1	

以上化简后得到 $A^{-1}=\begin{bmatrix}-4&2&1\\3&-1&-1\\-1&0&1\end{bmatrix}$

问题 4-10　用上面的结果来求联立方程 $\begin{bmatrix}1&2&1\\2&3&1\\1&2&2\end{bmatrix}\begin{bmatrix}x_1\\x_2\\x_3\end{bmatrix}=\begin{bmatrix}1\\2\\3\end{bmatrix}$ 的解。

提示　只要知道逆矩阵，则 $x=A^{-1}b$。

答案在 P.284~285

4 联立方程式和矩阵

4-13 ▶ 矩阵⑨：矩阵的应用其③

~ 通向线性代数的桥梁：逆矩阵和克拉梅尔公式 ~

在这里，我们终于明白了联立一次方程式惊人的优异性质和导入行列式的意义。

▶【行列式和联立一次方程式的解】

以下情况完全等价：

$Ax = b$ 的解只有一个

$\leftrightarrow \mathrm{rank}(A) = n$

$\leftrightarrow |A| \neq 0$

根据这个性质，可以以更开阔的角度理解一次方程式。

▶【一次方程式的解】

普通一次方程式

一次方程式 $ax = b$，在 $a \neq 0$ 时有解，其解为 $x=\dfrac{b}{a}=a^{-1}b$。

n 元联立一次方程式

n 元联立一次方程式 $Ax=b$，在 $|A| \neq 0$ 时有解，其解是 $x=A^{-1}b$。

数学的强大之处就在于这样的“普遍性”。一开始，在第 3 章学习了一个变量的一次方程式的求解方法。迄今为止，通读过的读者已经理解了变量为 n 个的联立一次方程式的求解方法和有解的条件。数学最强大的地方在于，在各个联立一次方程式的理论中，不是将一个变量的一次方程式的理论推翻，而是将其归纳到“一般化”去。通过引入行列式，一个变量的一次方程式和用矩阵写的 n 个未知数的联立一次方程式可以同视了。

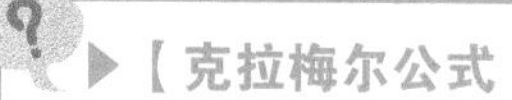

用列向量表示 n 元联立一次方程式 $A\boldsymbol{x}=\boldsymbol{b}$

$$[\boldsymbol{a}_1,\ \boldsymbol{a}_2,\ \cdots\cdots,\ \boldsymbol{a}_n]\begin{bmatrix}x_1\\x_2\\\vdots\\x_n\end{bmatrix}=\begin{bmatrix}b_1\\b_2\\\vdots\\b_n\end{bmatrix}$$

这样写的话，解如下。

$$x_i=\frac{\left|\overbrace{\boldsymbol{a}_1}^{(1)},\overbrace{\boldsymbol{a}_2}^{(2)},\cdots\cdots,\overbrace{\boldsymbol{b}}^{(i)},\cdots\cdots,\overbrace{\boldsymbol{a}_n}^{(n)}\right|}{|A|}$$

( ) 内的数字表示列号。此时，条件是 $|A|\neq 0$。总之，第 i 个未知数的解是用 $\boldsymbol{b}$ 替换系数矩阵的第 i 列得到的行列式，除以系数矩阵的行列式后得到的值。

要解联立一次方程式，4-8 节介绍的高斯消元法比这个公式更切实际，但是从解可以用公式表示的意义上来说，高斯公式在理论上很重要。

例　**让我们用高斯公式来求解和与 4-8 节相同的联立方程式。**

$$\begin{bmatrix}2&3\\1&1\end{bmatrix}\begin{bmatrix}x\\y\end{bmatrix}=\begin{bmatrix}5\\4\end{bmatrix}$$

答　首先求出系数矩阵的行列式。

$$\begin{bmatrix}2&3\\1&1\end{bmatrix}=2\cdot 1-3\cdot 1=-1$$

根据高斯公式

$$x=\frac{\begin{vmatrix}5&3\\4&1\end{vmatrix}}{\begin{vmatrix}2&3\\1&1\end{vmatrix}}=\frac{5\cdot 1-3\cdot 4}{-1}=7,\quad y=\frac{\begin{vmatrix}2&5\\1&4\end{vmatrix}}{\begin{vmatrix}2&3\\1&1\end{vmatrix}}=\frac{2\cdot 4-5\cdot 1}{-1}=-3$$

合起来就是方程式的解，似乎高斯消元法更简单。

COLUMN 行列式的性质和联立一次方程式的解法

在与帮助我校对这本书的学生（理科大学三年级）的交流中，我听到了“经常混淆‘行列式的性质’和‘解联立一次方程式时的操作（高斯消元法）’”的话。作者也有过这样的经历，想必有很多读者都有同样的感受吧。

我们来思考一下其中的原因吧。n 元联立一次方程式写成 $Ax = b$，将 A 简化后得到 b。我们在 4-8 节说明了 $Ax=b$ 和 $Bx=b$ 具有相同的解。然后，将简化的 3 个规则（基本变形）和 4-11 节中说明的行列式的基本性质相对照，会发现有点相似。但是并不完全相同，随着简化行列式的值也会改变。例如，即使换了两行，方程式的解也不会改变，但行列式的值比性质②的符号互换了。行列式对正方矩阵 A 只确定一个实数 $|A|$。求行列式 $|A|$ 的行为只能判定 $Ax = b$ 的解。具体求解时，可以使用“高斯消元法”和“克拉梅尔公式”等。

COLUMN 通向线性代数的桥梁

本章的最后部分，在副标题中也有提到，把“线性代数”的内容写得相当高深。很多数学书中提到了 3×3 矩阵，还写了行列式和逆矩阵的计算方法。本书的内容结构是为了在 $n\times n$ 的情况下也能适用。如果是以电气数学为武器，为了取得资格考试而解方程式的话，可能就不需要了。但是，在 3×3 大小的矩阵中，我们很难理解为什么要这样决定行列式，也很难从更高的角度理解联立方程式。

好不容易有了美丽的数学，如果没有留意到，只作为武器的话就太可惜了，我下定决心，在版面和结构上下了功夫。如果有了这个导入，在学习更高级的线性代数，需要一般线性电路网络、多相交流、离散傅里叶变换等知识的时候，绝对比从 1 开始学习轻松多了。

在“原书前言”中也写过，数学就像树的根一样，是非常重要的基础。正因为有了这个坚实的基础，电气工学自不必说，各种各样的工学、自然科学都得到了支撑。为了能让读者在辞典中长期使用本书，本书的内容也考虑到了更高的层次。

第5章

函数

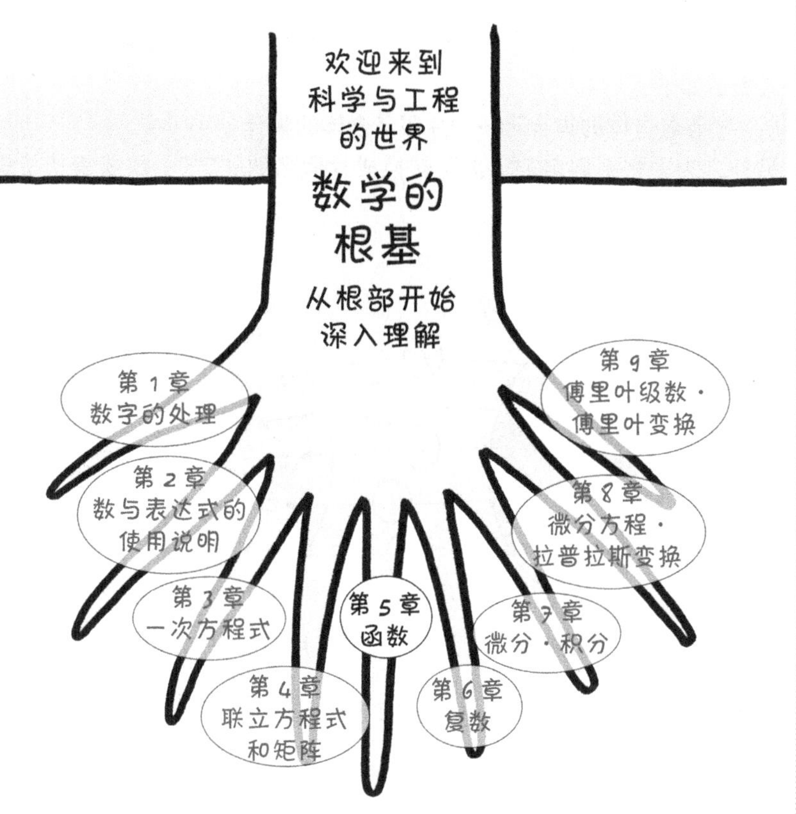

函数真的是非常了不起的知识，它可以借助公式来描述一些肉眼看不见的现象。有一次函数、三角函数、对数函数等，这里只列举电气工程中常用的函数。

5-1 ▶ 函数到底是什么

~ 函数与映射① ~

函数虽然名字很晦涩，但是概念却很简单。在学习函数之前，我们首先对映射的概念进行说明。所谓“映射”，就是根据某种规则，将输入的内容进行转换后输出。函数是输出为数值的映射。

图 5.1 所示的是将平假名转换成片假名的映射 f。输入是平假名，输出是片假名。作为输入的平假名整体被称为定义域，作为输出的片假名整体被称为值域[㊀]。“映射 f 是从平假名整体的集合到片假名整体的集合的映射”，用公式表示如下：

f:“平假名全体的集合”→“片假名全体的集合”

另外，为了将平假名的“あ”转换成片假名的“ア”，想要表达特定要素的映射时，可以这样写。

f: あ→ア或者 f(あ)=ア

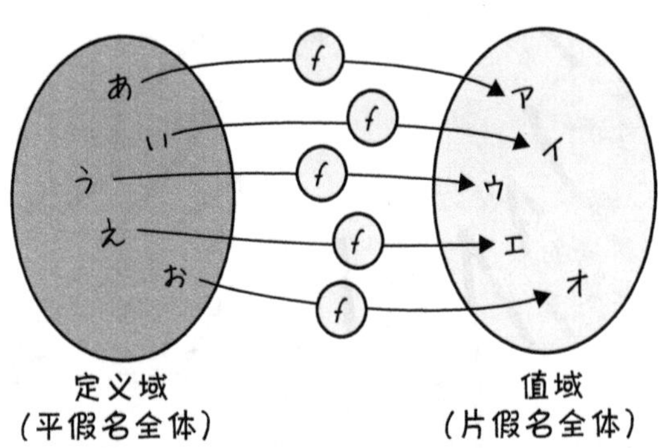

图 5.1　映射 f 具有从“平假名”映射到“片假名”的功能

如果将图 5.1 所示的映射运动具体地用公式表示，

f(あ)=ア、f(い)=イ、f(う)=ウ、f(え)=エ

等。

㊀ 准确地说，映射的场合叫终域，函数的场合叫值域。

这个规则不能随意改变，例如，今天f(あ) = ア，但是第二天心情变了，不能变成f(あ) = A 等。f必须总是起着同样的作用，才能称之为映射。

问题 5-1 用图 5.1 的映射求f(お)吧。 答案在 P.285

▶【映射 · 函数】

映射： **将输入转换为输出的功能**

函数： **映射的输出为数值**

映射f的定义域和值域直接完全相反的映射称为逆映射，写作f^{-1}[㊀]。图 5.1 的逆映射如图 5.2 所示，具有从片假名转换为平假名的功能。同样，函数的定义域和值域起相反作用的函数称为反函数。

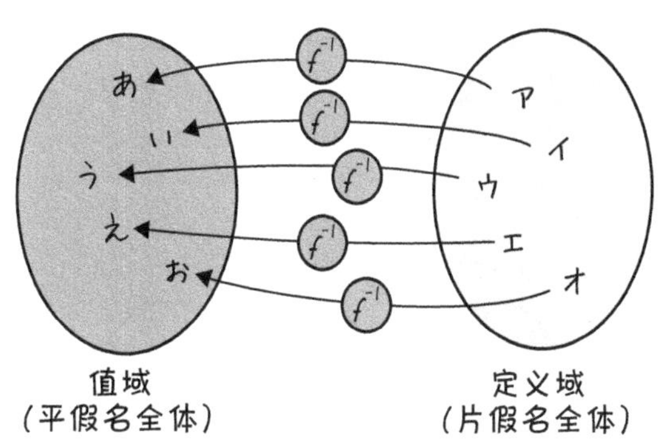

图 5.2 映射 f 的逆映射 f^{-1}

问题 5-2 用图 5.2 的逆映射f^{-1}求f^{-1}(ウ)吧。

答案在 P.285

㊀ 注意这是记法，不是 $\frac{1}{f}$。

5-2 ▶ 简单的函数们

~ 函数与映射② ~

▶【一次函数】

将输入用一次式变换后输出的函数。

因为 5-1 节的例子只有映射，所以接下来要处理输出为数值的函数。函数中最简单的一类是一次函数，它的变换可以用一次表达式来表示㊀。如果用语言来描述，可能很难，但是用图片描述的话，就很简单了。图 5.3 表示将输入的数值乘以 2 倍后输出的一次函数 f。用数学公式来写的话，变成

$$f: x \to 2x \text{ 或者 } f(x) = 2x$$

在变形时，后者的写法比较方便，所以大多数情况下都会采用后者（本书今后也会采用这种写法）。输入和输出的集合都是实数，实数的集合用符号 R 表示。

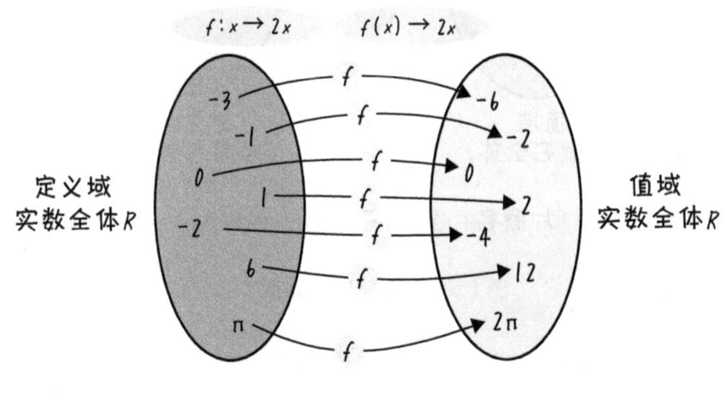

图 5.3　一次函数的例子

▶【二次函数】

将输入用二次表达式变换后输出的函数。

㊀　公式的阶数参照 3-2 节及 3-4 节。

输入通过二次方程变换的函数称为二次函数。例如 $f(x)=2x^2+1$，是针对输入 x 的二次方程，因此是二次函数。

● 例 **对二次函数 $f(x)=x^2-1$，求 $f(1)$。**

答 将 $x=1$ 代入 $f(x)$ 式，$f(1)=1^2-1=0$。

下面介绍更高阶的函数。3 次以上的阶数不使用汉字数字，而使用罗马数字。由于一次和二次函数的特征在很多文献中被提及，所以作为固有名词使用了汉字数字。

一次函数 $f(x)=a_1x+a_0$

二次函数 $f(x)=a_2x^2+a_1x+a_0$

三次函数 $f(x)=a_3x^3+a_2x^2+a_1x+a_0$

…

n 次函数 $f(x)=a_nx^n+a_{n-1}x^{n-1}+\cdots+a_2x^2+a_1x+a_0$

问题 5-3 下图显示了函数 $f(x)=3x+1$ 的作用。这时，请填写空栏 a・b・c・d。

答案在 P.285

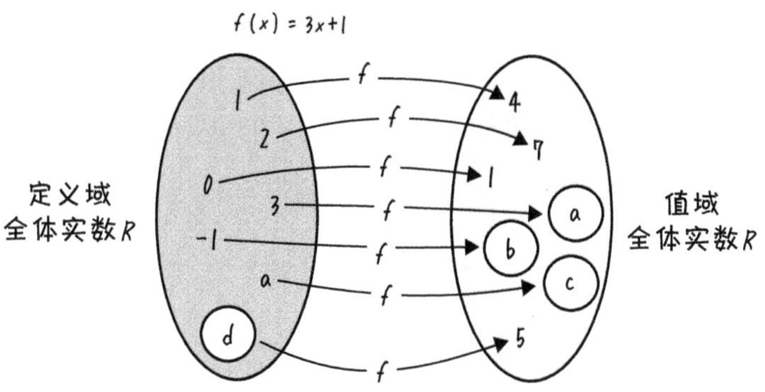

问题 5-4 求二次函数 $f(x)=x^2-x+1$ 的各值。

（1）$f(1)$ （2）$f(2)$ （3）$f(-1)$ （4）$f(a)$

答案在 P.285

5-3 ▶ 函数和图表①

~将输入和输出的关系画成图：坐标的画法~

正如前面介绍的那样，函数的意义本身很简单。函数不仅是电气工学，在自然科学中也是必需的思考方法。

将输入取温度、电流等量，将输出取体积、电压等量，就可以将两个量建立关系了。这样的关系可以用函数来表示。另外，将函数做成图表，可以更容易理解其内容和物理意义。

在这里，我将介绍用于绘制图表的正交坐标的思维方法，在接下来的5-4节中，我将对图表的写法和将函数表示成图表的方法进行说明。

▶【正交坐标】

把两个轴正交地画出来。

为了将函数描绘成二维平面的图表，需要用两条数轴来表示输入和输出的值[㊀]。将图5.4的数值，用两条正交得到的坐标称为正交坐标来表示，如图5.5所示。通常横轴作为函数的输入用x表示，纵轴作为输出用y表示，当然也可以用其他文字表示。

确定x和y的值后，平面上的位置就只有一个。把x和y两个值写成（x，y），用这个表示平面上的点就方便了。作为例子，图5.5中（−4，−2）、（−2，1）、（3，−2）、（4，5）这4点。第一个（−4，−2）的情况是指x轴是−4，y轴是−2。另外，正交坐标的（0，0）的点称为原点[㊁]，通常用字母的o来表示。

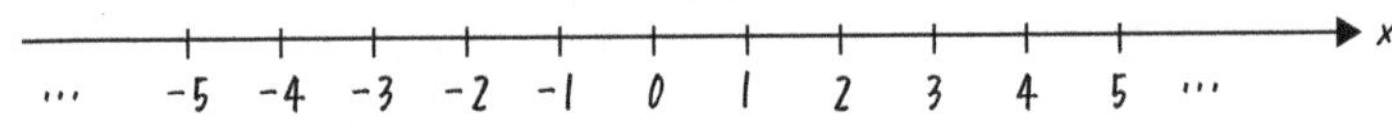

图5.4　**轴是一条直线**

㊀　关于数直线参照2-5节。

㊁　因为原点在英语中叫作Origin。

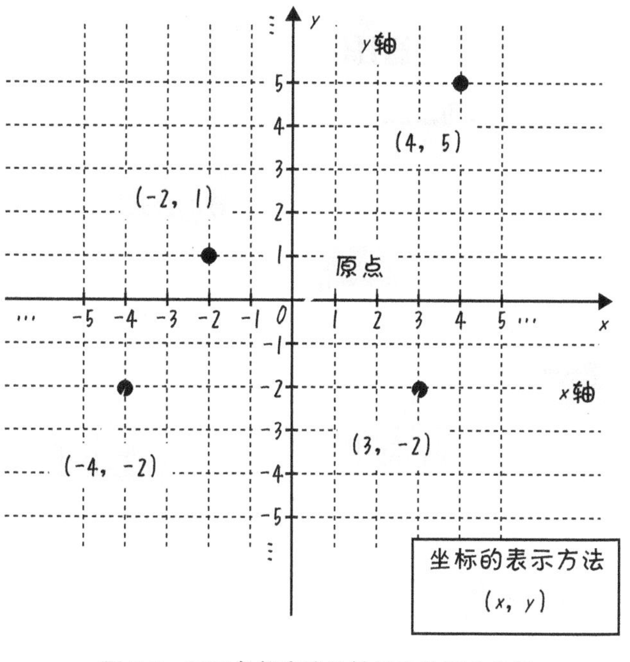

图 5.5　以两条数直线为轴正交的正交坐标

问题5-5 在下图的正交坐标中，填写点（1，2）、（3，−2）、（5，0）、（−2，4）、（0，3）的位置。

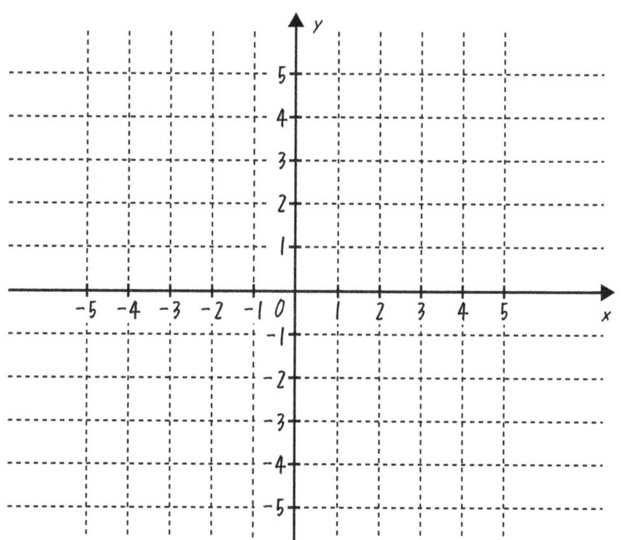

答案在 P.286

5-4 ▶ 函数和图表②

~ 把输入和输出的关系画成图：图表的画法 ~

将 x 轴和 y 轴作为正交坐标的轴，$y=f(x)$ 的公式中，确定 x 的值就可以确定 y 的值为 $y=f(x)$。

例如，$f(x)=2x+1$ 的一次函数中，$x=-2$ 时 $f(-2)=2\times(-2)+1=-3$，此时 $y=-3$，得到点（-2，-3）。像这样，x 和 y 的关系在一定程度上被列举出来，如下表所示，将它们作为点用线连接起来，则如图 5.6[㊀] 所示。

x	−4	−3	−2	−1	0	1	2	3	4
y	−7	−5	−3	−1	1	3	5	7	9

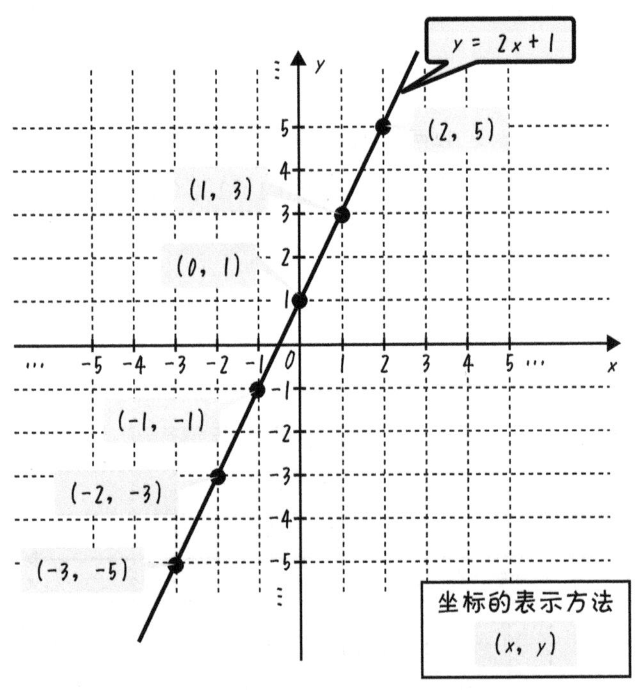

图 5.6　正交坐标表示一次函数 $y=2x+1$

㊀ 表中 x 从 −4 到 +4 都有，省略了 $x=-4$，+3，+4 的 y 值。

就像把图 5.6 的一次函数画成图表一样，要想把函数 $f(x)$ 画成图表，只要在一定程度上列举 x 和 y 的关系制成表格，把点画成正交坐标，就可以把任何函数画成图表形式。实际上，在用电脑绘制图表的时候，我们会把 x 的刻度画得非常细，以至于点看起来像线。用人工绘制图表时也有很多技巧，具体内容将在 7-7 节中进行说明。

▶【函数图】

填写表格就能解决问题。

问题 5-6 在下图的正交坐标上，将 $f(x) = x^2 + 1$ 的函数画成 $y = f(x)$ 的曲线图。

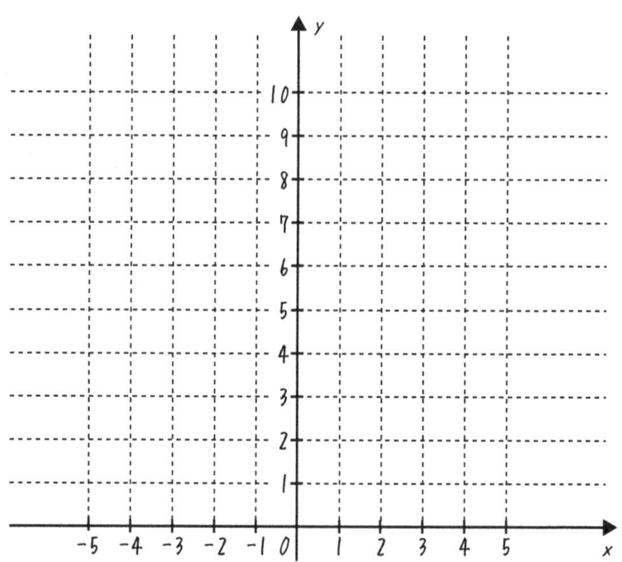

提示 填写下面的表格，然后用线将点流畅地连接起来，不能成为折线（其理由在 P153 中说明）。

x	−4	−3	−2	−1	0	1	2	3	4
y									

答案在 P.286

难易度 ★★★★★

5-5 ▶ 学习三角函数之前，先学三角比

~ 直角三角形中两条边的比例 ~

很多人都不擅长三角函数，但只要理解三角函数，就没有那么难了。在此之前，我先来说明一下简单的三角比。三角比表示直角三角形的三条边中两条边的比例。

▶【三角比】

直角三角形两条边的比。

首先，在如图5.7所示的直角三角形中，当关注某个角度（称为关注角）θ时，来介绍边的名称。最长的边叫作“斜边”r，关注角θ的对面的边的叫作“高度y，关注角θ旁边的边叫作“底边”x。

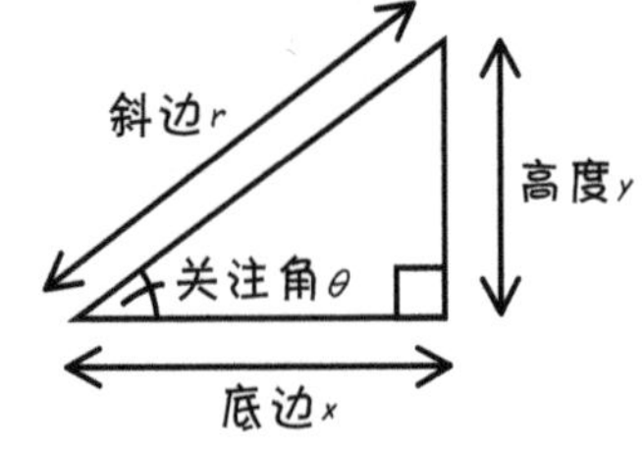

图 5.7 直角三角形的斜边 · 高度 · 底边

三角形有三条边，从这里开始选择2个进行对比，就可以得到以下6个对比。

$$\frac{高度}{斜边} \quad \frac{底边}{斜边} \quad \frac{高度}{底边} \quad \frac{斜边}{高度} \quad \frac{斜边}{底边} \quad \frac{底边}{高度}$$

用文字表示，高度为y，底边为x，斜边为r的话，

$$\frac{y}{r} \quad \frac{x}{r} \quad \frac{y}{x} \quad \frac{r}{y} \quad \frac{r}{x} \quad \frac{x}{y}$$

这6种比例被称为三角比。为了区分这6个三角比，用以下3个字母和关注角的大小θ来标记三角比。

$$\sin\theta = \frac{y}{r} \quad \cos\theta = \frac{x}{r} \quad \tan\theta = \frac{y}{x}$$

正弦　余弦　正切

$$\csc\theta = \frac{r}{y} \quad \sec\theta = \frac{r}{x} \quad \cot\theta = \frac{x}{y}$$

余割　正割　余切

这三个字母，与普通的数学公式用斜体字（*s*、*i*、*n* 之类的感觉）的书写不同，这里是用普通的正体（s、i、n 之类的感觉）书写的。如果三角比的符号用斜体字写的话，sinθ 就会变成 $sin\theta$，和 $s \cdot i \cdot n \cdot \theta$（$s$、$i$、$n$ 和 θ 的乘法）很难区分。

记住全部 6 个三角比有点困难，但是请至少记住 sin、cos、tan 这 3 个表示的是哪两个边的比例[㊀]。图 5.8 示出了一个记忆方法。分别将 s、c、t 的手写体描绘到直角三角形的边上，正好通过对应比例的边上。

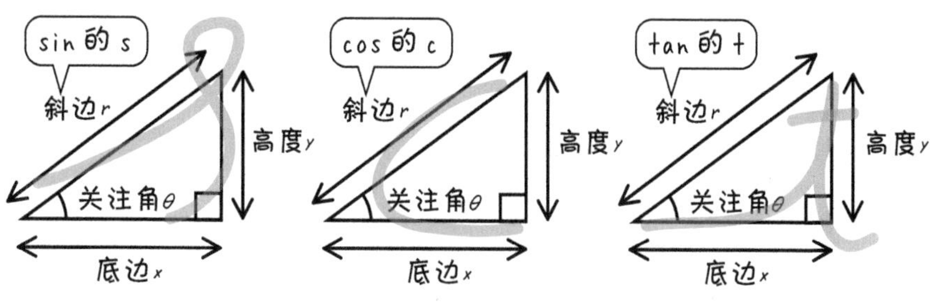

图 5.8　**一种记忆方法**

● 例　sin30° **是多少**？

答　如右图所示，在具有 30° 角度的直角三角形中，关注角为 30°。假设斜边为 2（其他任何值都可以），根据高度：斜边：底边 = $1:2:\sqrt{3}$ 的关系，这个直角三角形的底边 = $\sqrt{3}$、高度 = 1。因此 $\sin\theta = \dfrac{高度}{斜边} = \dfrac{1}{2}$。

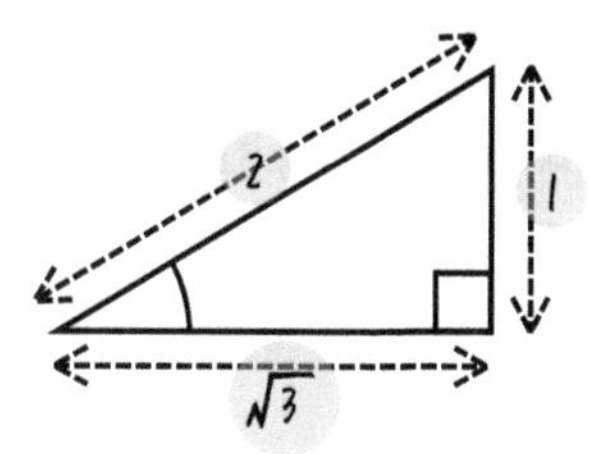

问题 5-7　求 cos30°、tan30°、csc30°、sec30°、cot30°。

答案在 P.287

㊀ 这样的话，csc、sec、cot 分别是 sin、cos、tan 的倒数。

5-6 ▶ 三角函数

~ 任何角度都 OK~

直角三角形的非直角的角只能取大于 0° 且小于 90° 的角[一]。也就是说，我们需要将三角比作为函数，将思维方式扩展到输入任何值都可以。也就是说，输入的角度无论是小于 0° 或大于 90°，任意角度的三角比都可以被称为三角函数。

> ▶【三角函数】
> **任何角度（°）都没关系。**

三角比的情况，是用直角三角形的边长来定义的。这就限制了关注角只能在 0° ~ 90°。如图 5.9 所示，三角函数的定义是半径为 r 的圆上的坐标（x，y），关注角可以是任意的度数（例如，150° 或 420° 或 −200°）。我们从 x 轴方向测得的由角 θ 延伸的半直线与圆的交点为坐标（x，y）。对应 5-5 节确定的三角比，三角函数确定如下。

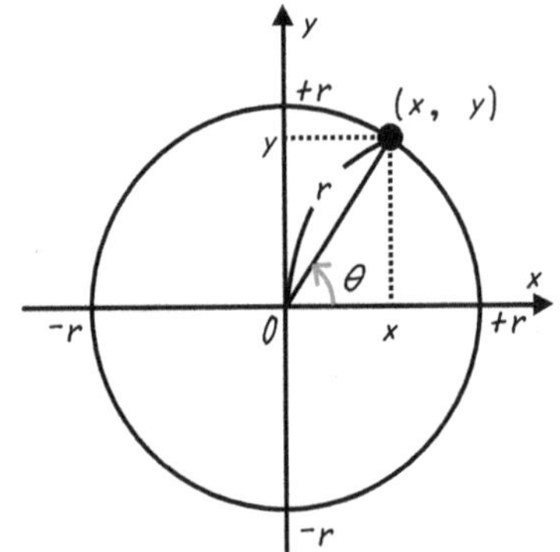

图 5.9　三角函数的定义

$$\sin\theta = \frac{y}{r} \qquad \cos\theta = \frac{x}{r} \qquad \tan\theta = \frac{y}{x}$$

$$\csc\theta = \frac{r}{y} \qquad \sec\theta = \frac{r}{x} \qquad \cot\theta = \frac{x}{y}$$

和 5-5 节的表达式完全一样。这也是理所当然的，因为如果 θ 在 0° ~ 90°，则取与直角三角形的三角比相同的值，如果扩展到其他任意角度，同样输出与圆上坐标相对应的实数的函数。其工作原理如图 5.10 所示。

[一] 三角形的内角和是 180°，所以不是直角的角被限制在 0° ~ 90°。

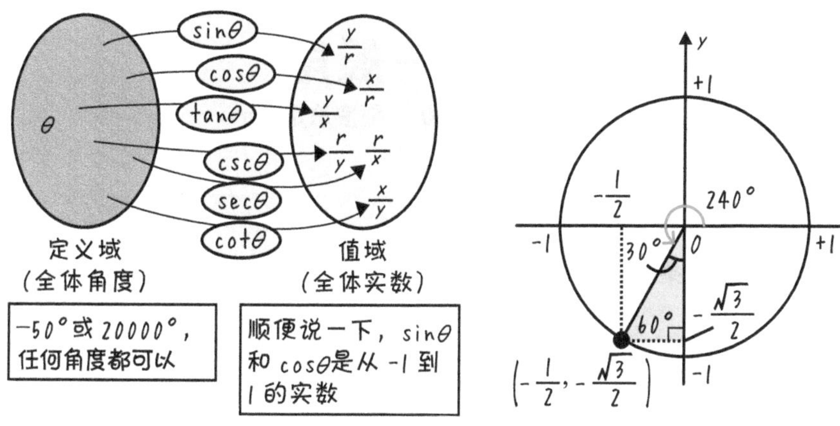

图 5.10　240° 三角函数的作用　　　图 5.11　求 240° 的三角函数

那么，用任何角度都有值的三角函数，马上就能求出 240° 的值。

首先，求出图 5.11 中 x 坐标为 240° 处的圆上的坐标。假设圆的半径 $r=1$ [1]，我们关注图 5.11 中带有颜色部分的直角三角形。这个有 30° 和 60° 角的直角三角形，已知边的比是 $1:2:\sqrt{3}$，所以我们用它得到的坐标是 $\left(-\frac{1}{2}, -\frac{\sqrt{3}}{2}\right)$ [2]。通过这个，可以了解 6 种三角函数。

$$\sin 240^\circ = \frac{y}{r} = \frac{-\frac{\sqrt{3}}{2}}{1} = -\frac{\sqrt{3}}{2} \qquad \cos 240^\circ = \frac{x}{r} = \frac{-\frac{1}{2}}{1} = -\frac{1}{2}$$

$$\tan 240^\circ = \frac{y}{x} = \frac{-\frac{\sqrt{3}}{2}}{-\frac{1}{2}} = \sqrt{3} \qquad \csc 240^\circ = \frac{r}{y} = \frac{1}{-\frac{\sqrt{3}}{2}} = -\frac{2}{\sqrt{3}}$$

$$\sec 240^\circ = \frac{r}{x} = \frac{1}{-\frac{1}{2}} = -2 \qquad \cot 240^\circ = \frac{x}{y} = \frac{-\frac{1}{2}}{-\frac{\sqrt{3}}{2}} = \frac{1}{\sqrt{3}}$$

---

[1] 什么值都可以，只是简单地设为 1。半径是 2 也可以。

[2] 详细的求法请看前面的 5-9 节。

难易度 ★★★★★

5-7 ▶ 弧度法与一般角

~1 周：度数法是 360°，弧度法是 2π~

▶【弧度制】

用弧的长度来测量角的大小。

在日常生活中，在表示角度的时候，通常会使用“30°”和“240°”等度数法表示。这是以 360° 为一周确定角度的方法。因为能被 360° 整除的数非常多，所以度数法是分割角度非常方便的记法。

但是，用算式表示的时候，360 这个数有点大，在计算上比较麻烦。所以，就采用弧线的长度表示角度。这就是所谓的弧度法。1 周的弧长为 2π，也就是用半径为 1 的圆周来测量角度的方法。

图 5.12 示出了弧度法中角度的确定方法。因为 360° 是 2π，所以 180° 是 π，90° 是 π/2。度数法的单位是“°”，弧度法的单位写为 rad，读作拉吉安。

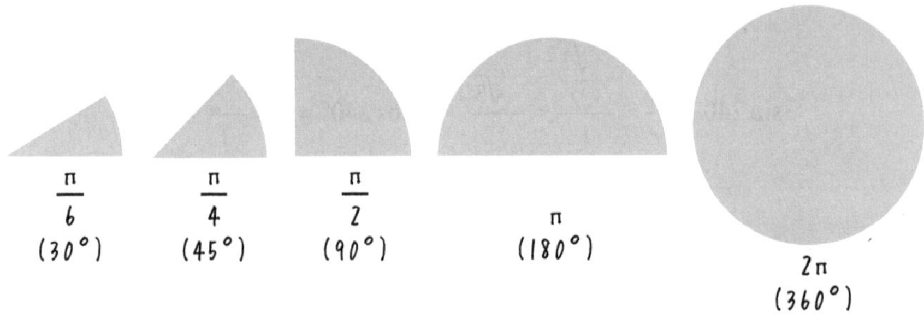

图 5.12 弧度法的思考方法（不是蛋糕或派的切法，而是 2π 的切法）

● 例 20° 是多少 rad?

答 因为 360° 是 2π [rad]，所以 20° 时 $2\pi\times\frac{20}{360}=\frac{\pi}{9}$(rad)。

另外，在电气工程学的世界里，弧度法的单位是 2π(rad)，用带单位的方式来表示，但是在数学的世界里，如果没有特别说明，只要是无单位的都是弧度法，这是共识。

▶【角度制】
2π 用角度制表示是 360°。

如果人生旋转 180°，就会朝向完全相反的方向，走上完全不同的人生，但如果旋转 360°，用弧度法来说就是 2π[rad] 旋转，就会回到原来的方向。也就是说，对于某个角度 θ，无论 360° 加多少次都指向同一个位置。用式子表示，n 为整数（…、−2、−1、0、1、2、…）。

$$\theta + 360°n \cdots (1)$$

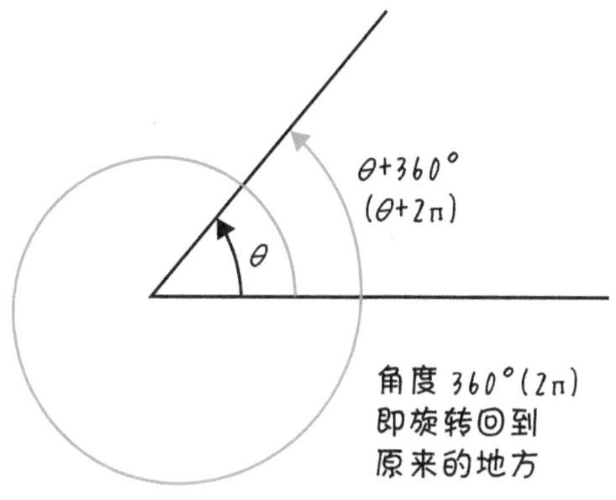

图 5.13　一般角度的思考方式

指向同一个位置，如图 5.13 所示。用弧度法表示的话，变成

$$\theta + 2\pi n \cdots (2)$$

这样，在二维平面的角度中，即使在某一个角度上 360°（=2π）的倍数不同，也都指向同一个地方。将式（1）和式（2）这种方式标记出来的所有的角称为一般角。

用一般角表示的角度指向相同的位置，因此三角函数也取相同的值。用公式表示的话，如下所示：

$$\sin(\theta + 2\pi n) = \sin\theta,\ \csc(\theta + 2\pi n) = \csc\theta$$
$$\cos(\theta + 2\pi n) = \cos\theta,\ \sec(\theta + 2\pi n) = \sec\theta$$
$$\tan(\theta + 2\pi n) = \tan\theta,\ \cot(\theta + 2\pi n) = \cot\theta$$

问题 5-8 求 sin390° 和 $\frac{19\pi}{6}$ 的值。

提示　在角度上加上或减去 360° 或 2π，三角函数的值都是一样的。

答案在 P.287

难易度 ★★★★★

5-8 ▶ 勾股定理

~ 三角函数不可或缺 ~

勾股定理也叫毕达哥拉斯定理。它在中学数学中也曾出现过，非常重要，它与三角函数有着密切的关系。由于它在“函数”这一章中没有涉及，而是在“图形”和“几何”领域中都有涉及，所以，我将其与三角函数放在一起进行介绍。

○ 证明

目前已知的勾股定理的证明方法有数百种，下面介绍一种简单易懂的方法。这个证明的原型是中国最古老的数学书《周髀算经》㊀。

如图 5.14 所示，将高度 a、底边 b、斜边 c 的四个直角三角形围成一圈。这样就得到了一个内侧长度为 c 的正方形和一个外侧边长为 $a + b$ 的正方形。

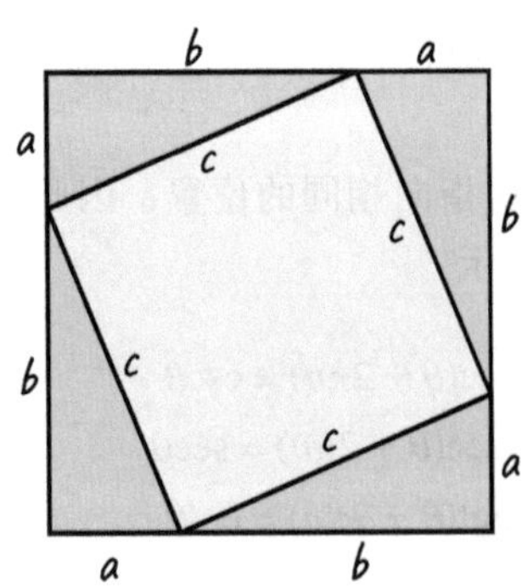

图 5.14 来自《周髀算经》的创意

㊀ 据说是在公元前 300 年～公元前 200 年之间总结出来的。以前的人是非常聪明的。

图 5.15 用两种方法求出了这个大正方形的面积。左边是根据正方形的边长求的，右边是根据 4 个直角三角形和内侧的正方形求的。边长为 $a+b$ 的正方形的面积为（$a+b$）^{2}。高度为 a，底边为 b 的直角三角形的面积为"(底边)·(高度)÷2"，也就是 $\dfrac{ab}{2}$。边长为 c 的正方形的面积是 c^2。根据以上各面积的值，可以得出以下公式。

$$(a+b)^2 = 4 \cdot \frac{ab}{2} + c^2$$

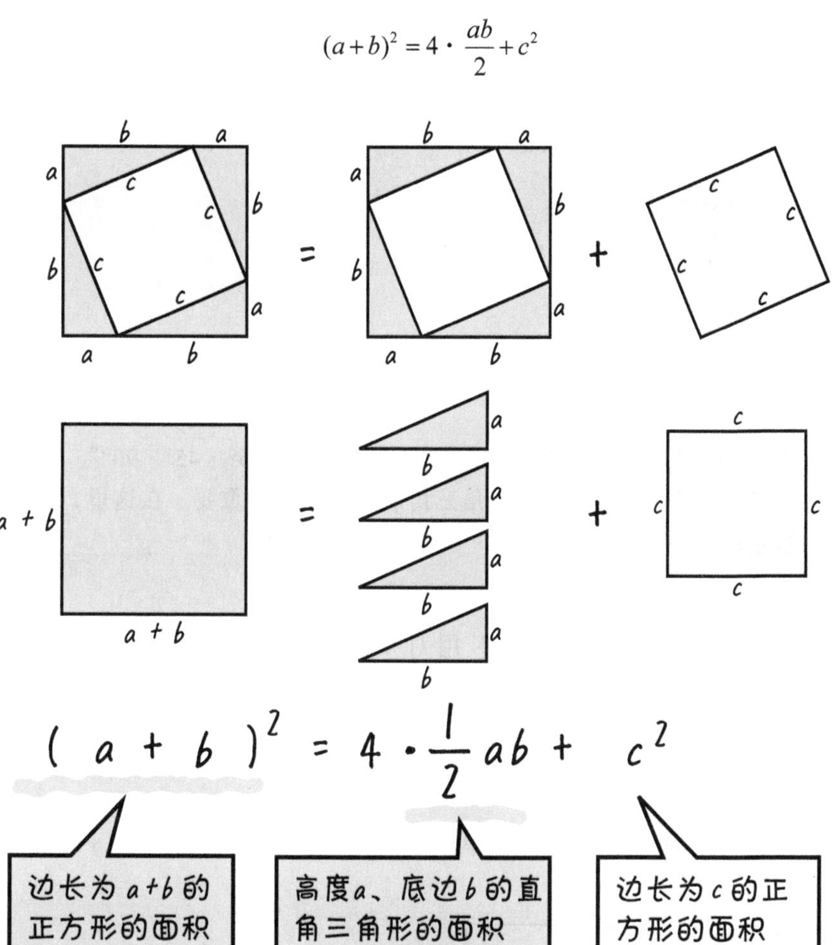

图 5.15　勾股定理的证明

如果使用（$a+b$）$^2 = a^2 + 2ab + b^2$[㊀]，则

㊀ $(a+b)^2 = (a+b)(a+b) = (a+b)a + (a+b)b = a^2 + ba + ab + b^2 = a^2 + 2ab + b^2$。

$$a^2 + 2ab + b^2 = 4 \cdot \frac{ab}{2} + c^2$$

两边减去 $2ab$，于是

$$a^2 + b^2 = c^2$$

可以得到勾股定理。（证明结束）

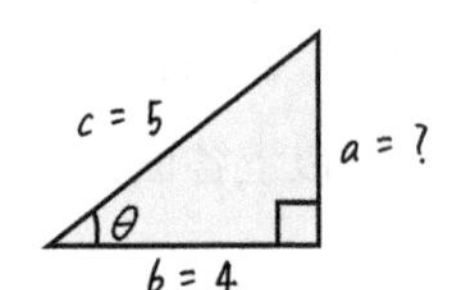

● 例　**用右图的直角三角形求出斜边的长度。**

答　根据勾股定理，

$a^2 + b^2 = c^2$　所以 $a^2 = c^2 - b^2$

取两边的平方根，

$\sqrt{a^2} = \sqrt{c^2 - b^2}$ 于是 $a = \sqrt{c^2 - b^2}$

代入各边的长度，

$a = \sqrt{5^2 - 4^2} = \sqrt{25 - 16} = \sqrt{9} = \sqrt{3^2} = 3$

○ 基本直角三角形的比例

三角尺有两种，分别是内角大小为“45°・45°・90°”的和“30°・60°・90°”的。这两种直角三角形的边比非常重要。在这里，我们用勾股定理求一下。

○ 45°・45°・90° 的边比

如图 5.16 所示，将正方形用对角线一分为二的话，就能形成“45°・45°・90°”的直角三角形。如果正方形的长度是 1，那么这个直角三角形的底边和高度都是 1。这时，根据勾股定理，斜边的长度是

$$c = \sqrt{1^2 + 1^2} = \sqrt{1+1} = \sqrt{2}$$

也就是说，内角为“45°・45°・90°”的直角三角形的边比是 $1:1:\sqrt{2}$。

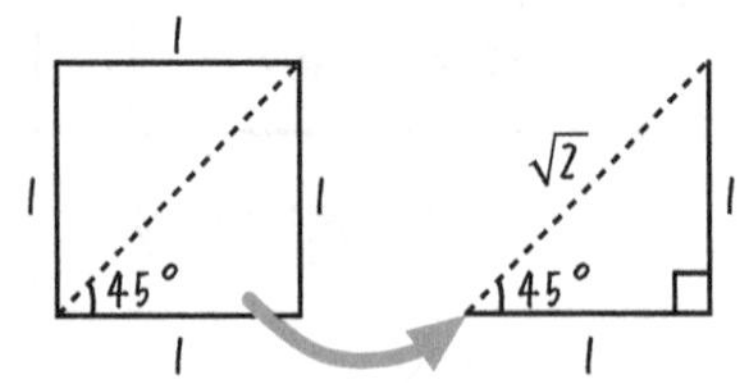

图 5.16　**将正方形一分为二→“45°・45°・90°”的边比**

○ 30°・60°・90° 的边比

如图 5.17 所示，正三角形的内角都是 60°，所以如果从最上面的顶点向下画垂直线，顶点的角度就会被一分为二为 30°。如果被分割的话就会形成两个“30°・60°・90°”这样内角的直角三角形。假设正三角形的一条边的长度为 2，那么“30°・60°・90°”的底边是正三角形的一条边长度的一半，即为 1。剩下的高度根据勾股定理，

$$a=\sqrt{c^2-b^2}=\sqrt{2^2-1^2}=\sqrt{4-1}=\sqrt{3}$$

也就是说，内角为“30°・60°・90°”的直角三角形的边比是 $1:2:\sqrt{3}$。

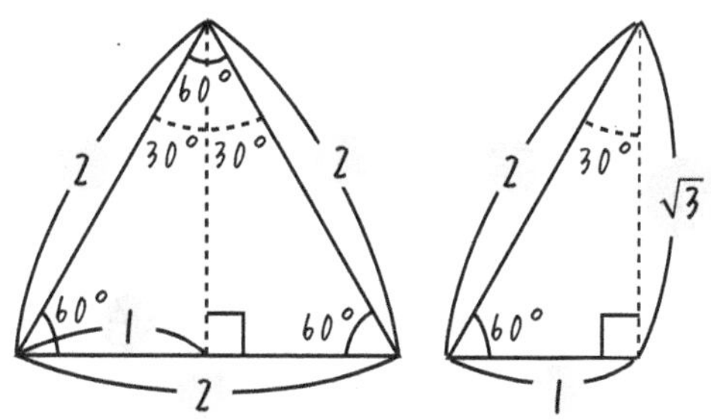

图 5.17 **将正三角形一分为二→“30°・60°・90°”的边比**

从以上内容，当关注角分别为 30°、45°、60° 时的直角三角形的边比值总结为图 5.18。在下面的 5-9 节中，为了更加方便地求出三角函数的值，将关注角为 30° 和 60° 的直角三角形的全部边长都除以 2，关注角为 45° 的直角三角形的全部边长都除以 $\sqrt{2}$，使斜边为 1。

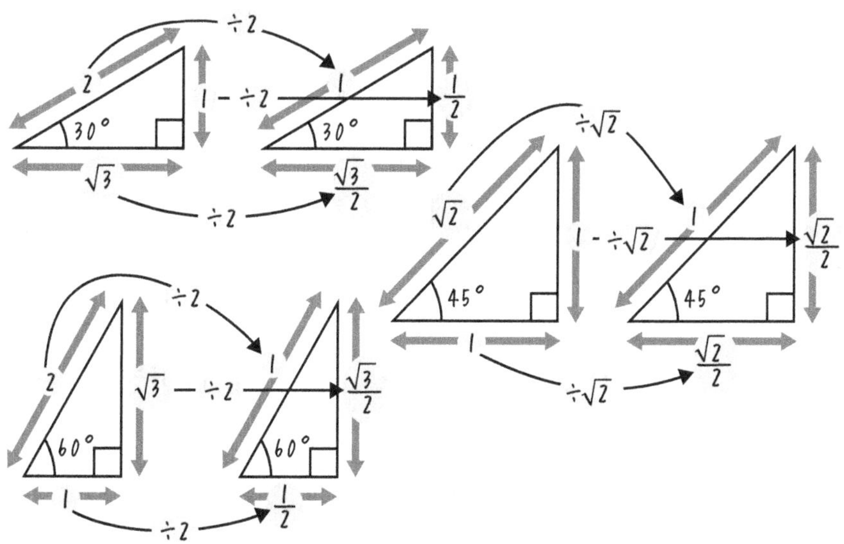

图 5.18 **基本直角三角形的边比**

5-9 ▶ 三角函数图①

~首先一点一点地填写表格吧~

第 5-6 节介绍了三角函数是如何确定的，仅在 240° 的情况下说明了具体的求值方法。在这里，为了绘制图表，需要求出很多三角函数的值。虽然写了很多，但是只要知道规则就非常简单，所以一定要掌握。

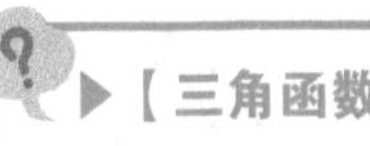

▶【三角函数图】

写个表就能解决。

什么样的角度比较容易求出三角函数的值呢？基本是 5-8 节中介绍的关注角是 30°、45°、60° 的倍数。在这里，我们也用这个倍数来求三角函数的值。首先，在图 5.19 中画出了应该求出的角度的位置。

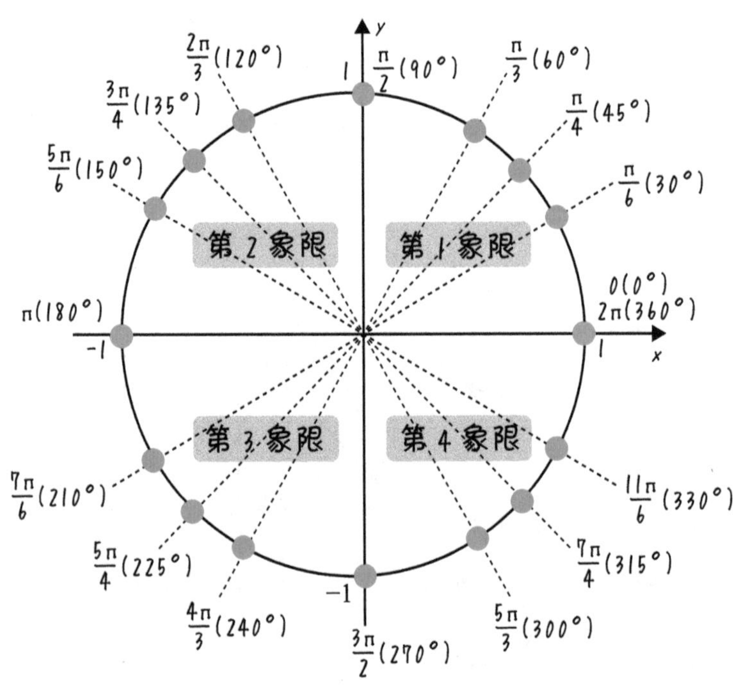

图 5.19 **求角度的位置**

接下来求图 5.19 所示的各个角度的 $\sin\theta$ 和 $\cos\theta$ 的值[一]。为了直接使用图 5.18 中斜边为 1 的直角三角形，圆的半径设为 1，为单位圆。另外，按照图 5.19 所示的象限，慢慢分割求出。其中，$0° < \theta < 90°$ 的区域为第 1 象限，$90° < \theta < 180°$ 的区域为第 2 象限，$180° < \theta < 270°$ 的区域为第 3 象限，$270° < \theta < 360°$ 的区域为第 4 象限[二]。

○ 第 1 象限的附近 [0(0°) 和 $\frac{\pi}{2}$ (90°)]

首先，求出 x 轴和 y 轴上的 0（0°）和 $\frac{\pi}{2}$（90°）的三角函数的值。

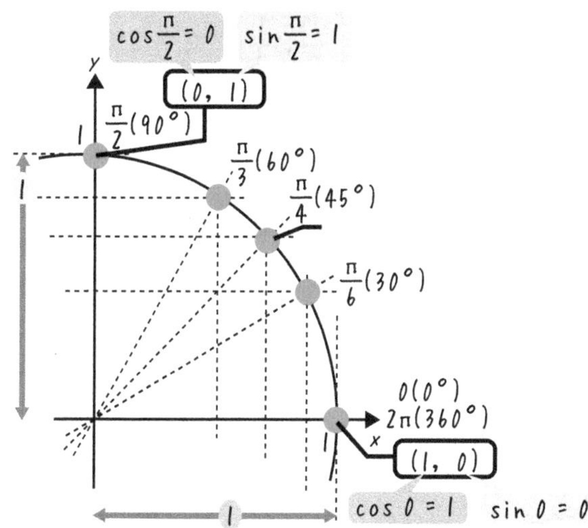

图 5.20　在 0（0°）和 $\frac{\pi}{2}$（90°）处的三角函数的值

如图 5.20 所示，$\theta = 0$（0°）时单位圆上的坐标是（1，0），$\theta = \frac{\pi}{2}$（90°）时单位圆上的坐标是（0，1）。另外，因为圆的半径是 1，所以根据三角函数的定义，

$$\sin\theta = \frac{y}{\underbrace{r}_{r=1}} = y、\cos\theta = \frac{x}{\underbrace{r}_{r=1}} = x$$

[一] 为什么三角函数中只有 $\sin\theta$ 和 $\cos\theta$ 呢？因为在 5-6 节中 $\tan\theta = \frac{y}{x}$ 的定义，分母和分子除以 r 的话 $\tan\theta = \frac{y/r}{x/r} = \frac{\sin\theta}{\cos\theta}$，知道 $\sin\theta$ 和 $\cos\theta$ 的话，$\tan\theta$ 的值也知道了。另外，根据 $\sec\theta = \frac{r}{x} = \frac{1}{\cos\theta}$、$\csc\theta = \frac{r}{y} = \frac{1}{\sin\theta}$、$\cot\theta = \frac{x}{y} = \frac{1}{\tan\theta}$，我们也可以从 $\sin\theta$ 和 $\cos\theta$ 中得到这些值。

[二] 顺便一提，不包括 x 轴和 y 轴。

因此，有以下要求。

$$\begin{cases} \sin 0 = 0、\sin\dfrac{\pi}{2} = 1 \\ \cos 0 = 1、\cos\dfrac{\pi}{2} = 0 \end{cases}$$

○ 第 1 象限的附近 [$\frac{\pi}{6}$ (30°)]

接下来，求出 $\theta = \frac{\pi}{6}$（30°）时三角函数的值。如图 5.21 所示，$\theta = \frac{\pi}{6}$（30°）在单位圆上的点的坐标是 $\left(\frac{\sqrt{3}}{2}, \frac{1}{2}\right)$。关注角为 30° 的直角三角形，斜边为 1，则底边为 $\frac{\sqrt{3}}{2}$，高为 $\frac{1}{2}$，所以这个坐标是可以得到的。

根据该坐标 $\left(\frac{\sqrt{3}}{2}, \frac{1}{2}\right)$，可以求出三角函数的值如下：

$$\sin\frac{\pi}{6} = y = \frac{1}{2}、\cos\frac{\pi}{6} = x = \frac{\sqrt{3}}{2}$$

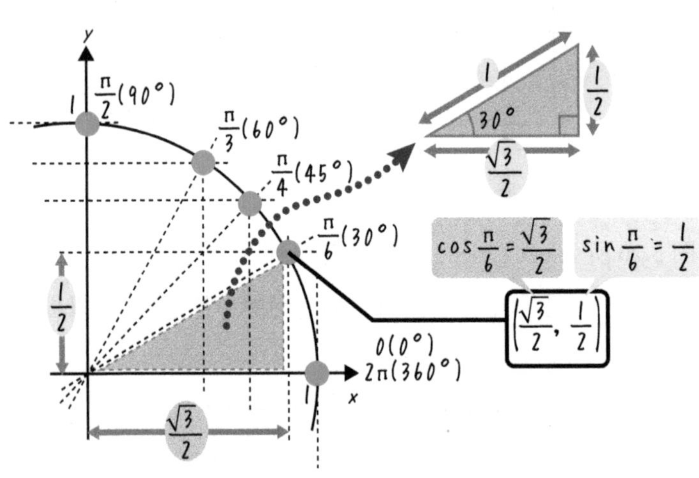

图 5.21　$\frac{\pi}{6}$ (30°) 三角函数的值

○ 第 1 象限的附近 [$\frac{\pi}{4}$ (45°)]

图 5.22 示出了在 $\frac{\pi}{4}$（45°）时求三角函数值的方法。$\frac{\pi}{4}$（45°）在单位圆

上的点的坐标是$\left(\frac{\sqrt{2}}{2}, \frac{\sqrt{2}}{2}\right)$。关注角为 45° 的直角三角形，如果斜边为 1，底边为 $\frac{\sqrt{2}}{2}$，高为 $\frac{\sqrt{2}}{2}$，就可以得到这个坐标。

根据该坐标$\left(\frac{\sqrt{2}}{2}, \frac{\sqrt{2}}{2}\right)$，可以求出三角函数的值如下。

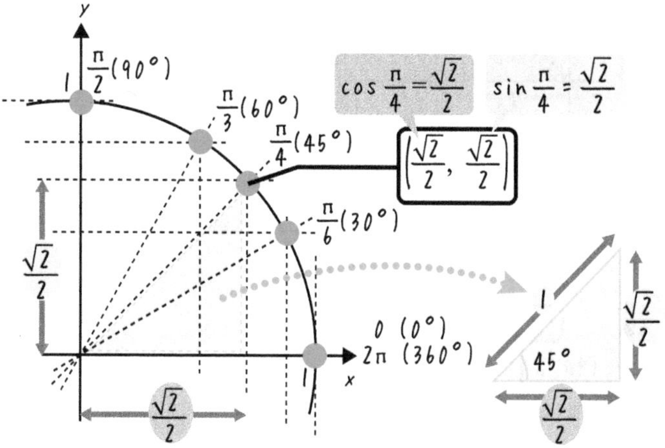

图 5.22　$\frac{\pi}{4}$ (45°) 中三角函数的值

○ 第 1 象限的附近 [$\frac{\pi}{3}$ (60°)]

图 5.23 示出了当 $\theta = \frac{\pi}{3}$（60°）时，求三角函数值的方法。$\theta = \frac{\pi}{3}$（60°）在单位圆上的点的坐标是$\left(\frac{1}{2}, \frac{\sqrt{3}}{2}\right)$。关注角为 60° 的直角三角形，若斜边为 1，则底边为 $\frac{1}{2}$，高为 $\frac{\sqrt{3}}{2}$，因此可以得到这个坐标。

根据该坐标$\left(\frac{1}{2}, \frac{\sqrt{3}}{2}\right)$，可以求出三角函数的值如下。

$$\sin\frac{\pi}{3} = y = \frac{\sqrt{3}}{2}、\cos\frac{\pi}{3} = x = \frac{1}{2}$$

图 5.24 以图例的形式绘制出了在第 1 象限附近的三角函数值。另外，我们将其又以表的形式汇总在表 5.1 中。

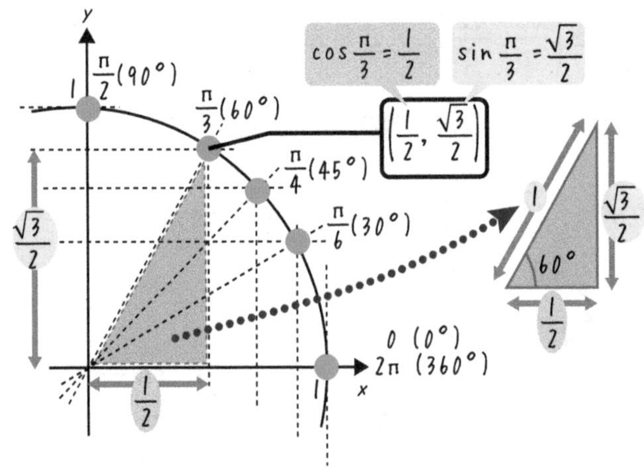

图 5.23　$\frac{\pi}{3}$(60°) 中三角函数的值

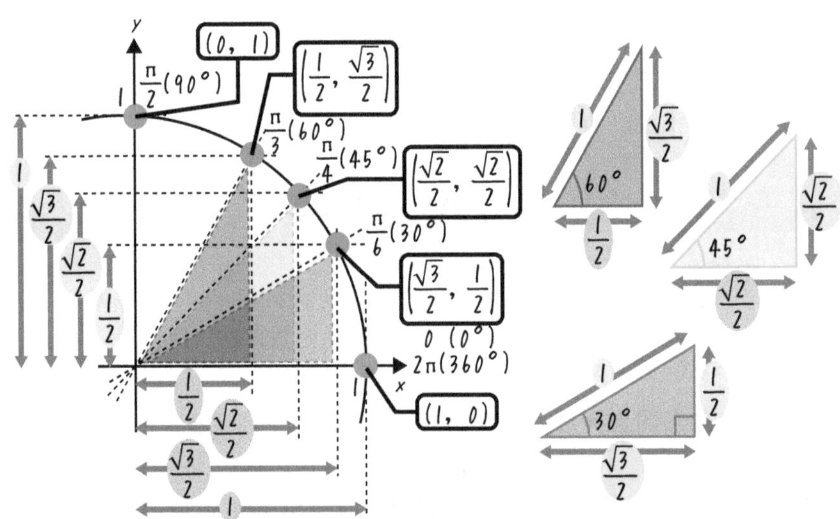

图 5.24　三角函数在第 1 象限附近的值

○ 第 2 象限的附近

如果第 1 象限的三角函数被计算出来了，那么第 2 象限之后的值就可以通过第 1 象限的图片简单地计算出来了。

在图 5.25 中，我们观察 $\frac{2\pi}{3}$（120°）处的坐标，y 坐标与 $\frac{\pi}{3}$（60°）处的

坐标相同的高度为 $\frac{\sqrt{3}}{2}$。x 坐标与 $\frac{\pi}{3}$（60°）时的坐标正好与原点相反。因为是相同长度的地方，所以是 $-\frac{1}{2}$。

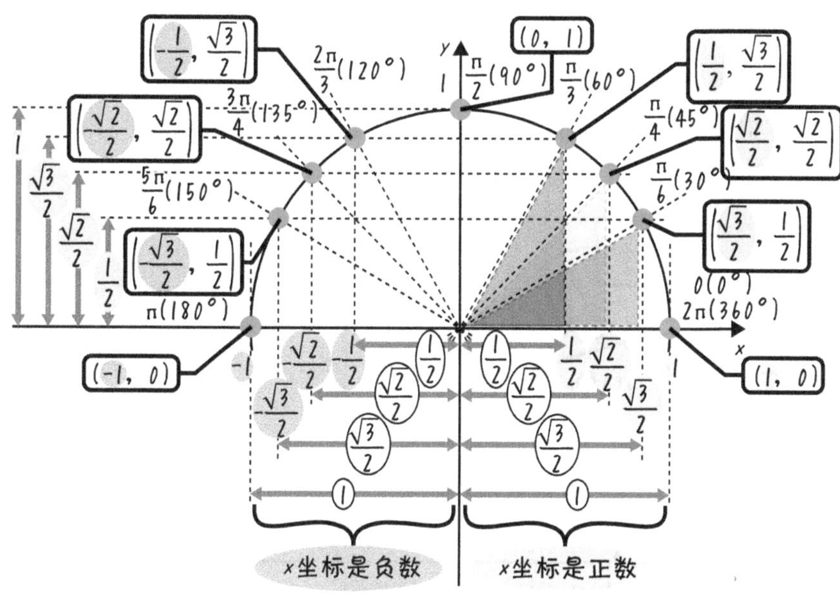

图 5.25　三角函数在第 2 象限附近的值

因此 $\frac{2\pi}{3}$（120°）处的坐标为 $\left(-\frac{1}{2}, \frac{\sqrt{3}}{2}\right)$，就可得到下面的公式。

$$\sin\frac{2\pi}{3}=\frac{\sqrt{3}}{2}\text{、}\cos\frac{2\pi}{3}=-\frac{1}{2}$$

同样，在 $\frac{3\pi}{4}$（135°）处的坐标，y 坐标与 $\frac{\pi}{4}$（45°）相同，x 坐标与 $\frac{\pi}{4}$（45°）相反，所以坐标为 $\left(-\frac{\sqrt{2}}{2}, \frac{\sqrt{2}}{2}\right)$，求出

$$\sin\frac{3\pi}{4}=\frac{\sqrt{2}}{2}\text{、}\cos\frac{3\pi}{4}=-\frac{\sqrt{2}}{2}$$

同样，在 $\frac{5\pi}{6}$（150°）处的坐标，y 坐标与 $\frac{\pi}{6}$（30°）相同，x 坐标是 $\frac{\pi}{6}$（30°）的反方向，所以是 $\left(-\frac{\sqrt{3}}{2}, \frac{1}{2}\right)$，求得

$$\sin\frac{5\pi}{6}=\frac{1}{2}\text{、}\cos\frac{5\pi}{6}=-\frac{\sqrt{3}}{2}$$

最后，如果 π（180°），从图中可以看出坐标是（−1，0），所以

$$\sin\pi=0\text{、}\cos\pi=-1$$

以上在第 2 象限附近求出的三角函数的值归纳为表 5.1。

○ 第 3 象限的附近

在第 3 象限中，也可以灵活运用第 2 象限的坐标，来计算三角函数的值。图 5.26 描绘了求坐标的过程。

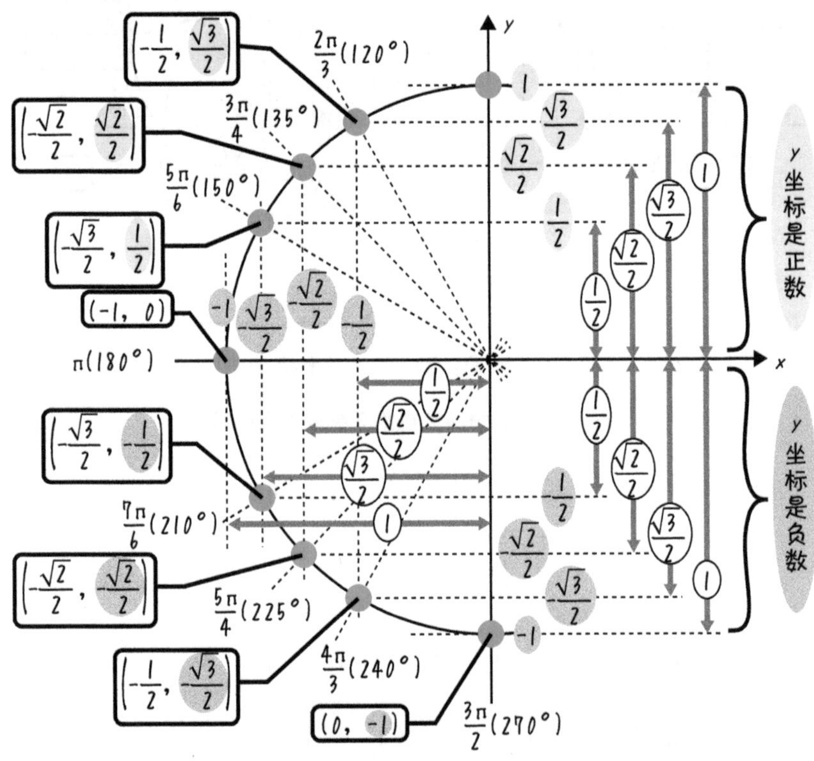

图 5.26　**三角函数在第 3 象限附近的值**

在 $\frac{7\pi}{6}$（210°）的坐标，与 $\frac{5\pi}{6}$（150°）的 x 坐标相同，y 坐标正负颠倒。因此 $\frac{7\pi}{6}$（210°）坐标是 $\left(-\frac{\sqrt{3}}{2},-\frac{1}{2}\right)$。从这个坐标可以得到

$$\sin\frac{7\pi}{6}=-\frac{1}{2}\text{、}\cos\frac{7\pi}{6}=-\frac{\sqrt{3}}{2}$$

同样，在弧度为$\frac{5\pi}{4}$（225°）时，与$\frac{3\pi}{4}$（135°）的 x 坐标相同，y 坐标正负颠倒。因此，$\frac{5\pi}{4}$（225°）的坐标是$\left(-\frac{\sqrt{2}}{2},\ -\frac{\sqrt{2}}{2}\right)$，从这个坐标可以得到，

$$\sin\frac{5\pi}{4}=-\frac{\sqrt{2}}{2}、\cos\frac{5\pi}{4}=-\frac{\sqrt{2}}{2}$$

在$\frac{4\pi}{3}$（240°）的时候也一样，与$\frac{2\pi}{3}$（120°）的 x 坐标相同，y 坐标正负相反。因此，$\frac{4\pi}{3}$（240°）的坐标是$\left(-\frac{1}{2},\ -\frac{\sqrt{3}}{2}\right)$，从这个坐标可以得到，

$$\sin\frac{4\pi}{3}=-\frac{\sqrt{3}}{2}、\cos\frac{4\pi}{3}=-\frac{1}{2}$$

以上得到的三角函数的值总结在表 5.1 中。

○ 第 4 象限的附近

在第 4 象限中，也可以灵活运用第 3 象限的坐标来计算三角函数的值。图 5.27 描绘了求坐标的样子。

在$\frac{5\pi}{3}$（300°）的时候，与$\frac{4\pi}{3}$（240°）的 y 坐标相同，x 坐标正负相反。因此$\frac{5\pi}{3}$（300°）的坐标是$\left(\frac{1}{2},\ -\frac{\sqrt{3}}{2}\right)$。根据这个坐标，可以得到如下的结果：

$$\sin\frac{5\pi}{3}=-\frac{\sqrt{3}}{2}、\cos\frac{5\pi}{3}=\frac{1}{2}$$

$\frac{7\pi}{4}$（315°）的时候也一样，与$\frac{5\pi}{4}$（225°）的 y 坐标相同，x 坐标正负相反。因此$\frac{7\pi}{4}$（315°）坐标是$\left(\frac{\sqrt{2}}{2},\ -\frac{\sqrt{2}}{2}\right)$，从这个坐标可以得到，

$$\sin\frac{7\pi}{4}=-\frac{\sqrt{2}}{2}、\cos\frac{7\pi}{4}=\frac{\sqrt{2}}{2}$$

$\frac{11\pi}{6}$(330°) 的时候也一样，与$\frac{7\pi}{6}$(210°) 的 y 坐标相同，x 坐标正负相交。因此$\frac{11\pi}{6}$(330°) 坐标是 ($\frac{\sqrt{3}}{2}$，$-\frac{1}{2}$)，从这个坐标可以得到，

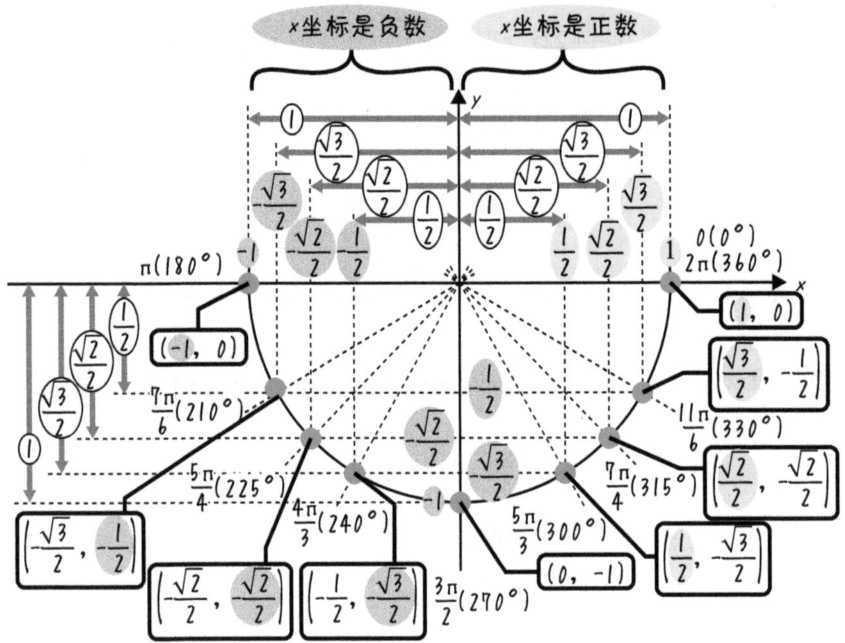

图 5.27　**第 4 象限附近三角函数的值**

$$\sin\frac{11\pi}{6}=-\frac{1}{2}、\cos\frac{11\pi}{6}=\frac{\sqrt{3}}{2}$$

以上得到的三角函数的值，总结在表 5.1 中。

从第 1 象限到第 4 象限，分别计算出以 30°、45°、60° 为刻度的三角函数。在表 5.1 中汇总了所有内容。另外，可以求出 $\tan\theta=\dfrac{\sin\theta}{\cos\theta}$。例如，

$$\tan\frac{\pi}{6}=\frac{\sin\frac{\pi}{6}}{\cos\frac{\pi}{6}}=\frac{\frac{1}{2}}{\frac{\sqrt{3}}{2}}=\frac{1}{2}\div\frac{\sqrt{3}}{2}=\frac{1}{2}\cdot\frac{2}{\sqrt{3}}=\frac{1}{\sqrt{3}}$$

$$\tan\frac{5\pi}{3}=\frac{\sin\frac{5\pi}{3}}{\cos\frac{5\pi}{3}}=\frac{-\frac{\sqrt{3}}{2}}{\frac{1}{2}}=-\frac{\sqrt{3}}{2}\div\frac{1}{2}=-\frac{\sqrt{3}}{2}\cdot\frac{2}{1}=-\sqrt{3}$$

另外，$\theta=\dfrac{\pi}{2}$（90°）、$\dfrac{3\pi}{2}$（270°）的时候，$\cos\theta=0$，所以 $\tan\theta=\dfrac{\sin\theta}{\cos\theta}$ 的分母为 0。考虑除法的意义，因为不能确定分母为零的值，所以 tan 在 $\theta=\dfrac{\pi}{2}$

（90°）、$\frac{3\pi}{2}$（270°）处的值是“没有”㊀ 。

问题 5-9 试验算 $\tan\theta$ 的值如表 5.1 所示。 答案在 P.287

表 5.1 **从 0 到 2π 的三角函数表**

		第 1 象限				第 2 象限			
θ〔°〕	0	30°	45°	60°	90°	120°	135°	150°	180°
θ〔rad〕	0	$\frac{\pi}{6}$	$\frac{\pi}{4}$	$\frac{\pi}{3}$	$\frac{\pi}{2}$	$\frac{2\pi}{3}$	$\frac{3\pi}{4}$	$\frac{5\pi}{6}$	π
$\sin\theta$	0	$\frac{1}{2}$	$\frac{\sqrt{2}}{2}$	$\frac{\sqrt{3}}{2}$	1	$\frac{\sqrt{3}}{2}$	$\frac{\sqrt{2}}{2}$	$\frac{1}{2}$	0
$\cos\theta$	1	$\frac{\sqrt{3}}{2}$	$\frac{\sqrt{2}}{2}$	$\frac{1}{2}$	0	$-\frac{1}{2}$	$-\frac{\sqrt{2}}{2}$	$-\frac{\sqrt{3}}{2}$	−1
$\tan\theta$	0	$\frac{1}{\sqrt{3}}$	1	$\sqrt{3}$	没有	$-\sqrt{3}$	−1	$-\frac{1}{\sqrt{3}}$	0

		第 3 象限				第 4 象限			
θ〔°〕	180°	210°	225°	240°	270°	300°	315°	330°	360°
θ〔rad〕	π	$\frac{7\pi}{6}$	$\frac{5\pi}{4}$	$\frac{4\pi}{3}$	$\frac{3\pi}{2}$	$\frac{5\pi}{3}$	$\frac{7\pi}{4}$	$\frac{11\pi}{6}$	2π
$\sin\theta$	0	$-\frac{1}{2}$	$-\frac{\sqrt{2}}{2}$	$-\frac{\sqrt{3}}{2}$	−1	$-\frac{\sqrt{3}}{2}$	$-\frac{\sqrt{2}}{2}$	$-\frac{1}{2}$	0
$\cos\theta$	−1	$-\frac{\sqrt{3}}{2}$	$-\frac{\sqrt{2}}{2}$	$-\frac{1}{2}$	0	$\frac{1}{2}$	$\frac{\sqrt{2}}{2}$	$\frac{\sqrt{3}}{2}$	1
$\tan\theta$	0	$\frac{1}{\sqrt{3}}$	1	$\sqrt{3}$	没有	$-\sqrt{3}$	−1	$-\frac{1}{\sqrt{3}}$	0

另外，在 $\theta < 0$ 或 $\theta > 2\pi$ 的情况下，可以使用一般角㊁ 的思考方法求出三角函数的值。无论对 2π（360°）进行加法或减法，三角函数的值都不会改变，所以只要在 $0< \theta <2\pi$（$0° < \theta < 360°$）的范围内求就可以了。例如 $\cos(-120°)$ 和 $\sin\frac{13\pi}{6}$ 是这样求出来的。

$$\cos(-120°) = \cos(-120° + 360°) = \cos(240°) = -\frac{1}{2}$$

$$\sin\frac{13\pi}{6} = \sin\left(\frac{13\pi}{6} - 2\pi\right) = \sin\left(\frac{13\pi}{6} - \frac{12\pi}{6}\right) = \sin\frac{\pi}{6} = \frac{1}{2}$$

㊀ 从图表中可以看出，$\theta = \frac{\pi}{2}$（90°）、$\frac{3\pi}{2}$（270°）的前 / 后数值接近 ± ∞。关于无限大，我将在第 7 章详细说明。

㊁ 参照 5-7 节。

5-10 ▶ 三角函数图②

~愉快地填表♪三角函数的相互关系~

▶【三角函数的相互关系】

~举一反三，也许是举一反十~

$\tan\theta=\dfrac{\sin\theta}{\cos\theta}$　$\sin^2\theta+\cos^2\theta=1$

实际上，只要知道 sinθ、cosθ、tanθ 这三个值中的一个，就能知道剩下的两个值。

除了"$\tan\theta=\dfrac{\sin\theta}{\cos\theta}$"恒等式，还要介绍另一个恒等式"$\sin^2\theta+\cos^2\theta=1$"。这只是用三角函数表示勾股定理[一]，用图 5.28 来说明吧。

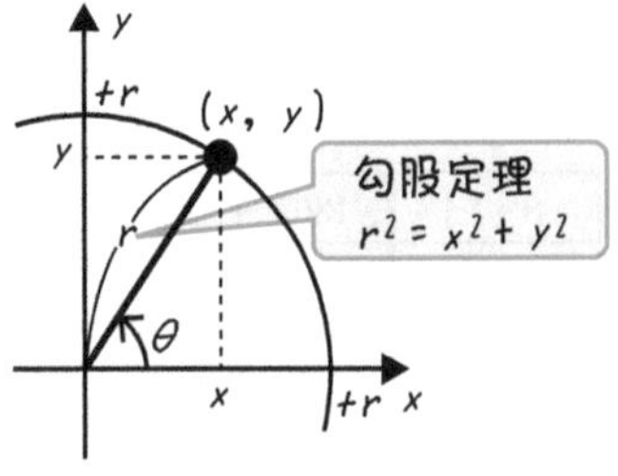

图 5.28　三角函数与勾股定理

首先，根据三角函数的定义[二]，在半径为 r 的圆上与角 θ 相交的点为（x，y），

$$\sin\theta=\frac{y}{r}、\cos\theta=\frac{x}{r}$$

为了得到想要表示的关系式的左边，如果想求出 $\sin^2\theta$[三] 和 $\cos^2\theta$ 的话，

$$\sin^2\theta=\left(\frac{y}{r}\right)^2=\frac{y^2}{r^2}、\cos^2\theta=\left(\frac{x}{r}\right)^2=\frac{x^2}{r^2}$$

然后，把这两个公式的左右分别相加，再用勾股定理，"$r^2=x^2+y^2$"，导出

$$\sin^2\theta+\cos^2\theta=\frac{y^2}{r^2}+\frac{x^2}{r^2}=\frac{x^2+y^2}{r^2}=\frac{r^2}{r^2}=1$$

三角函数之间的这种关系被称为三角函数的相互关系。

● 例　**已知 $\cos\dfrac{7\pi}{4}=\dfrac{\sqrt{2}}{2}$，从三角函数的相互关系中求出 $\sin\dfrac{7\pi}{4}$ 和 $\tan\dfrac{7\pi}{4}$ 的值。**

㈠ 参照 5-8 节。
㈡ 参照 5-6 节。
㈢ $\sin^2\theta$ 是 $(\sin\theta)^2$ 的意思。注意不是 $\sin(\theta^2)$。$\cos^2\theta$ 和 $\tan^2\theta$ 等其他三角函数也是一样的。

答　$\sin^2\theta+\cos^2\theta=1$，假设 $\theta=\frac{7\pi}{4}$，$\sin^2\frac{7\pi}{4}=1-\cos^2\frac{7\pi}{4}=1-\left(\frac{\sqrt{2}}{2}\right)^2$ $=1-\frac{2}{4}=\frac{1}{2}$，得 $\sin\frac{7\pi}{4}=\pm\sqrt{\frac{1}{2}}=\pm\frac{\sqrt{2}}{2}$ [㊀]。当 $\theta=\frac{7\pi}{4}$ 时，y 坐标为负数，所以 $\sin\frac{7\pi}{4}=-\frac{\sqrt{2}}{2}$。要注意三角函数的值可能根据角度的位置不同而不同。

接下来，用 $\tan\theta=\frac{\sin\theta}{\cos\theta}$，就可以求出 $\tan\frac{7\pi}{4}=\frac{\sin\frac{7\pi}{4}}{\cos\frac{7\pi}{4}}=$

$$\frac{-\frac{\sqrt{2}}{2}}{\frac{\sqrt{2}}{2}}=\frac{-\sqrt{2}}{2}\div\frac{\sqrt{2}}{2}=\frac{-\sqrt{2}}{2}\times\frac{2}{\sqrt{2}}=-1。$$

● 例　**在 $\frac{\pi}{2}<\theta<\pi$（第 2 象限）的范围内，当 $\cos\theta=-0.8$ 时，从三角函数的相互关系中，求出 $\sin\theta$ 的值。**

答　因为知道了 $\cos\theta$ 的值，所以可以求出 $\sin\theta$ 的值。和刚才一样，

$$\begin{aligned}\sin^2\theta&=1-\cos^2\theta\\&=1-(-0.8)^2\\&=1-0.64=0.36\end{aligned}$$

但是，$\cos\theta=-0.8$ 的角度如右图所示有两处。因为题目中指定了 $\frac{\pi}{2}<\theta<\pi$（第 2 象限），所以答案应该是

$$\sin\theta=+\sqrt{0.36}=0.6$$

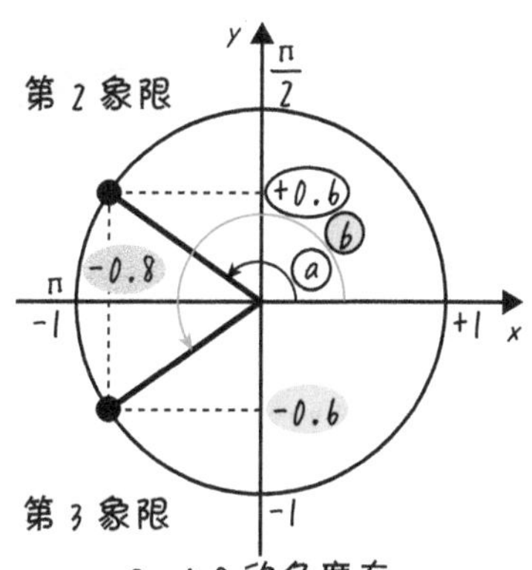

问题 5-10　当 $0<\theta<\frac{\pi}{2}$，且满足 $\sin\theta=0.6$ 时，求 $\cos\theta$ 和 $\tan\theta$。

答案在 P.288

㊀ 当未知数 x 满足 $x^2=a$ 时，答案是 $x=+\sqrt{a}$ 和 $x=-\sqrt{a}$，将其总结为 $x=\pm\sqrt{a}$。

难易度 ★★☆☆☆

5-11 ▶ 三角函数图③

~ 利用表格画图 ~

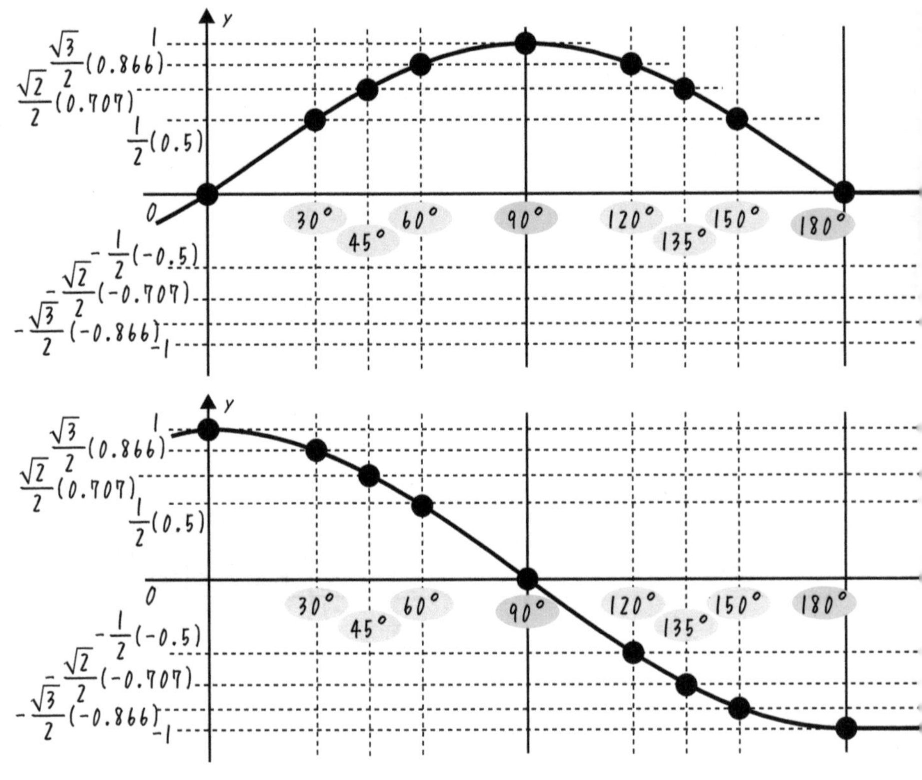

图 5.29　$y=\sin x$（上）、

表 5.2　从 0 到 2π 的三角函数表

θ(°)	0	30°	45°	60°	90°	120°	135°	150°
θ〔rad〕	0	$\frac{\pi}{6}$	$\frac{\pi}{4}$	$\frac{\pi}{3}$	$\frac{\pi}{2}$	$\frac{2\pi}{3}$	$\frac{3\pi}{4}$	$\frac{5\pi}{6}$
$\sin\theta$	0	$\frac{1}{2}$	$\frac{\sqrt{2}}{2}$	$\frac{\sqrt{3}}{2}$	1	$\frac{\sqrt{3}}{2}$	$\frac{\sqrt{2}}{2}$	$\frac{1}{2}$
$\cos\theta$	1	$\frac{\sqrt{3}}{2}$	$\frac{\sqrt{2}}{2}$	$\frac{1}{2}$	0	$-\frac{1}{2}$	$-\frac{\sqrt{2}}{2}$	$-\frac{\sqrt{3}}{2}$
$\tan\theta$	0	$\frac{1}{\sqrt{3}}$	1	$\sqrt{3}$	没有	$-\sqrt{3}$	−1	$-\frac{1}{\sqrt{3}}$

终于要画三角函数的图了。这里，横轴为 x，纵轴为 y，绘制了 $y = \sin x$ 和 $y = \cos x$ 的图表。取表 5.2 的值，得到图 5.29 的图表。这是电气数学中极其重要的图表，所以我花了这么多篇幅。一定要理解，并能画出来。

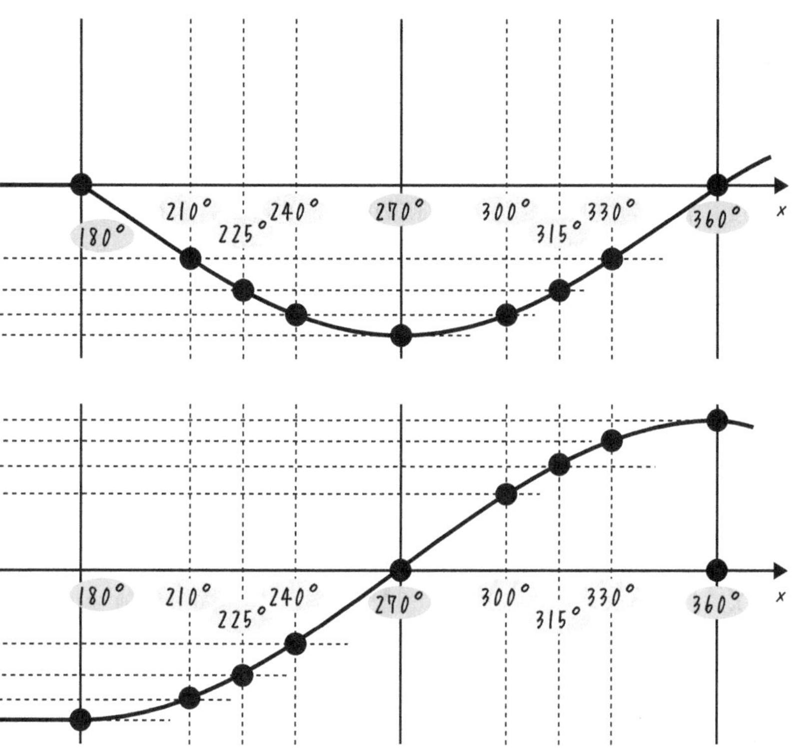

y=cos x（下）的曲线图

180°	210°	225°	240°	270°	300°	315°	330°	360°
π	$\frac{7\pi}{6}$	$\frac{5\pi}{4}$	$\frac{4\pi}{3}$	$\frac{3\pi}{2}$	$\frac{5\pi}{3}$	$\frac{7\pi}{4}$	$\frac{11\pi}{6}$	2π
0	$-\frac{1}{2}$	$-\frac{\sqrt{2}}{2}$	$-\frac{\sqrt{3}}{2}$	-1	$-\frac{\sqrt{3}}{2}$	$-\frac{\sqrt{2}}{2}$	$-\frac{1}{2}$	0
-1	$-\frac{\sqrt{3}}{2}$	$-\frac{\sqrt{2}}{2}$	$-\frac{1}{2}$	0	$\frac{1}{2}$	$\frac{\sqrt{2}}{2}$	$\frac{\sqrt{3}}{2}$	1
0	$\frac{1}{\sqrt{3}}$	1	$\sqrt{3}$	没有	$-\sqrt{3}$	-1	$-\frac{1}{\sqrt{3}}$	0

5-12 ▶ 三角函数图④

~改变振幅、周期、波长、相位！~

图 5.30 所示的振幅、周期、波长、相位都是表示波形状的特征，表示与三角函数相关的重要量。

振幅是表示波的高度的量，从纵轴的零开始最大的值（最大值）的大小。周期和波长是表示波长长度的量，表示从某一点到再次回到相同状态为止的长度。在图 5.30 中，我们先看横轴，如果横轴是时间，则称为周期，如果横轴是长度，则称为波长。相位是表示波的状态的量，表示在哪个位置（时间上、空间上）做周期性的振动和运动，相位的初始时刻和原点的位置被称为初始相位。在图 5.30 中，相位用箭头表示出来，不过，周期和波长分别以时间和长度为单位，而相位则以角度为单位。

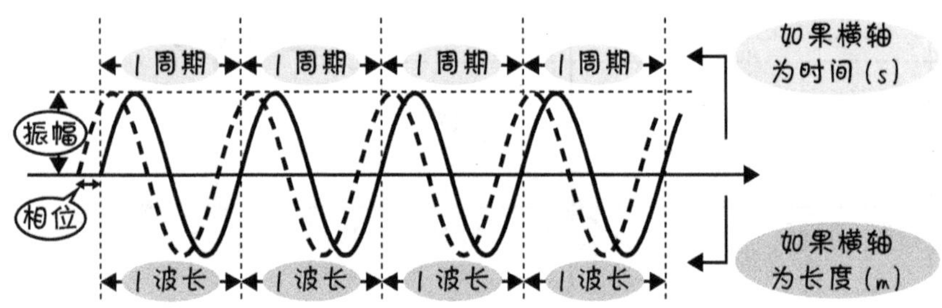

图 5.30　振幅、周期、波长、相位

准确地说，当三角函数式写成公式（★）时，A 是振幅，B 是角频率或角速度，C 是初始相位，$Bx+C$ 称为相位。如果 x 是时间（s），那么 B 表示角频率 ω（rad/s）；如果 x 是长度（m），那么 B 表示角速度 k（rad/m）。通过维度分析[㊀]，ωx 为 [（rad/s）· s] =（rad），kx 为 [（rad/m）· m] =（rad），可知与相位 $Bx+C$ 的（rad）维度一致。

$$y = A\sin(Bx + C) \qquad (\bigstar)$$

○ 振幅

将整个三角函数乘以一个常数，振幅就会发生改变。图 5.31 是 $y=\sin x$ 和 $y=5\sin x$ 的曲线图，从表和图中可以看出系数 5 表示振动的幅度。简

㊀ 参照 1-6 节、4-4 节。

而言之，$\sin x$ 的值在 −1 到 +1 之间波动，如果将其乘以 A，就会在 $-A$ 到 $+A$ 之间波动。

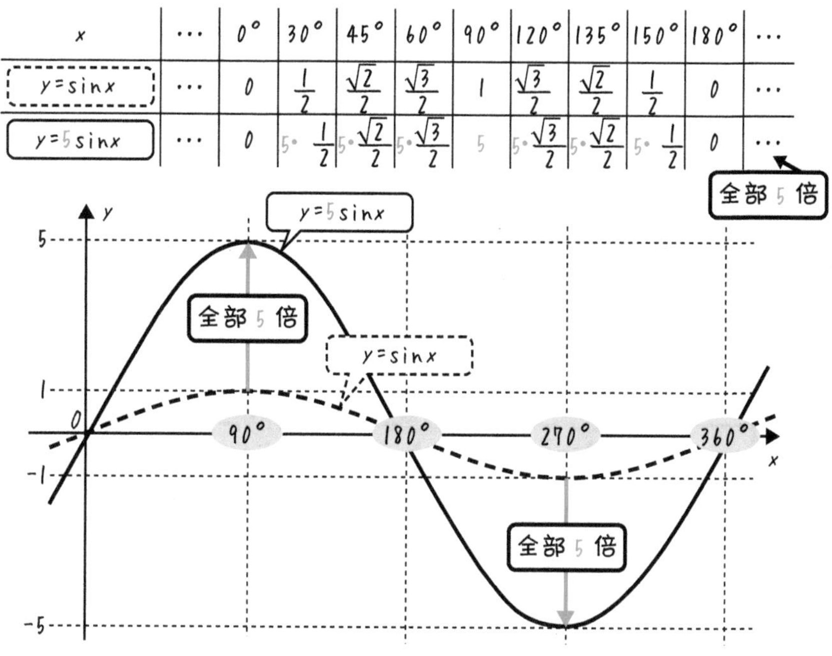

x	…	0°	30°	45°	60°	90°	120°	135°	150°	180°	…
y=sinx	…	0	$\frac{1}{2}$	$\frac{\sqrt{2}}{2}$	$\frac{\sqrt{3}}{2}$	1	$\frac{\sqrt{3}}{2}$	$\frac{\sqrt{2}}{2}$	$\frac{1}{2}$	0	…
y=5sinx	…	0	$5\cdot\frac{1}{2}$	$5\cdot\frac{\sqrt{2}}{2}$	$5\cdot\frac{\sqrt{3}}{2}$	5	$5\cdot\frac{\sqrt{3}}{2}$	$5\cdot\frac{\sqrt{2}}{2}$	$5\cdot\frac{1}{2}$	0	…

图 5.31　**改变振幅的 $y=5\sin x$**

○ 周期 · 波长

三角函数中变量的常数倍会改变周期和波长。图 5.32 描绘了 $y=\sin x$ 和 $y=\sin 2x$ 的曲线图，当变量加倍时，sin 所取的值也加倍，而波长的长度减半。也就是说，周期和波长是 $\frac{1}{2}$。

1s 振动几次形成的波称为频率（Hz）（赫兹），1s 有多少 rad 波前进称为角频率（rad/s）。例如，如果周期是 0.2s，那么 5 个周期就是 0.2s · 5=1s。也就是说 1s 里有 5 个波，所以频率是 5Hz。在一个周期中，三角函数的波旋转 1 次 2π（360°），因此在此期间旋转 $2\pi\cdot 5=10\pi$（rad），在这种情况下，角频率为 10π（rad/s）。通常，对于周期 T（s）、频率 f（Hz）、角频率 ω（rad/s），可以成立以下关系：

$$Tf=1、\ \omega=2\pi f$$

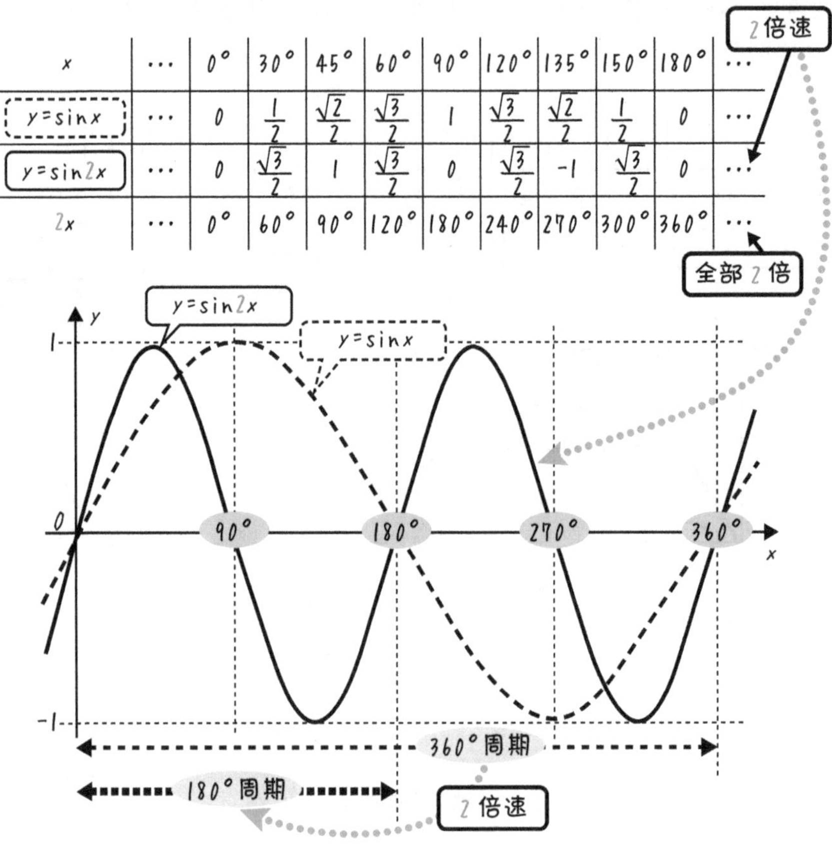

x	…	0°	30°	45°	60°	90°	120°	135°	150°	180°	…
$y=\sin x$	…	0	$\frac{1}{2}$	$\frac{\sqrt{2}}{2}$	$\frac{\sqrt{3}}{2}$	1	$\frac{\sqrt{3}}{2}$	$\frac{\sqrt{2}}{2}$	$\frac{1}{2}$	0	…
$y=\sin 2x$	…	0	$\frac{\sqrt{3}}{2}$	1	$\frac{\sqrt{3}}{2}$	0	$\frac{\sqrt{3}}{2}$	-1	$\frac{\sqrt{3}}{2}$	0	…
$2x$	…	0°	60°	90°	120°	180°	240°	270°	300°	360°	…

图 5.32　改变周期和波长的 $y = \sin 2x$

以上是按时间计算的波量，但也有按长度计算波量的。1m 有多少个波称为波数（m^{-1}），1m 有多少个 rad 波称为角波数（rad/m）。例如，波长为 0.2m，那么 5 个波长就是 0.2m · 5=1m。即 1m 有 5 个波数，频率是 5（m^{-1}）。在 1 个波长下，三角函数的波旋转 1 周 2π（360°），所以在此期间会旋转 2π · 5 = 10π（rad）。也就是说角频率为 10π（rad/m）。一般来说，对于波长 λ（m）、波数 κ（m^{-1}），角波数 k（rad/m），下列关系成立。

$$\lambda\kappa = 1、k = 2\pi\kappa$$

○ 相位

如果对三角函数的变量进行相加和相减，就会产生相位偏移。图 5.33

是描绘 $y = \sin x$ 和 $y = \sin(x - 30^\circ)$ 的图表，当变量被减去 30° 时，sin 取 30° 的值就推迟了，图表向右偏移 30°。所以对变量做减法时，导致图表向右偏移，称为“相位延迟”。当对变量做加法运算时，导致图表向左偏移，称为“相位前进”。

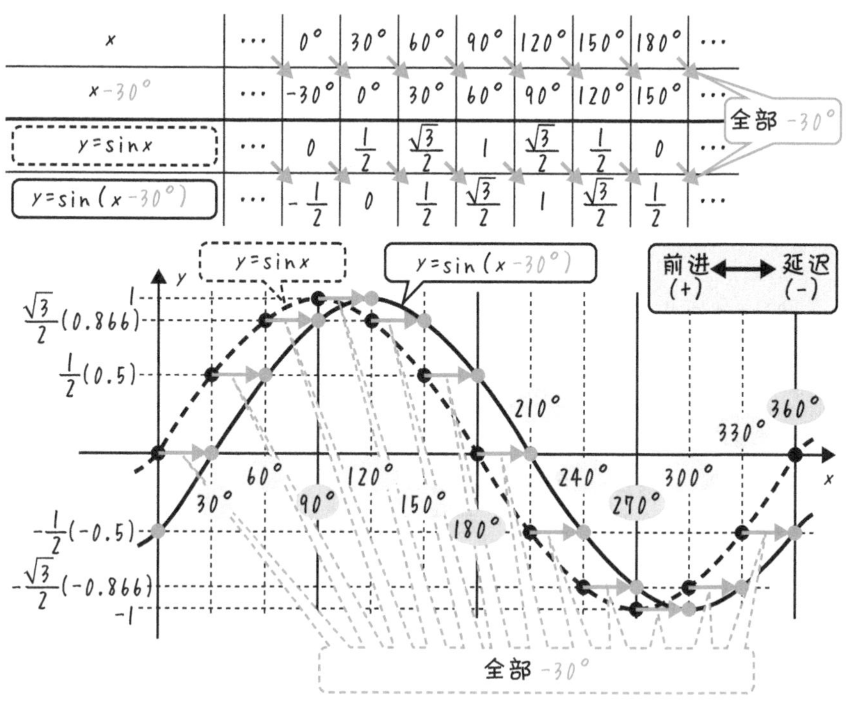

图 5.33 改变相位的 $y = \sin(x - 30^\circ)$

▶【振幅、周期、波长、相位】

$$y = A\sin(Bx + C)$$

- $Bx + C$：相位
- A：振幅
- C：初始相位
- B：
  - 角周波数（如果 x 是时间的话）周期 $= \dfrac{2\pi}{\text{角周波数}} = \dfrac{1}{\text{周波数}}$
  - 角波数（如果 x 是长度的话）波长 $= \dfrac{2\pi}{\text{角波数}} = \dfrac{1}{\text{波数}}$

难易度 ★★★★★

5-13 ▶ 三角函数的加法定理

~ 三角函数在计算中经常使用 ~

当三角函数的变量用加法或减法表示时，可以得到以下被称为加法定理的关系式。

$$\sin(A+B)=\sin A\cos B+\cos A\sin B$$
$$\sin(A-B)=\sin A\cos B-\cos A\sin B$$
$$\cos(A+B)=\cos A\cos B-\sin A\sin B$$
$$\cos(A-B)=\cos A\cos B+\sin A\sin B$$

眼睛都快花了，为什么会这样呢？这其实很难验证，但是我想介绍一下记忆方法[㊀]。

▶【加法定理的记忆方法】

sin: 正弦 · 余弦 · 余弦 · 正弦

cos: 余弦 · 余弦 · 正弦 · 正弦

$$\sin(A\pm B)=\overset{正弦}{\sin A}\,\overset{余弦}{\cos B}\pm\overset{余弦}{\cos A}\,\overset{正弦}{\sin B}$$
$$\cos(A\pm B)=\overset{余弦}{\cos A}\,\overset{余弦}{\cos B}\mp\overset{正弦}{\sin A}\,\overset{正弦}{\sin B}$$

A 和 B 并列，sin 的加法定理是「正弦 · 余弦 · 余弦 · 正弦」，cos 的加法定理是「余弦 · 余弦 · 正弦 · 正弦」按顺序排列。

加法定理对于三角函数的基本计算是不可缺少的。我们来求夹角三角函数的值。虽然 30°、45°、60° 的三角函数的值是由三角比得出的，但是根据加法定理也可以求出 15° = 45° − 30° 和 75° = 30° + 45° 的值。

㊀ ± 这个符号，上面的 "+" 是式子中的 "+"，下面的 "−" 是式子中的 "−"。正好相反，像这样，上面的符号的时候对应上面的符号，下面的符号的时候对应下面的符号，这是一般的约定。

● 例　求 $\sin 15°$、$\cos\frac{\pi}{12}$ 的值。

答　作为 $15° = 45° - 30°$，使用加法定理的话，会变成下面这样。

$$\sin 15° = \sin(45° - 30°) = \sin 45° \cos 30° - \cos 45° \sin 30°$$
$$= \frac{\sqrt{2}}{2}\frac{\sqrt{3}}{2} - \frac{\sqrt{2}}{2}\frac{1}{2} = \frac{\sqrt{6}}{4} - \frac{\sqrt{2}}{4} = \frac{\sqrt{6}-\sqrt{2}}{4}$$

同样地，$\frac{\pi}{12} = \frac{\pi}{3} - \frac{\pi}{4}$，变成下面这样。

$$\cos\frac{\pi}{12} = \cos\left(\frac{\pi}{3} - \frac{\pi}{4}\right) = \cos\frac{\pi}{3}\cos\frac{\pi}{4} + \sin\frac{\pi}{3}\sin\frac{\pi}{4}$$
$$= \frac{1}{2}\frac{\sqrt{2}}{2} + \frac{\sqrt{3}}{2}\frac{\sqrt{2}}{2} = \frac{\sqrt{2}}{4} + \frac{\sqrt{6}}{4} = \frac{\sqrt{2}+\sqrt{6}}{4}$$

问题 5-11　使用加法定理求下面的值。

（1）$\sin 75°$　（2）$\cos\frac{5\pi}{12}$　（3）$\sin(-75°)$

（3）的提示　$\sin(0° - 75°) = \sin 0° \cos 75° - \cos 0° \sin 75° = 0 \cdot \cos 75° - 1 \cdot \sin 75° = -\sin 75°$，使用（1）的答案即可。

答案在 P.288~289

问题 5-12　利用加法定理的 $\sin(A + B) = \sin A \cos B + \cos A \sin B$ 的公式，设 $A = B = \theta$，求 $\sin(2\theta)$。同样，求 $\cos(2\theta)$ 吧。这个公式被称为倍角公式。

答案在 P.289

难易度 ★★☆☆☆

5-14 ▶ 指数函数前的指数

~ 指数和乘方根的详细介绍 ~

到目前为止，我们还没有详细说明指数的性质，它也是一个函数。首先，指数是指：

$$2^5 = \underbrace{2\cdot 2\cdot 2\cdot 2\cdot 2}_{5个} = 32$$

就像这样，用指数的数量进行乘法计算。在这个例子中，5 被称为指数，2 被称为底。

▶【指数的运算法则】

① $A^n \cdot A^m = A^{n+m}$　　乘法就是加法

② $\dfrac{A^n}{A^m} = A^{n-m}$　　除法就是减法

③ $(A^n)^m = A^{nm}$　　乘方[㊀]是乘法

简单证明一下吧。

① $A^n \cdot A^m = \underbrace{A\cdot A\cdots A}_{n个} \cdot \underbrace{A\cdot A\cdots A}_{m个} = \underbrace{A\cdot A\cdots A}_{n+m个} = A^{n+m}$

② $\dfrac{A^n}{A^m} = \dfrac{\overbrace{A\cdot A\cdots A}^{n个}}{\underbrace{A\cdot A\cdots A}_{m个}} = \underbrace{A\cdot A\cdots A}_{n-m个} = A^{n-m}$

③ $(A^n)^m = (\underbrace{A\cdot A\cdots A}_{n个})^m = \underbrace{\underbrace{A\cdot A\cdots A}_{n个} \cdot \underbrace{A\cdot A\cdots A}_{n个} \cdots \underbrace{A\cdot A\cdots A}_{n个}}_{m个}$

$= \underbrace{A\cdot A\cdots A}_{n\cdot m个} = A^{nm}$

那么这个怎么办呢？

$2^{1.5}$

当指数的部分包含有理数或无理数等小数的时候，让我们思考一下。首先通过这个例子，我们来了解一下这个值是什么。

㊀ 所谓的乘方，是指取指数的计算。

$$x = 2^{1.5}$$

假设两边都是平方。

$$x^2 = (2^{1.5})^2$$

如果使用指数法则（3），

$$x^2 = (2^{1.5})^2 = 2^3 = 8$$

由此，

$$x = \sqrt{8} = 2\sqrt{2} \text{ 也就是 } 2^{1.5} = 2\sqrt{2}$$ [㊀]

像这样，指数部分无论出现什么数字，其值都是实数，也可以使用指数法则。

那么这个呢？

$$2^{\frac{1}{3}}$$

为了知道是什么值，假设 $x = 2^{\frac{1}{3}}$ 时，两边都乘以 3 次方。

$$x^3 = (2^{\frac{1}{3}})^3 = 2^{\frac{1}{3}\cdot 3} = 2^1 = 2$$

因此，这个数满足 $x^3 = 2$。3 次方等于 2 的数叫做“2 的 3 次方根”，记为

$$x = \sqrt[3]{2}$$

同样，$x^n = A$ 的 x 是 A 的 **n 次方根**，记为

$$x = \sqrt[n]{A}$$

用指数表示的话，如下所示：

$$x = \sqrt[n]{A} = A^{\frac{1}{n}}$$

另外，二次方根是 $n = 2$ 的情况。二次方根符号的左边什么都没有，即，如果只是 [$\sqrt{\ }$] 的话，就是 $n = 2$。

㊀ 不考虑 $x = -2\sqrt{2}$ 的解，根据 5-15 节所说明的指数函数的定义，底 x 为正值。或者，也可以理解为 $2^1 < 2^{1.5} < 2^2$，$x = 2^{1.5} > 0$。

5-15 ▶ 指数函数

~ 绝对是正值哦 ~

在 5-14 节，我们知道指数无论是怎样的实数都可以。因此，以 x 为变量的指数 A^x，即指数函数。

▶【指数可以是任意数】

- **指数函数 $f(x)=A^x$**
- **x 可以是任意数 （实数）**
- **但是 $A>0$**[㊀]

介绍指数函数的几个特征。如果 $f(x)=A^x$

① $f(0)=1$

② $f(x)>0$

③ $f(x+y)=f(x)f(y)$

④ $f(x-y)=\dfrac{f(x)}{f(y)}$

③和④就是 5-14 节中介绍的指数法则。下面说明①和②的性质。

① 表示指数部分为零，则返回的值必定为 1，使用指数法则可以表示如下：

$$A^0=A^{n-n}=\frac{A^n}{A^n}=1$$

② 表示指数函数的值一定是正的。就像三角函数的 $\sin\theta$ 和 $\cos\theta$ 的值域[㊁] 是 −1 到 1 一样，指数函数的值域是大于 0 的实数。

㊀ 如果底部的 A 不是正值，则根据 x 的值，函数的正负不断交替，就无法画出图表。这是一个涉及函数“连续性”的数学难题，本书就不做介绍了。

㊁ 关于值域参照 5-1 节。

例　当 $f(x)=3^x$ 时，求下面各式的的值。

(1) $f(2)$　(2) $f(0)$　(3) $f(-3)$　(4) $f\left(\frac{3}{4}\right)$

答　(1) $f(2)=3^2=9$

(2) $f(0)=3^0=1$

(3) $f(-3)=3^{-3}=3^{0-3}=\frac{3^0}{3^3}$[㊀] $=\frac{1}{27}$

(4) $f\left(\frac{3}{4}\right)=3^{\frac{3}{4}}=(3^{\frac{1}{4}})^3=(\sqrt[4]{3})^3$

例　分别求出前页的③、④的右边和左边，确认公式是否正确。

答　③ (左边) $=f(x+y)=A^{x+y}=A^x A^y$

(右边) $=f(x)f(y)=A^x A^y$

④ (左边) $=f(x-y)=A^{x-y}=\frac{A^x}{A^y}$

(右边) $=\frac{f(x)}{f(y)}=\frac{A^x}{A^y}$

两个都是 (左边) = (右边)。

问题 5-13　当 $f(x)=3^x$、$g(x)=\left(\frac{1}{3}\right)^x$ 时，解决以下问题。

(1) $f(1)$ 和 $f(2)$ 哪个大呢？

(2) $g(1)$ 和 $g(2)$ 哪个大呢？

(3) 从 (1) 和 (2) 可以看出，底部的大小和函数的增减有什么关系？

答案在 P.289

㊀ 使用了前页的特征④。

5-16 ▶ 指数函数图

~ 图表的基础是表格 ~

▶【指数函数图】

- 通过点 （0，1）
- 底部大于 1 时： 向右上升 （单调递增）
- 底部小于 1 时： 向右下降 （单调递减）

图 5.34 的左侧是 $y=2^x$ 的图表，右侧是 $y=\left(\frac{1}{2}\right)^x$ 的图表。每一张图表的下方都有清晰的 x 和 y 值。

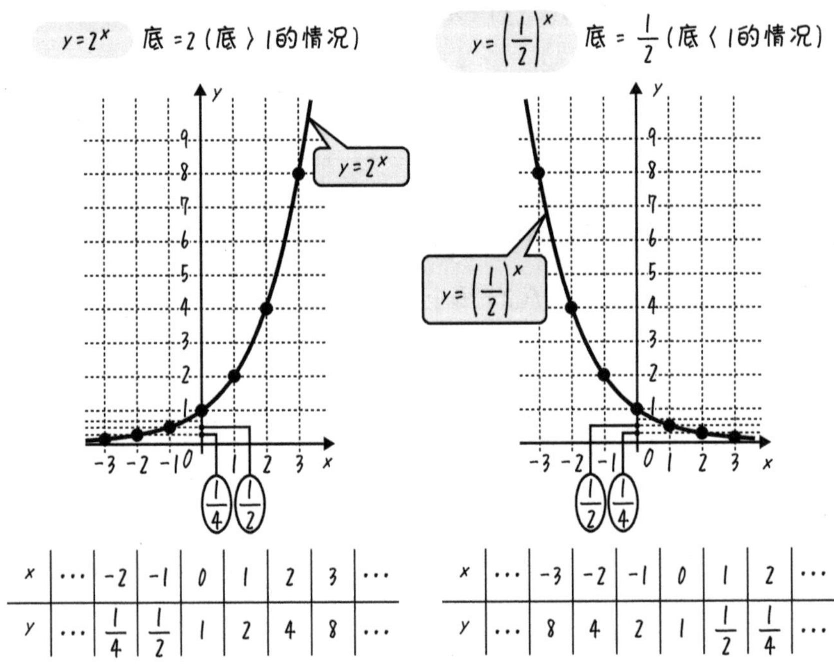

x	…	-2	-1	0	1	2	3	…
y	…	$\frac{1}{4}$	$\frac{1}{2}$	1	2	4	8	…

x	…	-3	-2	-1	0	1	2	…
y	…	8	4	2	1	$\frac{1}{2}$	$\frac{1}{4}$	…

图 5.34 指数函数的曲线图

如图 5.34 所示，指数函数的底部大于 1 时，指数的值（x，即横轴的值）越大，函数的值（y，即纵轴的值）就越大，图表就会往右上升。另外，在图表的任何区域都向右上升的情况称为单调增加，单调增加的函数称为单调递增函数。

反之，指数函数的底部小于 1 时，指数的值（x，也就是横轴的值）越大，函数的值（y，也就是纵轴的值）就越小，图表就会往右下降。在图表的任何区域都向右下降的情况称为单调减少，单调减少的函数称为单调递减函数。

此外，根据 $A^0 = 1$ 的指数性质，指数函数必定在 $x = 0$ 时 $y = 1$。也就是说，一定要经过点（0，1）。

○补充：为什么能平滑流畅地绘制图表

在此，让我们来说明一下平滑绘制图表的理由。图 5.35 是指数函数 $y = 2^x$ 的图表和 $x = 2$、$x = 3$ 的函数的值用折线连接的样子。（2, 4）和（3, 8）用直线连接。

在 $x = 2$ 和 $x = 3$ 中间的值是 $y = 2^{2.5} = 4\sqrt{2}$，大约是 5.66。这样的话，从视觉上就能知道$(2.5, 4\sqrt{2})$这个点不会出现在折线上。因此，即使像这样用直线连接表格中稀疏的值，函数值也不一定是直线上的点。

折线构成图表的函数[㊀]，也可以使用像指数函数这样的函数和数据，根据前后的行为来类推，对于明显不能成为直线的函数或数据，我们通常会用点与点之间的行为来类推，平滑地画出来。

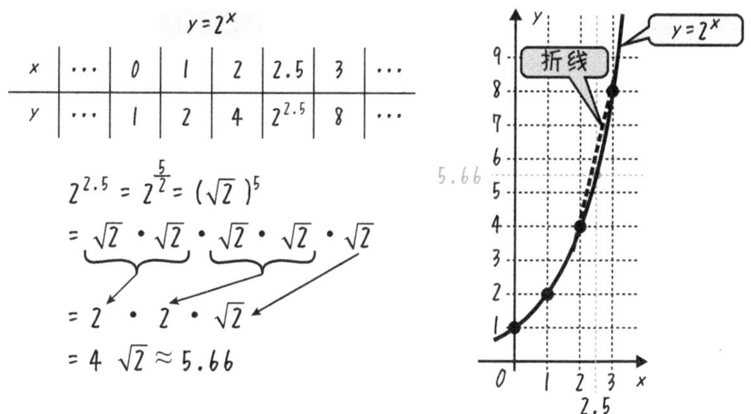

图 5.35　**指数函数曲线和折线**

㊀　在折断的地方不能微分（第 7 章的内容）的函数。

5-17 ▶ 学习对数函数之前

~ 指数的反面是对数 ~

相“对”的“数”叫对数，是和什么相“对”呢？就是“指数”。例如，如图 5.36 的最上面所示，2^3 表示如下：

$$2^3 = \underbrace{2 \cdot 2 \cdot 2}_{3\text{个}} = 8$$

这个计算，指数 3 是指底数 2 乘以多少次。与此相反，“数字 8 应该是 2 乘以几次”的值称为对数，用 log（对数）这个符号表示 $\log_2 8 = 3$。这时 2 被称为底数，8 被称为真数。

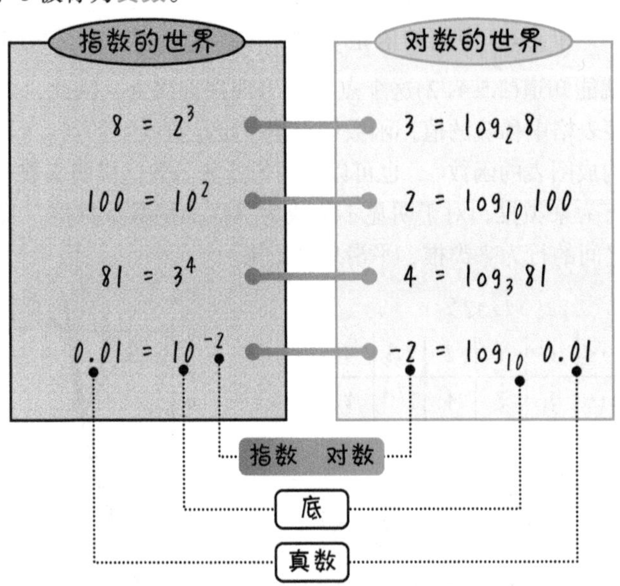

图 5.36 **指数世界和对数世界**

其他例子如图 5.36 所示，对数的表示方式如图 5.37 所示。指数、对数可以取正数或负数，但底数和真数必须取正数。另外，真数一定是正数，这种的情况称为真数条件。

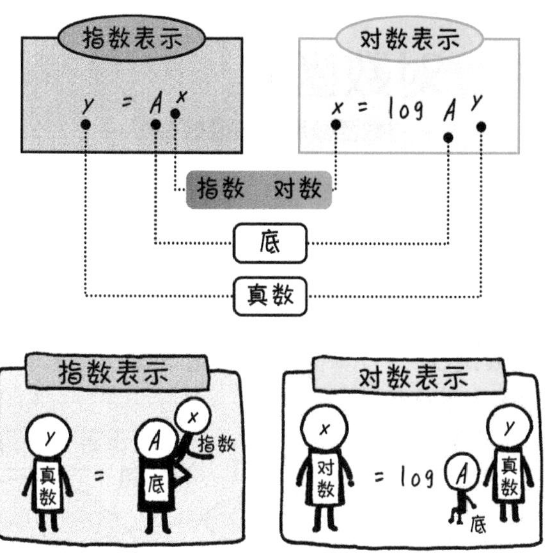

图 5.37　**指数与对数**

“指数”总是站在数字的右肩上，当它下来时就被称为“对数”。

▶【对数】

指数下来时就是对数。

▶【常用对数】

以 10 为底的对数。

如 1-2 节所介绍的那样，指数表示用 10 的几次方来表示大的数字或小的数字。因此，在实际应用中，对数的底是 10 比较方便，所以底是 10 的对数被取了一个特别的名字，叫作常用对数。放大器的增益“dB（分贝）”等都是用常用对数表示。

难易度 ★★★★★

5-18 ▶ 对数函数

~ 对数函数和指数函数相反 ~

▶【对数函数】

对数函数是指数函数的反函数。

指数函数的反函数[一] 叫作对数函数。用图表示的话，如图 5.38 所示，指数函数的逆就是对数函数。

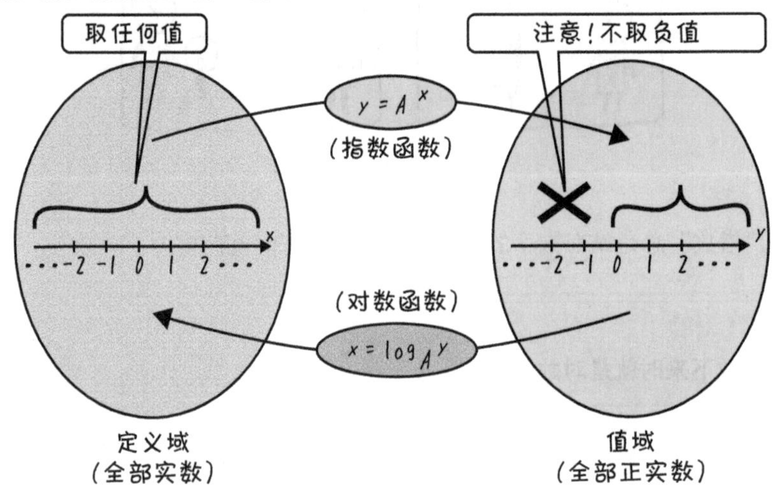

图 5.38 **指数函数与对数函数**

需要注意的是，“指数函数的输出一定是正数”。这和“对数函数的输入必须是正数”的意思是一样的。也就是说，对数函数的定义域[二] 是正的实数全体。与此相对，输出可以取任何实数，所以对数函数的值域是实数全体。用式子表示的话，就是这样。

$$f(x) = \log_A x \quad 有 \quad f:（全部正实数）\to [\,全部实数（R）]$$

[一] 关于反函数参照 5-1 节。

[二] 关于定义域、值域参照 5-1 节。

例　**求出以下各对数的值吧。**

（1）$\log_2 32$　　（2）$\log_{10} 0.1$　　（3）$\log_5 1$

答　因为对数是“从底乘几次方得到真数”，

（1）$\log_2 32$ 的底是 2，真数是 32，$32 = 2^5$，所以 $\log_2 32 = 5$

或者用公式写 $\log_2 32 = \log_2 2^5 = 5$ 也可以。由此可知，一般 $\log_A A^c = c$。

（2）和（1）一样，$0.1 = 10^{-1}$，所以

$\log_{10} 0.1 = \log_{10} 10^{-1} = -1$

（3）由于 $a^0 = 1$（a 为非零数，$a = 5$ 当然也可以），因此

$\log_5 1 = \log_5 5^0 = 0$

像（2）和（3）一样，对数的值有时会变成零，有时会变成负数，像这样求对数的方法叫作取对数。

问题 5-14　求出以下对数的值。　答案在 P.289

（1）$\log_3 27$　　（2）$\log_2 0.5$　　（3）$\log_{1.5} 1$

例　**放大率 A_v 的增益 G 根据常用对数决定为 $G = 20\log_{10} A_v$（dB）。用下面的每一个放大率来求增益。**

（1）$A_v = 10$　　（2）$A_v = 1$　　（3）$A_v = 0.1$

答　（1）$G = 20\log_{10} A_v = 20\log_{10} 10 = 20 \cdot 1 = 20\text{dB}$

（2）$G = 20\log_{10} A_v = 20\log_{10} 1 = 20 \cdot 0 = 0\text{dB}$

（3）$G = 20\log_{10} A_v = 20\log_{10} 0.1 = 20 \cdot (-1) = -20\text{dB}$

由此可知，放大率大于 1 时的增益为正，放大率为 1 时的增益为零，放大率小于 1 时的增益为负。

问题 5-15　也可以使用上面的例子，求出放大率达到 10 倍时增益增加多少。　答案在 P.289~290

5-19 ▶ 对数函数的性质

~ 乘法要做加法 · 除法要做减法 · 注意底部 ~

▶【对数函数的运算法则】

①对数的乘法法则： $\log_A(N\,M)=\log_A N+\log_A M$

$$\log_A(NM)=\log_A N+\log_A M$$

乘法的对数 = 对数的加法

①'对数的乘方法则： $\log_A N^n=n\log_A N$

$$\log_A N^n=n\log_A N$$

指数的对数 = 下来做乘法

②对数的除法法则：

$$\log_A\left(\frac{N}{M}\right)=\log_A N-\log_A M$$

除法的对数 = 对数的减法

③换底公式

<底是 A 的对数， 可以转换成底为 B 的对数 !>

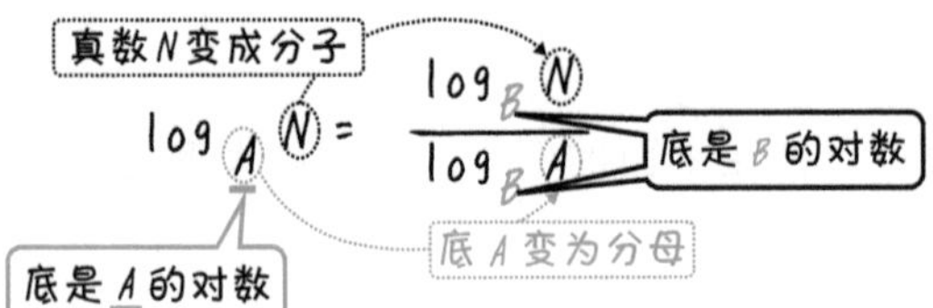

这些都是对数的基本性质，都是以指数的性质为基础的。简单地证明一下吧。

① 对数的乘法法则（“乘法就是加法”）

$$\underbrace{\log_A(NM)}_{\text{此处置换为 }a}=\underbrace{\log_A N}_{\text{此处置换为 }b}+\underbrace{\log_A M}_{\text{此处置换为 }c}$$

如果回到指数的表示，变成

$$A^a=NM(1)\quad A^b=N(2)\quad A^c=M(3)$$

根据（1）则 $NM=A^a$、根据（2）和（3）则 $NM=A^bA^c=A^{b+c}$，根据指数定律，所以这两个等式相等

$$A^a=A^{b+c}\text{，所以}\quad a=b+c$$

因为 $a=\log_A(NM)$、$b=\log_A N$、$c=\log_A M$，所以回到对数表示，就会显示出①。

①' 对数的乘方法则

这是多次应用①的结果。因为 $N^n=\underbrace{N\cdot N\cdots N}_{n\text{个}}$，

$$\log_A N^n=\underbrace{\log_A N+\log_A N+\cdots+\log_A N=n}_{n\text{个}}\cdot\log_A N$$

② 对数的除法法则（“除法就是减法”）

$$\underbrace{\log_A\left(\frac{N}{M}\right)}_{\text{此处置换为 }a}=\underbrace{\log_A N}_{\text{此处置换为 }b}-\underbrace{\log_A M}_{\text{此处置换为 }c}$$

如果回到指数的表示，变成

$$A^a=\frac{N}{M}(1)\quad A^b=N(2)\quad A^c=M(3)$$

根据（1）则 $\frac{N}{M}=A^a$、根据（2）和（3）则 $\frac{N}{M}=\frac{A^b}{A^c}=A^{b-c}$（指数法则），所以这两个等式相等。

$$A^a=A^{b-c}\text{，所以}\quad a=b-c$$

因为 $a=\log_A\left(\frac{N}{M}\right)$、$b=\log_A N$、$c=\log_A M$，所以返回对数表示的话会显示②。

③ **换底公式**

底为 A 的对数"$\log_A N$"和底为 B 的对数"$\log_B$?"，用这样的形式来表示吧。于是假设

$$\log_A N = x \quad \text{或者} \quad A^x = N$$

如果在这两边取 $\log_B$，

$$\log_B A^x = \log_B N$$

因为①' $\log_B A^x = x\log_B A$，所以

$$x\log_B A = \log_B N$$

于是，我们把 $x = \log_A N$ 的式子代入这个公式。

$$(\log_A N)(\log_B A) = \log_B N$$

进一步

$$\log_A N = \frac{\log_B N}{\log_B A}$$

左边的底是 A，右边的底是 B，只有对数。底变换用于将不熟悉的底的对数转换成常用对数之类的对数。

● 例 **求出以下各值。**

（1）$\log_3 21 + \log_3 \frac{1}{7}$　　（2）$\log_2 4^{10}$

（3）$\log_{\sqrt{2}} 8$　　（4）$\log_3 162 - \log_3 6$

答 （1）反过来使用①，把"对数的加法"改为"乘法的对数"。

$$\log_3 21 + \log_3 \frac{1}{7}$$

$$= \log_3\left(21 \cdot \frac{1}{7}\right) \quad \Leftarrow \boxed{\text{使用了①}}$$

$$= \log_3 3 = 1 \quad \Leftarrow \boxed{\log_3 3 = \log_3 3^1}$$

（2）使用①'使指数向下的话比较简单。

$$\log_2 4^{10}$$

$$= 10\log_2 4 \quad \Leftarrow \boxed{\text{使用了①'}}$$

$$= 10\log_2 2^2$$

$$= 10 \cdot 2 = 20$$

（3）因为底是$\sqrt{2}$比较麻烦，所以相对于真数 8，把底变换成容易计算的底，例如 2。也就是说，③是 $A=2$、$B=\sqrt{2}$这样的话就能转换了。

$$\log_{\sqrt{2}} 8$$

$$=\frac{\log_2 8}{\log_2 \sqrt{2}} \qquad \Leftarrow \text{使用了③}$$

$$=\frac{\log_2 2^3}{\log_2 2^{\frac{1}{2}}} \qquad \Leftarrow \text{分别计算分母和分子的对数}$$

$$=\frac{3}{\frac{1}{2}}=3\cdot\frac{1}{2}=6$$

（4）使用②的话，就能把减法转换成除法了。

$$\log_3 162-\log_3 6$$

$$=\log_3\frac{162}{6} \qquad \Leftarrow \text{使用了②}$$

$$=\log_3 27$$

$$=\log_3 3^3=3$$

问题 5-16 求出以下对数的值。

（1）$\log_2 24+\log_2\frac{1}{3}$ （2）$\log_2 8^5$

（3）$\log_{\sqrt{3}} 9$ （4）$\log_{\sqrt{3}} 162-\log_{\sqrt{3}} 6$

答案在 P.290

难易度 ★★★★★

5-20 ▶ 对数函数图

~ 图表的基础还是表 ~

让我们把对数函数做成图表，更加直观地理解它吧。

▶【对数函数图】

- **通过点 （1，0）**
- **底部大于 1 时：　向右上升 （单调递增）**
- **底部小于 1 时：　向右下降 （单调递减）**

图 5.39 是 $y = \log_2 x$ 的图表，图 5.40 是 $y = \log_{\frac{1}{2}} x$ 的图表。每一张图表的下方都有清晰的 x 和 y 值。取该值的点，用平滑曲线连接起来，就能得到下面的图表。

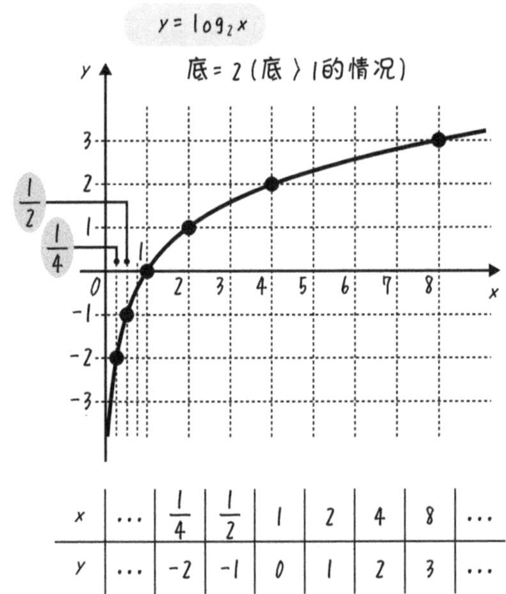

x	…	$\frac{1}{4}$	$\frac{1}{2}$	1	2	4	8	…
y	…	-2	-1	0	1	2	3	…

图 5.39　对数函数 $y = \log_2 x$ 的曲线图

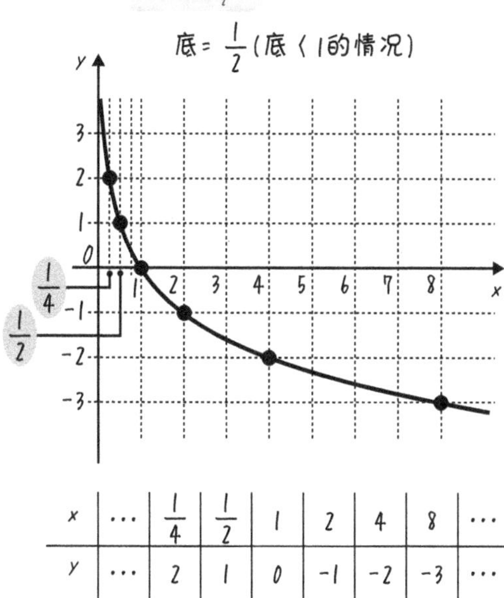

x	…	$\frac{1}{4}$	$\frac{1}{2}$	1	2	4	8	…
y	…	2	1	0	-1	-2	-3	…

图 5.40　**对数函数 $y=\log_{\frac{1}{2}}x$ 的曲线图**

在绘制对数函数的图表时，必须注意的是真数条件。因为真数一定是正数，所以无论是 $y=\log_2 x$ 的图表，还是 $y=\log_{\frac{1}{2}}x$ 的图表，都必须在真数条件下 $x>0$ 的范围内，才能确定函数的值。因此，横轴是大于 0 的区域。

图 5.39 是底数为 2，大于 1 的情况。因为这个总是向右上升的，所以可以说是单调递增函数[1]。图 5.40 是底数为 $\frac{1}{2}$，小于 1 的情况。因为它总是向右下降，所以可以说单调递减函数[2]。

它们都是用 5-17 节的指数函数的图将 $y=2^x$ 和 $y=\left(\frac{1}{2}\right)^x$ 的 x 和 y 的值互换后得到的。图表也是替换了 x 轴和 y 轴。这是因为指数函数和对数函数是反函数的关系。

问题 5-17　试着将 5-17 节的图 5.36 和指数函数图进行比较，确认是否互换 x 轴和 y 轴就能得到图 5.39 或图 5.40。

答案在 P.290

[1] 参照 5-17 节。
[2] 参照 5-17 节。

5-21 ▶ 单对数图 · 双对数图

~ 宽幅范围 !~

▶【单对数图 · 双对数图】

“宽幅范围” ＝ “大范围” 绘制图表。

随着科学技术的进步，可以测量的范围大幅扩大，有时我们想要在一张图表中记载庞大范围的数据，这时对数函数就派上用场了。在图表的内存中取对数，将大范围的数据限定在一个有限的范围内，画的时候就很方便了。

图 5.41 左边是最为普遍绘制数据的方法，中间的纵轴是采用对数刻度（常用对数[㊀]），右边的纵轴和横轴都采用对数刻度来绘制数据。假设这三个数据都是相同的。如中间所示，只对一个坐标轴采用对数刻度的图称为单对数图，如右图所示，两个坐标轴都采用对数刻度的图称为双对数图。

我们在三种图表纸上绘制了相同的数据，采用对数的图表可以绘制出

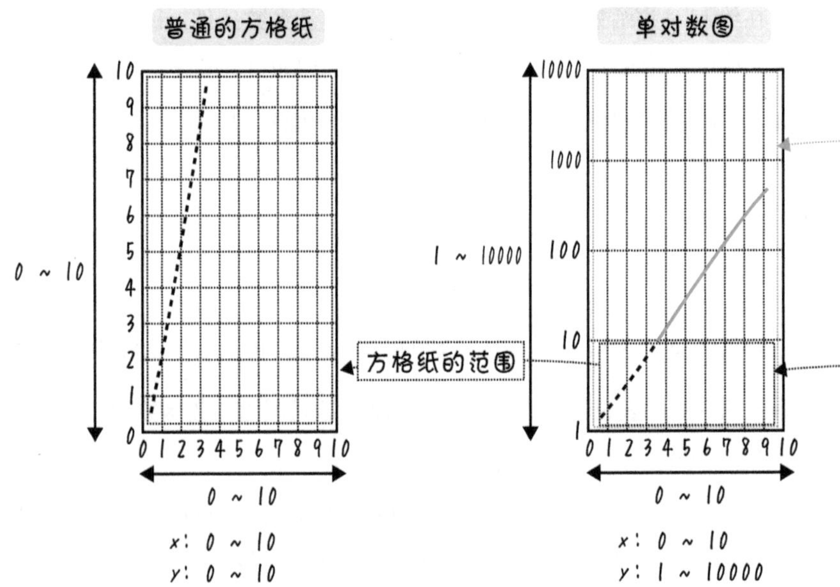

图 5.41　方格纸、单

㊀　常用对数参照 5-16 节。

非常广泛的数据。用双对数图可以画出更大范围的数据，但如果用单对数图的话，横轴的数据就无法全部容纳。像这样，通过对两个坐标轴都采用对数刻度，就可以将大范围的数据绘制成一张图。

○普通的绘制数据方法

经过分析，如果是一次函数的数据时，方格纸发挥了巨大的威力。数据显示

$$y = ax + b$$

这样的一次函数，就能从图表中读出 a、b。如果知道 $x = 0$ 时 y 的值，

$$y = a \cdot 0 + b = b$$

y 与 b 的值相等，就可以确定 b 的值。因此，b 被称为“y 截距”或简称为“截距”。此外，当 x 的值增加 1 时，例如 $x = 1$ 时，

$$y = a \cdot 1 + b = a + b$$

这样，比 $x = 0$ 时增加了 a。因此，只要知道 x 增加 1 时 y 增加多少，就可以决定 a。a 表示曲线有多陡，所以被称为“斜率”。

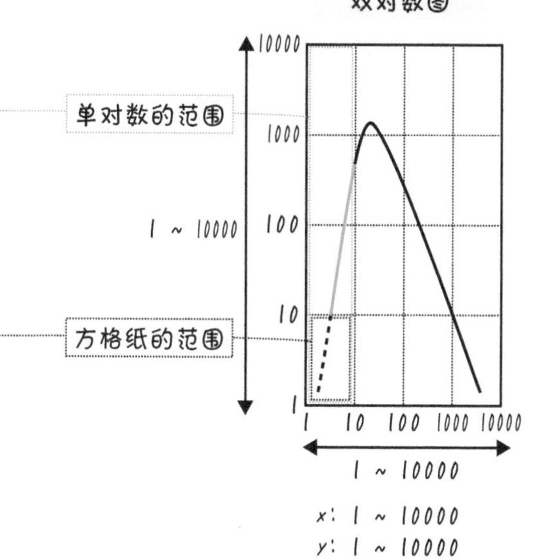

对数、双对数图

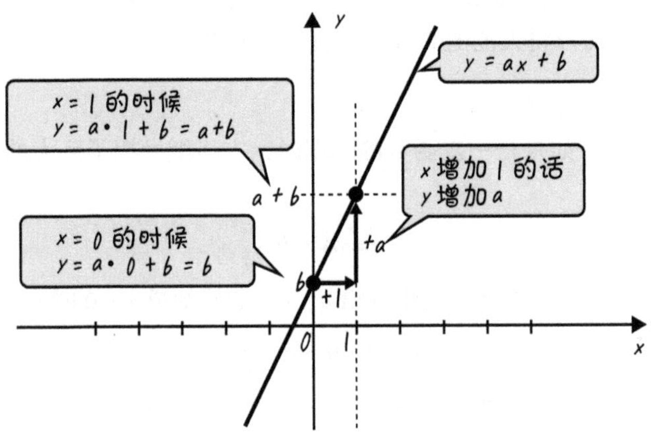

图 5.42　**方格纸和一次函数**

○单对数图的绘制数据方法

在分析被认为是指数函数的数据时，单对数图发挥了巨大的威力。数据显示

$$y = A^{ax+b}$$

这样的指数函数，就能从单对数图中读出 A、a、b。取两边常用对数 $\log_{10}$，得到 $\log_{10} y = \log_{10} A^{ax+b} = (ax + b) \log_{10} A = (a \log_{10} A)x + (b \log_{10} A)$。令 $Y = \log_{10} y$，取 Y 值的常用对数，

$$Y = (a \log_{10} A)x + (b \log_{10} A)$$

Y 是 x 的一次函数。也就是说，将**指数函数绘制成单对数图，就会变成直线**。因此，根据斜率为 $a \log_{10} A$，截距为 $b \log_{10} A$ 的要求。得到，

$$a \log_{10} A = (\text{斜率})、\quad b \log_{10} A = (\text{截距})$$

变成这样。这里，如果图表经过 $(x, y) = (0, y_0)$，那么 $y_0 = A^{a \cdot 0+b} = A^b$，因为 $b = \log_A y_0$。

$$\log_{10} A = \frac{(\text{截距})}{b}$$

这样就可以确定 A、a、b。

$$a = \frac{(\text{斜率})}{\log_{10} A} = \frac{(\text{斜率})}{(\text{截距})/b} = \frac{(\text{斜率})}{(\text{截距})} b = \frac{(\text{斜率})}{(\text{截距})} \log_A y_0$$

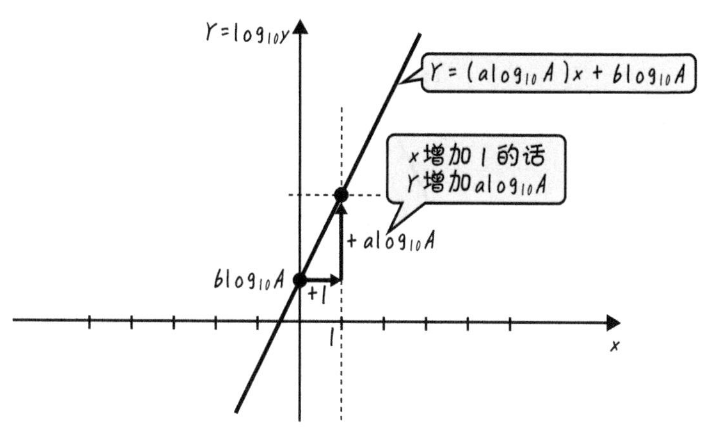

图 5.43 **单对数曲线和指数函数**

○**双对数图的绘制数据方法**

在分析被认为是 n 次函数的数据时，双对数图更加好用。数据显示

$$y = ax^n$$

这样的 n 次函数，从双对数图中可以看出 a 和 n。取两边的常用对数，变成

$$\log_{10} y = \log_{10}(ax^n) = \log_{10} a + \log_{10}(x^n) = \log_{10} a + n \log_{10} x$$

$$= n \log_{10} x + \log_{10} a$$

假设 $Y = \log_{10} y$、$X = \log_{10} x$，

$$Y = nX + \log_{10} a$$

这样，将 n 次函数绘制成双对数图，就可以知道它是斜率为 n、截距 $\log_{10} a$ 的一次函数。也就是说，将 **n 次函数绘制成双对数图，就会变成一条直线。** 和单对数图一样，可以根据斜率和截距来决定 a 和 n。

$$n = (\text{斜率}) \qquad a = 10^{(\text{截距})}$$

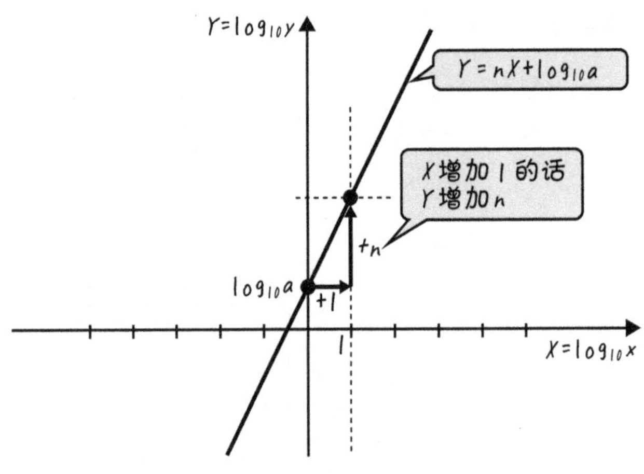

图 5.44 **双对数图和 n 次函数**

COLUMN 苍蝇和正交坐标

在 5-3 节中说明了正交坐标，这是一个叫笛卡尔的人想到的，所以也被称为笛卡尔坐标。

笛卡尔（1596—1650），法国哲学家、数学家、物理学家。“Cogito ergo sum”（我思，故我在）便是他的名言，作为近代哲学的鼻祖而闻名，作为数学家也留下了很多贡献。相传，有一天，他一大早在床上躺着，苍蝇从窗户飞进来了。他突然想：“怎样才能表示苍蝇的位置呢……”于是，他把这个想法变成了一个数学问题。他说：“只要准备三个正交的轴 x、y、z，就可以用这组变量来表示苍蝇的位置。”

于是，将函数在正交坐标上绘制成图表是笛卡儿的功劳，但苍蝇或许也做出了一些贡献。

第 6 章

复数

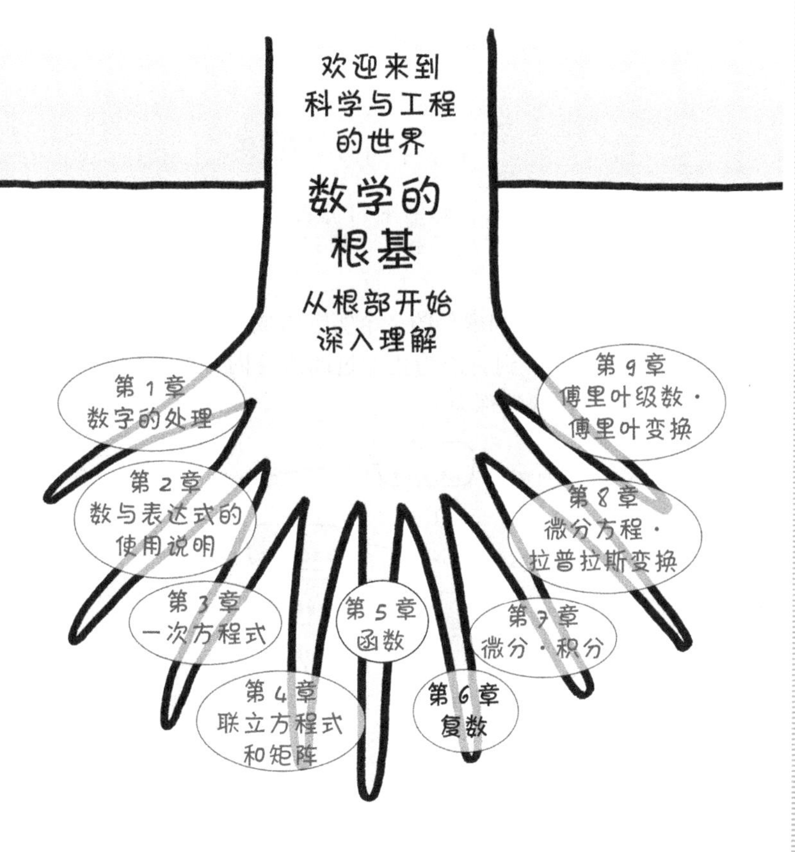

欢迎来到
科学与工程
的世界
数学的
根基
从根部开始
深入理解
第 1 章
数字的处理
第 2 章
数与表达式的
使用说明
第 3 章
一次方程式
第 4 章
联立方程式
和矩阵
第 5 章
函数
第 6 章
复数
第 7 章
微分・积分
第 8 章
微分方程・
拉普拉斯变换
第 9 章
傅里叶级数・
傅里叶变换

6-1 ▶ 复数是指什么

~"实数 + 虚数" = "正交坐标上的点"~

▶【复数】

复数是由 "实数" 和 "虚数" 构成的数。

复数是由实数和虚数两部分组成的，是数学领域中的概念。实数[一]分为实部和虚部两部分，为了能够区分两者，在虚部的前面加上符号"j"表示虚数单位[二]。

$$z = x + jy$$

虚数单位

复数 = 实部（实数）+ j 虚部（实数）

根据虚数单位，将实部和虚部的 2 个实数组成的"复数"进行分类的话，如图 6.1 所示，涵盖了到目前为止学过的所有内容，范围很广。在复数中，实部为 0，只有虚部的称为纯虚数。

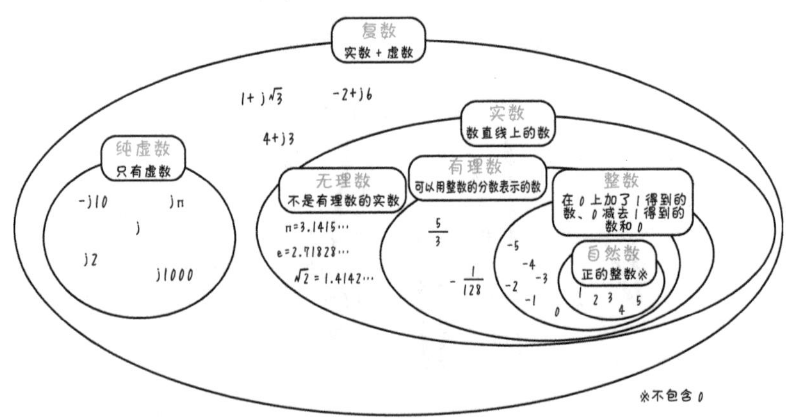

图 6.1 将数的分类扩展到复数

[一] 关于实数参照 2-5 节。

[二] 在电气工程领域，j 被用作虚数单位。但是在数学领域，i 被用作虚数单位。原本在数学中使用的是表示虚数的 imaginary number 的首字母 i，但是在电气工学领域中，和电流的量符号 i 混在一起。因此，在电气工程学科里，习惯用 j 作为虚数单位。

在表示复数的时候，在数学书中经常只是简单地加上“z 是复数”这样的文字来描述，但在电气工程学的书中，很多时候会在字母上方加上点“·”符号$\dot{z}$来表示。另外，也有一些书中是用粗体字母$\mathbf{z}$表示的。在本书中，我们将简单地用数学书中常见的文字描述来声明“这是复数”。

通过虚数单位区分实部和虚部，就可以用直角坐标上的点来表示这两个数。也就是说，复数可以用直角坐标上的点来表示。横轴取实部，纵轴取虚部，这样得到的坐标平面叫作复数平面。

在图 6.2 的复数平面上，试着表示了各种各样的复数。例如 $z_1 = 7 + \mathrm{j}5$，实部是 7，虚部是 5，所以横轴 7 和纵轴 5 的交点就是 $z_1 = 7 + \mathrm{j}5$ 所表示的复数平面上的点。

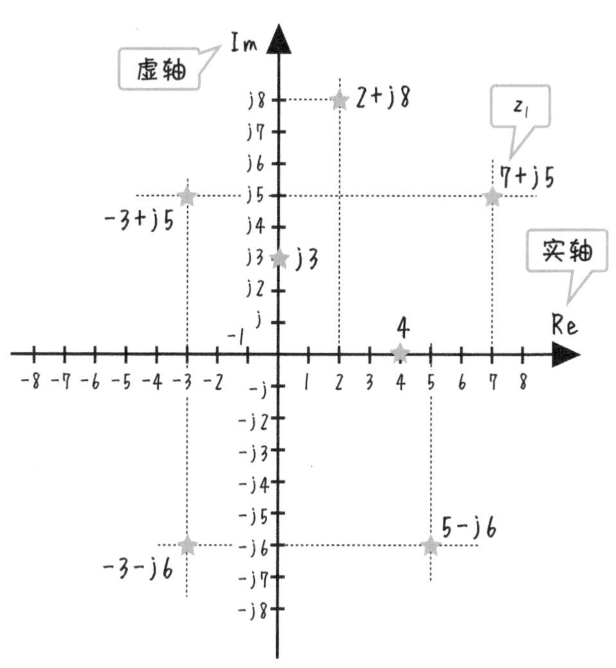

图 6.2 复数平面

6-2 ▶ 虚数单位的秘密

~为什么 $j^2=-1$ 呢?~

在 6-1 节中，介绍了区分复数的实部和虚部的符号“j”(称为虚数单位)。但我们还没讲清楚这到底是什么。

复数的实部和虚部是通过虚数单位 j 来区分的，因此复数即使进行后面的加法和减法运算，实部和虚部也不会相互影响。我们将在后面的 6-5 节详细说明，如果将 1 + j2 和 4 + j3 这两个复数相加的话，

$$(1+j2)+(4+j3)=(1+4)+j(2+3)=5+j5$$

像这样，实部与实部相加，虚部与虚部相加。

但是，复数相乘的话，虚数单位 j 乘以 2 次，就会出现 j^2。我们来思考一下，j^2 是如何确定的。图 6.3 表示实数 1 反复乘以 j 时，在复平面上的运动。

① $1 \times j = j$

这是自然明白的。1 乘以什么都是这个数。在复平面上的点，$1=1+j0$，所以横轴为 1、纵轴为 0 的点是复数 1 所表示的点。另外，因为 $j=0+j$，所以横轴为 0、纵轴为 1 的点就是复数 j 所表示的点。从图 6.3 中可以看出，乘以 j 就是原点。由此可见，1 这个点逆时针旋转了 $90°\left(\dfrac{\pi}{2}\right)$就移动到了 j 点。

② $j \times j = -1$

如①所示，1 乘以 j 可以得到 $90°\left(\dfrac{\pi}{2}\right)$的旋转。接下来，考虑 j 再乘以 j。如果这个也能旋转的话就方便了。此时，正好逆时针旋转 $90°\left(\dfrac{\pi}{2}\right)$，到图中（−1，0）的位置。

③ $(-1) \times j = -j$

这和文字式的普通计算一样。

④ $(-j) \times j = 1$

如果知道②中的 $j \times j = -1$，就可以知道下式成立。

$$-j \times j = -(j \times j) = -(-1) = +1$$

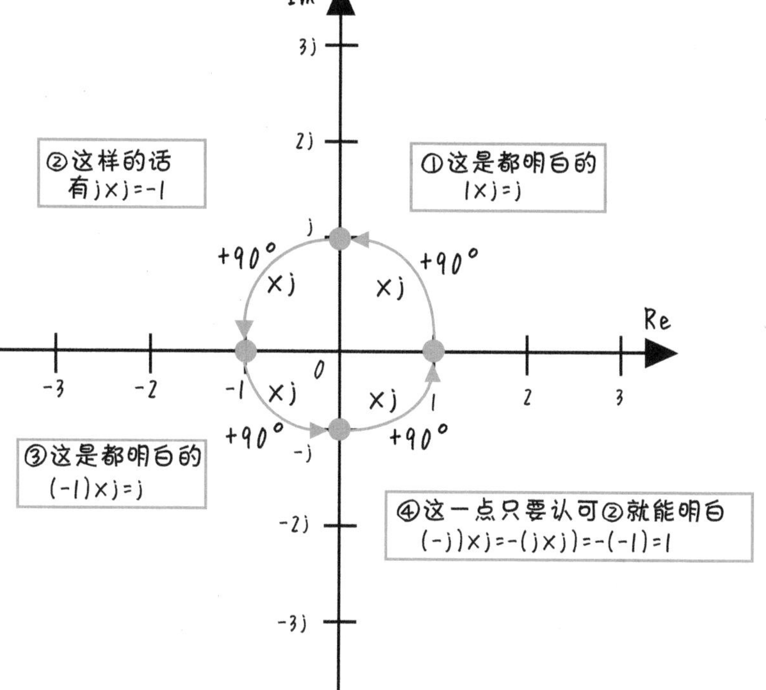

图 6.3　为什么 $j^2 = -1$ 呢

因此，如果 $j^2 = -1$，那么虚数单位 j 好像具有使复数旋转 $90°\left(\frac{\pi}{2}\right)$的作用呢。如果 $j^2 = -1$，那么任何复数乘以 j，都有使复数逆时针旋转 $90°\left(\frac{\pi}{2}\right)$的作用。

6-3 ▶ 直角坐标和极坐标

~ 京都是直角坐标 · 东京是极坐标 ~

▶【直角坐标和极坐标】

直角坐标： 用正交的纵轴数值和横轴数值表示坐标。

极坐标： 用极径和极角表示坐标。

直角坐标是将两条轴正交，轴上的两个数值决定坐标。表示坐标的方法还有很多种，下面介绍一种新的表示方法，叫极坐标。直角坐标和极坐标的形状就像京都和东京的道路一样，所以这里用地图来说明。

图 6.4 是非常粗略的京都地图。道路像棋盘一样纵横（东西南北）延伸。平安京建立的时候，因为模仿了中国的都城，所以形成了这样的结构。

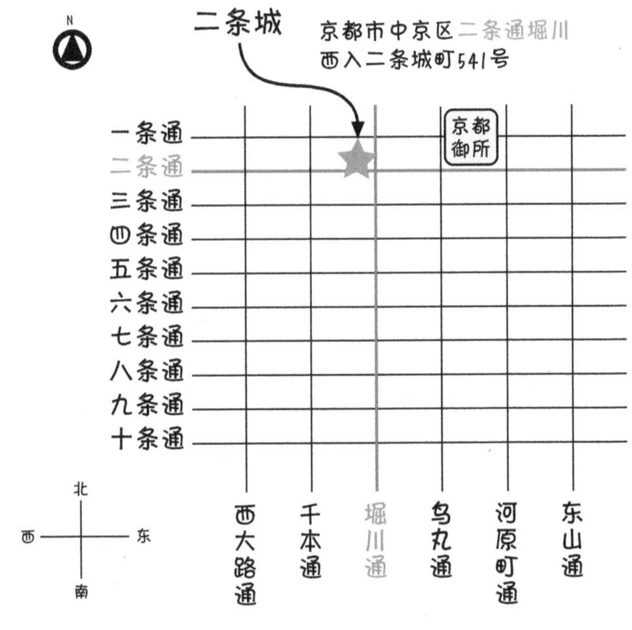

图 6.4　京都的大致地图（京都的各位，请原谅）

所谓直角坐标，就是通过纵轴和横轴的坐标来表示位置。京都的情况是，东西的道路从北开始依次被命名为京都御所起的一条通、二条通、…十条通。南北的道路从西开始依次被命名为大路通、千本通、…东山通[一]。根据这个纵向和横向的街道名称，可以标记出各种地方的地址（位置）。例如，从图 6.4 的地图来看，二条城位于二条通和堀川通的交汇处。在京都自古以来的居住标记中，将其标记为“二条通堀川”。实际上，二条城的地址是“京都市中京区二条通堀川西入二条城町 541 号”[二]。

例　**在图 6.5 的直角坐标中，点 A 的坐标是（7，5）。如果这个直角坐标是复平面（横轴是实轴，纵轴是虚轴），那么这个点就可以用 7 + j5 来表示。**

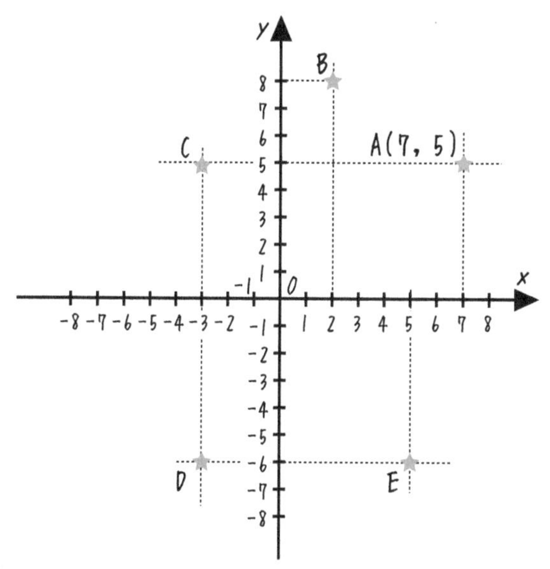

图 6.5　**直角坐标表示的坐标**

问题 6-1　求出图 6.5 的点 B、C、D、E 的坐标。　答案在 P.291

[一] 还有更细致的街道名称。
[二] 在街道的名称下面写上“西入”等更详细的表示。这个部分表示的是街道交叉的位置。“上”是交叉的北侧，“下”是交叉的南侧，“西入”是交叉的西侧，“东入”是交叉的东侧。另外，“二条城町 541 号”是新的居住标记。“二条通川西入”和“二条城镇 541 号”指的是同一地址，现在使用的是后者，但自古以来的居住标记也被频繁使用。

接下来，我们用东京地图来说明极坐标。如图 6.6 所示，东京的道路构造与京都不同，东京是以皇居为中心的环状道路。从内侧到内堀通、外堀通、…、明治通。环状道路之间由放射状延伸的道路连接。六本木通和新宿通等。

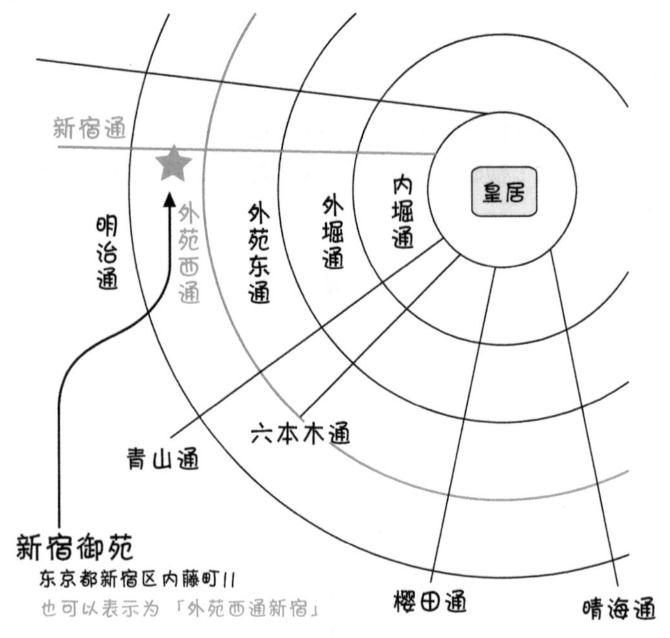

图 6.6　东京的大致地图（东京的各位，请原谅）

不像京都的道路是纵横棋盘，但是这样的道路系统也能到达想去的任何地方[㊀]。也就是说，地图上的任何位置都可以用环状道路的名称和放射状道路的名称来标记。例如，新宿御苑位于外苑西通和新宿通的交汇处，所以标记为“外苑西通新宿”也能确定地点。不过，在东京，从一开始就用町名来表示居住标记，新宿御苑就使用了“东京都新宿区内藤町 11”的居住标记。

极坐标像东京的地图一样。表示方法是用极径（指原点到点的距离）和极角（指点与极轴的夹角）来表示坐标的。如图 6.7 所示，横轴 x 轴的坐标为 x，纵轴 y 轴的坐标为 y，其坐标（x, y）是直角坐标，我们用极坐标来表示的话。（x, y）的坐标与原点 0 的距离为 r，x 轴正方向的角度为 θ，那么，极坐标被标记为（r, θ）

㊀ 但是，环状道路内侧的车辆密度比外侧的高，容易造成堵塞。

另外，θ 的角度可以用弧度法或度数法表示。通过自由移动 r 和 θ，这个平面上的任何一点都可以用 r 和 θ 这两个值来表示。在东京的地图上，r 相当于环状街道的名称，θ 相当于放射状街道的名称。

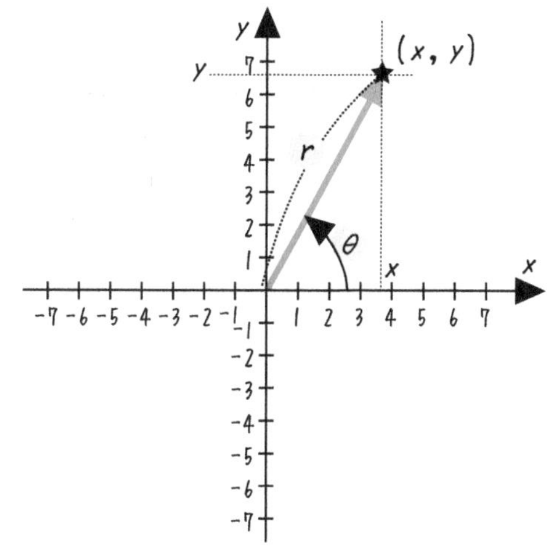

图 6.7　直角坐标和极坐标

例　**在图 6.8 的极坐标中，点 A 离中心的距离 r 为 40，x 轴的角度为 $\frac{2\pi}{3}$(120°)，因此为 $40\angle\frac{2\pi}{3}$。**

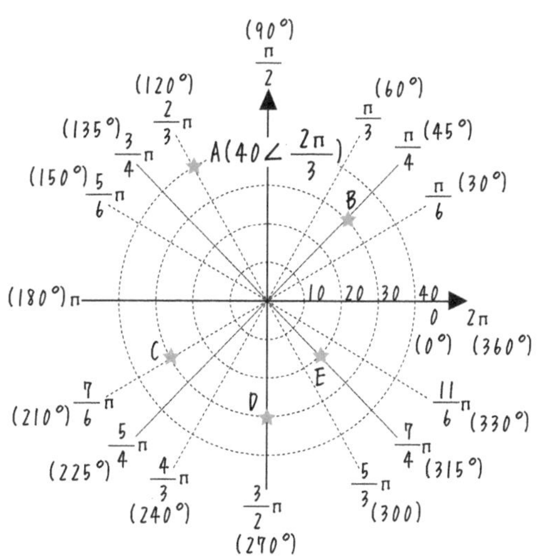

图 6.8　用极坐标表示的坐标

问题 6-2　求出图 6.8 中点 B、C、D、E 的坐标。

答案在 P.291

难易度 ★★★☆☆

6-4 ▶ 坐标的变换

~ 三角函数大显身手 ~

无论是直角坐标还是极坐标，相同的位置都可以用不同的坐标表示。在这里，同一个点可以用直角坐标表示，也可以用极坐标表示，两者可以互相转换。

由于极坐标与旋转的角度有关，所以在变换时常使用三角函数[一]。图 6.9 所示的★点可以用直角坐标 (x, y)、极坐标 (r, θ) 表示，试着互相转换一下吧。另外，如果坐标是二维平面，直角坐标 (x, y) 也可以用复数 $x + jy$ 表示[二]。

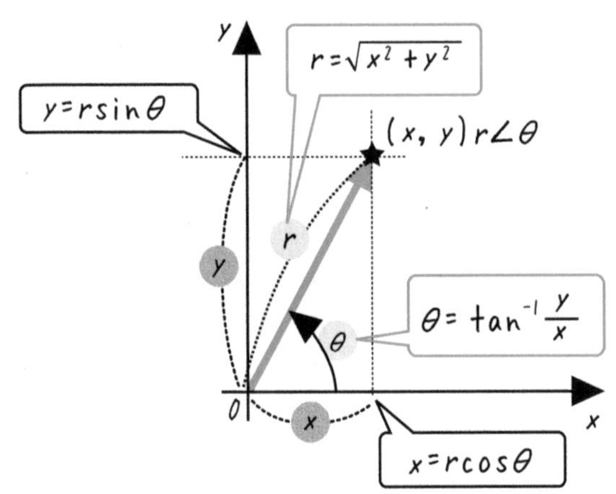

图 6.9 **直角坐标与极坐标的变换**

○极坐标→直角坐标

假设★的坐标为极坐标 (r, θ)，试着将其转换为直角坐标。根据三角函数的定义，

$$\cos\theta = \frac{x}{r}、\quad \sin\theta = \frac{y}{r}$$

两边乘以 r，左右交换，得到：

㊀ 关于三角函数，参照 5-5~5-13 节。

㊁ 超过三维就不能用复数来表示坐标上的点。但是，正交坐标和极坐标都可以在三维以上的一般维度上处理坐标。

$$x = r\cos\theta、y = r\sin\theta$$

这就是变换的公式。总结起来，可以这样写：

$$r \angle \theta = (r\cos\theta, r\sin\theta) = r\cos\theta + \mathrm{j}\, r\sin\theta$$

○直角坐标→极坐标

现在反过来，假设★的坐标是直角坐标 $(x, y) = x + \mathrm{j}y$，试着把它转换成极坐标。根据勾股定理，得到：

$$r = \sqrt{x^2 + y^2}$$

另外，从三角函数的定义

$$\tan\theta = \frac{y}{x}$$

但是，我们想求的是θ，所以要使用反三角函数，就是三角函数的逆函数[㊀]，三角函数是从角度得出圆上的坐标的比，而反三角函数是从圆上的坐标的比得出角度。具体来说，

$$\sin\theta = \frac{y}{r}、\cos\theta = \frac{x}{r}、\tan\theta = \frac{y}{x}$$

被定义为

反正弦函数　　　反余弦函数　　　反正切函数

$$\sin^{-1}\frac{y}{r} = \theta \qquad \cos^{-1}\frac{x}{r} = \theta \qquad \tan^{-1}\frac{y}{x} = \theta$$

这样的话，$\sin^{-1}$、$\cos^{-1}$、$\tan^{-1}$中的任意一个都可以，但是在含有r的$\sin^{-1}$、$\cos^{-1}$的公式中，必须先求出$r = \sqrt{x^2 + y^2}$才能使用。即使不求r，只想知道角度的情况下，只要有x和y的值（即已知直角坐标）就可以了，所以一般用$\tan^{-1}$求角度。

总结起来，可以这样写：

$$(x, y) = x + \mathrm{j}y = \sqrt{x^2 + y^2} \angle \tan^{-1}\frac{y}{x}$$

㊀ 关于逆函数，参照5-1节。

▶【坐标变换的总结】

极坐标→直角坐标 $r \angle \theta = (r\cos\theta, r\sin\theta) = r\cos\theta + \mathrm{j}\, r\sin\theta$

直角坐标→极坐标 $(x, y) = x + \mathrm{j}y = \sqrt{x^2+y^2} \angle \tan^{-1}\dfrac{y}{x}$

○复数使用的符号

这里介绍一下方便的符号 $|z|$, $\arg(z)$, $\mathrm{Re}(z)$，$\mathrm{Im}(z)$。

复数 $z = x + \mathrm{j}y$ 距离原点的长度为 $|z|$，这就是复数的绝对值[㊀]。图 6.9 的情况是 $|z| = r = \sqrt{x^2+y^2}$。另外，复数 z 表示的点与 x 轴正方向的夹角称为偏角，标记为 $\arg(z)$。符号 arg 来自英语的偏角 argument。在图 6.9 中，$\arg(z) = \theta = \tan^{-1}\dfrac{y}{x}$。使用这些符号，可以将 $z = x + \mathrm{j}y$ 所表示的直角坐标简化为如下所示：

$$z = x + \mathrm{j}y = \sqrt{x^2+y^2} \angle \tan^{-1}\frac{y}{x} = |z| \angle \arg(z)$$

另外，复数 $z = x + \mathrm{j}y$ 的实部记为 $x = \mathrm{Re}(z)$、虚部记为 $y = \mathrm{Im}(z)$。

$$|z| = \sqrt{x^2+y^2} = \sqrt{[\mathrm{Re}(z)]^2 + [\mathrm{Im}(z)]^2}\text{、}\quad \arg(z) = \tan^{-1}\frac{y}{x} = \tan^{-1}\frac{\mathrm{Im}(z)}{\mathrm{Re}(z)}$$

这样的标记，就可以不依赖于复数的实部和虚部 x、y，只用复数 z 这个符号就可以进行各种各样的标记。

● 例 **图 6.10 中的点 A 是直角坐标 $(3，3\sqrt{3})$，将其变换为极坐标，变成**

$$r = \sqrt{x^2+y^2} = \sqrt{3^2+(3\sqrt{3})^2} = \sqrt{9+9\cdot 3} = \sqrt{36} = 6$$

$$\theta = \tan^{-1}\frac{y}{x} = \tan^{-1}\frac{3\sqrt{3}}{3} = \tan^{-1}\sqrt{3} = \frac{\pi}{3}$$

总结起来，变成这样：

$$r\angle\theta = 6\angle\frac{\pi}{3}$$

㊀ 不仅限于复数，绝对值表示距离原点的长度。

这里，反三角函数$\tan^{-1}\sqrt{3}$的值参见三角函数的表 5.5(参照第 5 章)，在第一象限中找出$\tan\theta=\sqrt{3}$的角度 θ，得到$\theta=\frac{\pi}{3}(60°)$。如果是表中没有的值，可以用数表或函数计算器计算出近似值。

例　反之，当点 A 在极坐标$6\angle\frac{\pi}{3}$处给定时，将其变换为直角坐标，变成

$$x=r\cos\theta=6\cos\frac{\pi}{3}=6\cdot\frac{1}{2}=3$$

$$y=r\sin\theta=6\sin\frac{\pi}{3}=6\cdot\frac{\sqrt{3}}{2}=3\sqrt{3}$$

综上所述，$x+\mathrm{j}y=3+\mathrm{j}3\sqrt{3}$

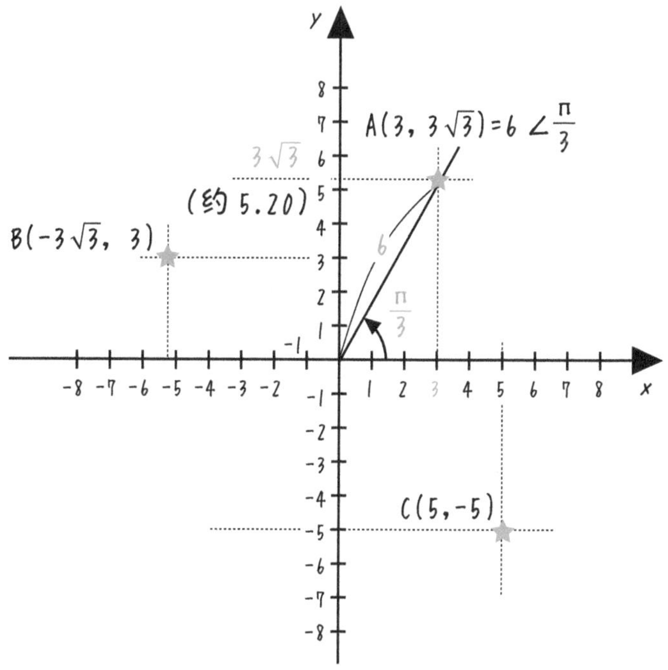

图 6.10　直角坐标→极坐标的变换

问题 6-3　在图 6.10 中，试着将点 B、C 的直角坐标转换为极坐标。

答案在 P.291~292

6 复数

难易度 ★☆☆☆☆

6-5 ▶ 复数的计算①：直角坐标

~最后 $j^2=-1$~

▶【复数的计算】

当作普通字符式计算，最后利用 $j^2=-1$。

熟能生巧，按照上面的方法不断尝试吧。例如，$z_1=6+j8$、$z_2=3-j4$，请进行四则运算。

① 加法

$$z_1+z_2=(6+j8)+(3-j4)$$
$$=(6+3)+j(8-4)=9+j4$$

把 j 当成一个文字，前面是实部，后面是虚部。

② 减法

$$\begin{aligned}z_1-z_2&=(6+j8)-(3-j4)\\&=(6+j8)-3+j4\\&=(6-3)+j(8+4)\\&=3+j12\end{aligned}$$

与①基本相同，但要注意下划线部分去掉括号时的负号。

③ 乘法

$$\begin{aligned}z_1z_2&=(6+j8)(3-j4)\\&=6\cdot3+6\cdot(-j4)+j8\cdot3+j8\cdot(-j4)^{㊀}\\&=18-j24+j24-j^2 32\\&=18+j(-24+24)-(-1)\cdot32^{(\star)}\\&=18+32=50\end{aligned}$$

㊀ 公式 $(A+B)(C+D)=A(C+D)+B(C+D)=AC+AD+BC+BD$。这个公式的左边是用 $(A+B)(C+D)$ 即外侧的长度求出右图的长方形的面积，公式的右边是 4 个小长方形面积的合计，为 $AC+AD+BC+BD$。

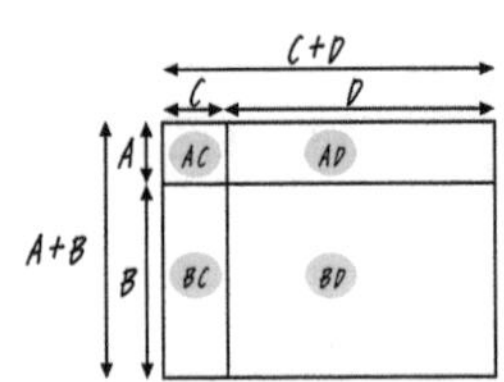

（★）两个复数相乘仍是复数，类似两个多项式相乘，运用前面的结论 $j^2=-1$，将实部与虚部合并，便是结果。

③ 共轭复数相乘

在复数 $z=x+jy$ 中，将虚部的符号取反后的 $\bar{z}=x-jy$ 称为 z 的共轭复数或复共轭。共轭复数相乘 $z\bar{z}$，在除法中使用很方便，在此介绍一下。

$$
\begin{aligned}
z\bar{z} &= (x+jy)(x-jy) \\
&= x^2-(jy)^2\,^{㊀} = x^2-j^2y^2 \\
&= x^2-(-1)y^2 = x^2+y^2 = |z|^2
\end{aligned}
$$

也就是说，复共轭和原来的复数相乘等于这个复数的绝对值的二次方。另外，绝对值表示距离原点的长度㊁，所以是非负的实数。

④ 除法

这需要一点技巧。用分数的分母和分子同时乘以分母的共轭复数。

$$
\begin{aligned}
\frac{z1}{z2} = \frac{6+j8}{3-j4} &= \frac{(6+j8)}{(3-j4)}\frac{(3+j4)}{(3+j4)} \\
&= \frac{6\cdot 3+6\cdot j4+j8\cdot 3+j8\cdot j4}{3^2+4^2} = \frac{-14+j48}{25} = \frac{-14}{25}+j\frac{48}{25}
\end{aligned}
$$

[ ] 中的分母 $3-j4$ 乘以复共轭 $3+j4$。于是，分母变为实数，得出的答案是“实部 $\left(\frac{-14}{25}\right)$ + j虚部 $\left(\frac{48}{25}\right)$”的复数。

问题6-4 当 $z_1=-6+j8$，$z_2=3+j4$ 时，求出以下各值。

（1）z_1+z_2　（2）z_1-z_2　（3）z_1z_2　（4）$z_2\bar{z}_2$　（5）$\frac{z_1}{z_2}$

答案在 P.292

㊀ 展开的公式 $(A+B)(A-B)=A^2-B^2$，则 $A=x$，$B=jy$。

㊁ 参照 6-4 节。

难易度 ★★★★★

6-6 ▶ 复数的计算②：极坐标

~ 跟指数类似 ~

▶【极坐标的乘法和除法】

① 乘法： 长度相乘， 角度相加

$$(r_1 \angle \theta_1)(r_2 \angle \theta_2) = r_1 r_2 \angle (\theta_1 + \theta_2)$$

②除法： 长度相除， 角度相减

$$\frac{r_1 \angle \theta_1}{r_2 \angle \theta_2} = \frac{r_1}{r_2} \angle (\theta_1 - \theta_2)$$

和指数法则非常相似。其理由用 6-7 节来说明。

$$A^a A^b = A^{a+b} \text{（乘法是指数的加法）}$$

$$\frac{A^a}{A^b} = A^{a-b} \text{（除法是指数的减法）}$$

● 例 $z_1 = 6\angle\frac{\pi}{6}$，$z_2 = 2\angle\left(-\frac{\pi}{3}\right)$。

$$z_1 z_2 = \left(6\angle\frac{\pi}{6}\right)\left[2\angle\left(-\frac{\pi}{3}\right)\right] = 6 \cdot 2\angle\left[\frac{\pi}{6} + \left(-\frac{\pi}{3}\right)\right] = 12\angle\left(-\frac{\pi}{6}\right)$$

$$\frac{z_1}{z_2} = \frac{\left(6\angle\frac{\pi}{6}\right)}{\left[2\angle\left(-\frac{\pi}{3}\right)\right]} = \frac{6}{2}\angle\left[\frac{\pi}{6} - \left(-\frac{\pi}{3}\right)\right] = 3\angle\frac{\pi}{2}$$

用极坐标表示的话，乘法和除法非常方便。因此，如果在极坐标下进行复数的加法和减法运算时，只要将其转换到直角坐标系下进行就很轻松了。极坐标适合乘法、除法的表示，直角坐标适合加法、减法的表示。

问题 6-5 当 $z_1 = 10 \angle 60°$，$z_2 = 5 \angle 30°$ 时，求下面各式的值。

（1）$z_1 z_2$ （2）$\frac{z_1}{z_2}$ （3）$z_1 + z_2$ （4）$z_1 - z_2$

答案在 P.292~293

① 乘法的证明

试着转换成直角坐标来计算吧。

$$
\begin{aligned}
&(r_1 \angle \theta_1)(r_2 \angle \theta_2)\\
&=(r_1 \cos\theta_1 + \mathrm{j}r_1 \sin\theta_1)(r_2 \cos\theta_2 + \mathrm{j}r_2\sin\theta_2)\\
&= r_1 \cos\theta_1 \cdot r_2 \cos\theta_2 + r_1 \cos\theta_1 \cdot \mathrm{j}\, r_2 \sin\theta_2\\
&+ \mathrm{j}r_1 \sin\theta_1 \cdot r_2 \cos\theta_2 + \mathrm{j}r_1 \sin\theta_1 \cdot \mathrm{j}r_2 \sin\theta_2\\
&= \underbrace{r_1 r_2(\cos\theta_1 \cos\theta_2 - \sin\theta_1 \sin\theta_2)}_{\text{实部}}\\
&\underbrace{+\mathrm{j}r_1r_2(\sin\theta_1 \cos\theta_2 + \cos\theta_1\sin\theta_2)}_{\text{虚部}}
\end{aligned}
$$

这里，三角函数的加法定理[㊀]

$$
\begin{aligned}
\sin(A + B) &= \sin A \cos B + \cos A \sin B\\
\cos(A + B) &= \cos A \cos B - \sin A \sin B
\end{aligned}
$$

得

$$
\begin{aligned}
(\text{实部}) &= r_1 r_2 \cos(\theta_1 + \theta_2)\\
(\text{虚部}) &= r_1 r_2 \sin(\theta_1 + \theta_2)
\end{aligned}
$$

也就是说， 乘法 $(r_1 \angle \theta_1)(r_2 \angle \theta_2)$ 的结果是， 这个长度是 r_1r_2， 偏角是 $(\theta_1 + \theta_2)$。 因此，

$$
(r_1 \angle \theta_1)(r_2 \angle \theta_2) = r_1 r_2 \angle (\theta_1 + \theta_2)
$$

(证明结束)。

问题6-6 ②请读者试着证明除法。

提示 用分母的复共轭乘以分母和分子。然后使用加法定理。

$$
\begin{aligned}
\sin(A - B) &= \sin A \cos B - \cos A \sin B\\
\cos(A - B) &= \cos A \cos B + \sin A \sin B
\end{aligned}
$$

答案在 P.293~294

㊀ 参照 5-13 节。$A=\theta_1$，$B=\theta_2$，将加法定理的右边换成左边。

6-7 ▶ 欧拉公式

~ 指数函数和三角函数的相遇 ~

欧拉是德国伟大的一位数学家，是真正的天才。下面介绍这位天才发现的欧拉公式。

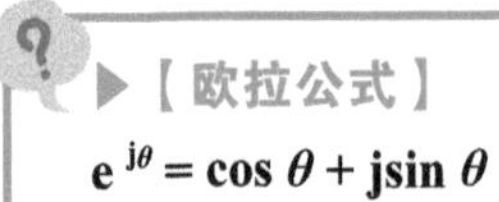

▶【欧拉公式】

$e^{j\theta} = \cos\theta + j\sin\theta$

这里 e 是自然对数的底，或者称为纳皮尔的常数，

$$e = \underbrace{\left(1+\frac{1}{n}\right)^n}_{\text{用这个公式，让 } n \text{ 无限放大}} = 2.7182818284\cdots$$

是被确定的。在中间的公式中，有一种想法是“将 n 无限放大”，这将在第 7 章提到的“极限”中进行详细说明。这里 e 是 2.7182818284⋯这样的常数，它和圆周率 $\pi = 3.1415926535\cdots$一样重要。

欧拉公式左边是指数函数，右边是三角函数。而且，指数函数的右上角是虚数 $j\theta$。这里重要的是，如果将指数函数扩展到复数，就会与三角函数联系在一起。

让我们用图片来观察欧拉公式。如图 6.11 所示，在复平面上取 $e^{j\theta} = \cos\theta + j\sin\theta$ 时，实轴为 $\cos\theta$，虚轴为 $\sin\theta$ 的点就是 $e^{j\theta}$ 的坐标。用极坐标表示的话就是 $1\angle\theta$，即长度为 1，偏角为 θ。要将这个长度乘以 r，就需要把整个复数乘以 r，得到 $re^{j\theta} = r\cos\theta + jr\sin\theta$，在极坐标下是 $r\angle\theta$。

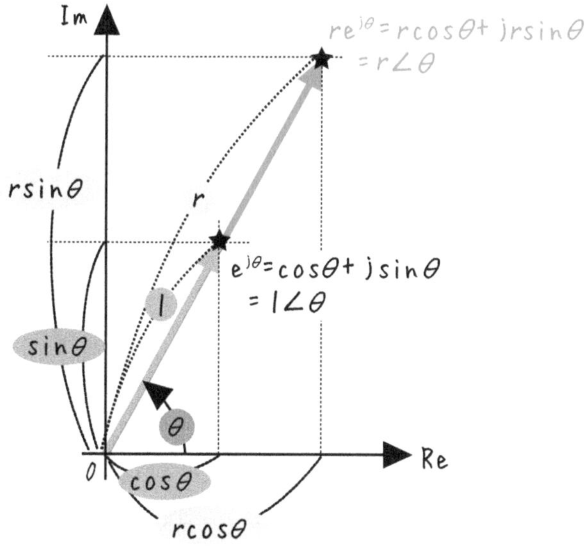

图 6.11　$e^{j\theta}$ 和 $re^{j\theta}$ 的坐标

综上所述，用指数表示的复平面上的点 $re^{j\theta}$ 与 $r\angle\theta$ 相同。使用这个指数的表示叫做指数表示。到目前为止，我们已经通过直角坐标、极坐标、指数来表示复数了。对这三种表示方法总结如下。

▶【直角坐标、极坐标、指数表示】

直角坐标表示： $z=x+\mathrm{j}y$

极坐标表示： $z=r\angle\theta$

指数表示： $z=re^{\mathrm{j}\theta}$

通过指数表示，我们可以知道为什么极坐标的乘法和除法与指数定律非常相似。

$z_1=r_1\angle\theta_1=r_1e^{j\theta_1}$、 $z_2=r_2\angle\theta_2=r_2e^{j\theta_2}$。

$$z_1z_2=r_1e^{j\theta_1}r_2e^{j\theta_2}=r_1r_2e^{j\theta_1+j\theta_2}=r_1r_2e^{j(\theta_1+j\theta_2)}=r_1r_2\angle(\theta_1+\theta_2)$$

$$\frac{z_1}{z_2}=\frac{r_1e^{j\theta_1}}{r_2e^{j\theta_2}}=\frac{r_1}{r_2}\frac{e^{j\theta_1}}{e^{j\theta_2}}=\frac{r_1}{r_2}e^{j(\theta_1-\theta_2)}=\frac{r_1}{r_2}\angle(\theta_1+\theta_2)$$

像这样，将欧拉公式用指数表示，就可以利用指数法则，很容易地得到 6-6 节的证明。

COLUMN 苍蝇和直角坐标

欧拉公式 $e^{j\theta}=\cos\theta+j\sin\theta$，若 $\theta=\pi$，则 $e^{j\pi}=\cos\pi+j\sin\pi=-1+j0=-1$。把 -1 移到左边就能得到 $e^{j\pi}+1=0$。这被称为欧拉方程式，欧拉自己评价说："我不知道这个等式的意思。"

你知道是什么意思吗？这个公式包含了数学上重要的 5 个常数。

（1）自然对数的底 e = 271828···。

（2）圆周率 π = 314159···。

（3）虚数单位 $j=\sqrt{-1}$。

（4）1。

（5）0。

就是这 5 个。（4）中的 1，就像 $a\cdot 1=1\cdot a=a$ 那样，无论乘以什么都是原来的数，是乘法运算上的基本数 (专业上称为单位元)。（5）中的 0 是 $a+0=0+a=a$，无论加上什么都是原来的数，是加法运算的基本数 (单位元)。

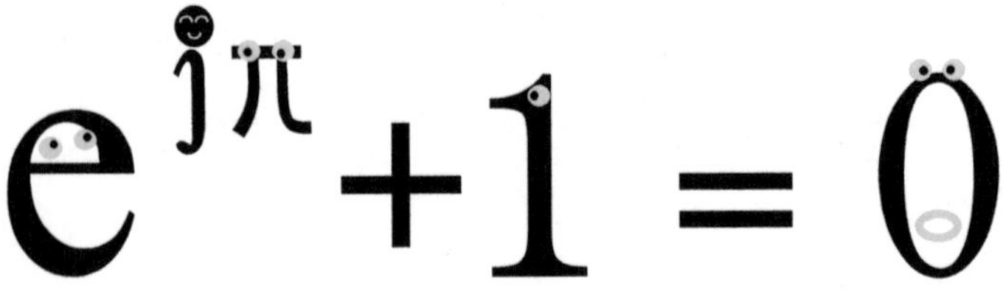

$$e^{j\pi}+1=0$$

第7章

微分·积分

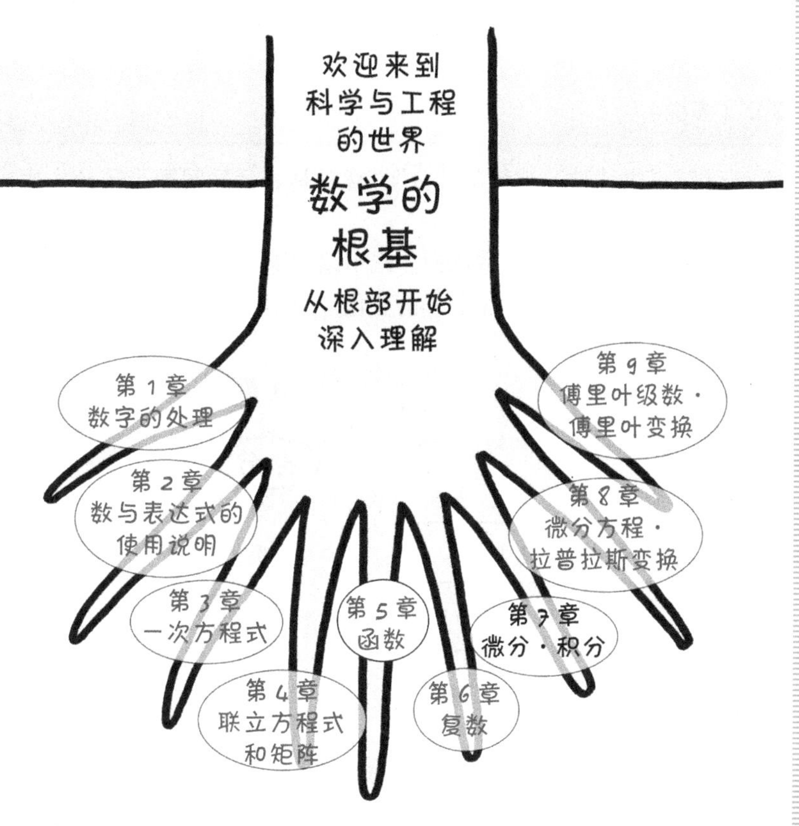

从这一章开始，内容会变得更加高深，但也因此收获颇丰。特别是微积分，说是近代科学的智慧也不为过，一定要掌握哦。

7-1 ▶ 微分是指①：微分的意思

~变化了多少呢~

一听到微分，很多人都会先入为主地认为很难理解。微分的概念和思考方式其实很简单，它的应用范围非常广泛，而且经常出现在各种难题中。也许正是因为这样，微分才会让人们觉得很难。在这里，首先请大家了解一下微分是什么。

▶【微分】

变化了多少。

微分可以写成“微”小的部“分”，意思是表示瞬间微小部分发生多大变化的量。

图 7.1 是有一辆车在行驶的画面。汽车以一定的速度（1 · m/s）行驶。这时，要调查车辆的位置发生了怎样的变化。

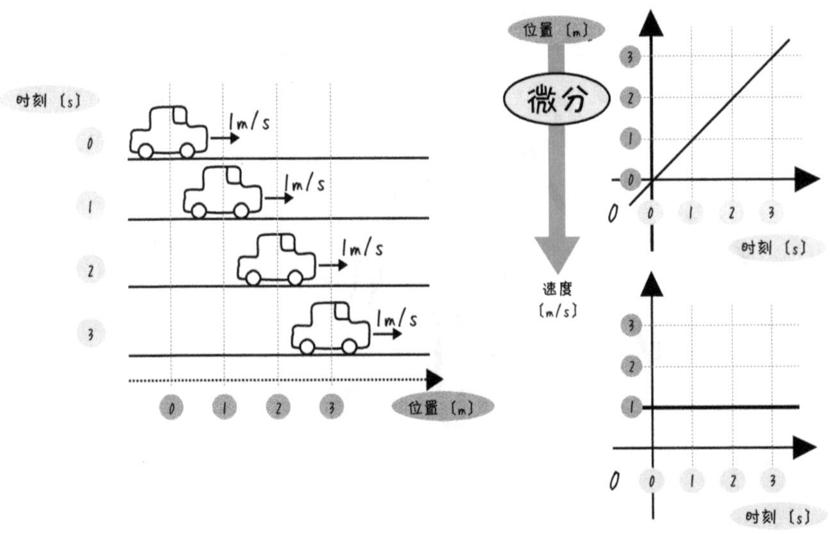

图 7.1 速度（= 位置的变化）一定时

汽车总是以 1m/s 的速度前进。所以，车的位移每增加 1m，此时时间和位置的关系就如图 7.1 右上所示。随着时间的推移，位移的值越来越大；另一方面，速度相对于时间是恒定的。时间和速度的关系如图 7.1 右下方所示。

接下来，我们来看一下如果车速越来越快的情况。图 7.2 中有一辆逐渐加速的汽车。假设汽车的最初速度为 1m/s, 每秒加速 1m/s。这时，需要调查车辆的位置是如何变化的。

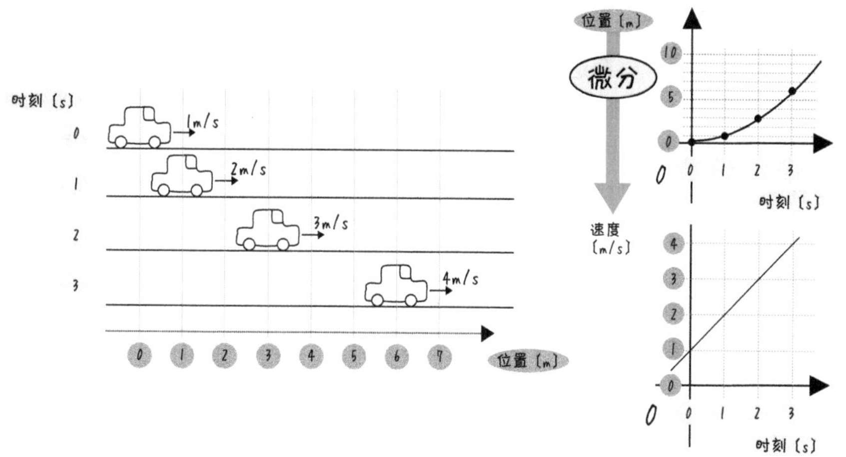

图 7.2　**速度（= 位置的变化）以一定比例增加时**

由于车速不断增加，位置变化的量也在不断增加。如果将时间和位置的关系做成图表，如图 7.2 右上角所示，位置的变化越来越大；另一方面，速度相对于时间以一定的比例增加。时间和速度的关系如图 7.2 右下方所示。

在这里，让我们用数学语言巧妙地表示“位置”和“速度”的关系。“位置”在单位时间内的变化程度就是“速度”。在数学的专业术语中，“微分”是指计算每个瞬间微分量的变化程度的操作。也就是说，“位置”这个量用“时间”来微分的话，就是“速度”这个量。

难易度 ★★★★★

7-2 ▶ 微分是指②：微分的值

～此时某个瞬间的变化比率～

▶【微分的值：导数】

瞬间的变化比率。

在 7-1 中介绍了微分的含义。将“位置”这个“量”用时间来微分的话，就是“速度”。在这里说明一下“微分”这个操作，如图 7.3 所示，位置的微分是否真的能产生速度。需要注意的是，在各个时间点，位置和速度的值都在时刻发生变化。也就是说，无论是微分得到的值，还是被微分得到的值，都是时时刻刻在变化的量。

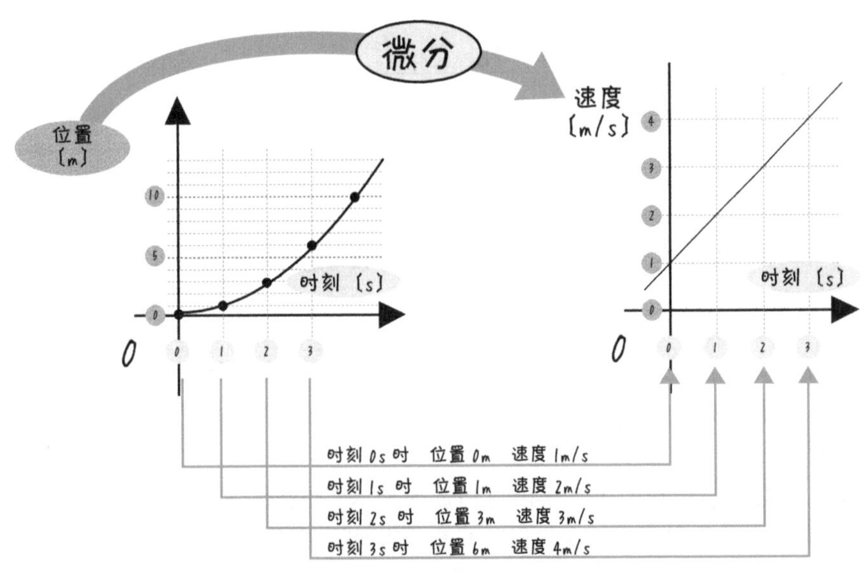

图 7.3 **位置用时间来微分就是速度**

那么，我来说明一下，时刻变化的“位置”和“速度”的微分是如何决定的。大致来说，微分是表示“发生了多少变化”的量，但必须表示“每时每刻、每一瞬间都在发生着多少变化”。

在每时每刻的变化之前，先看一下一定时间间隔的变化吧。如图 7.4 所

示，考虑点☆1与点☆2之间的变化比率。首先，在左端，

$$〔点☆1与点☆2之间的时刻〕= 3s - 0s = 3s$$

$$〔点☆1与点☆2之间的位置〕= 6m - 0m = 6m$$

所以

$$\frac{〔点☆1与点☆2之间的时刻〕}{〔点☆1与点☆2之间的位置〕} = \frac{6m}{3s} = 2m/s$$

变成这样。这个值被称为“时刻 0s 到 3s 的平均变化率”。平均变化率表示的是在一定区间内的变化比率。

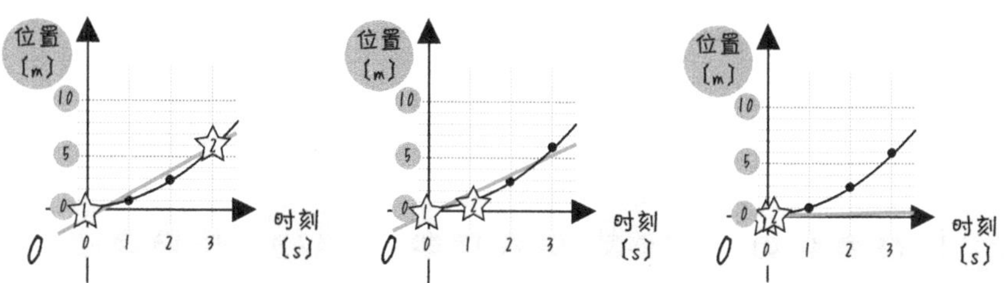

图 7.4　平均变化率和导数（以时刻 0s 为起点）

那么如图 7.4 所示，让点☆2逐渐靠近点☆1吧。

这样一来，连接点☆2和点☆1的直线就会越来越接近点☆1处的切线。这个切线的斜率意味着点☆1处的瞬时变化量，也就是微分的值。这个值被称为点☆1处的导数。

同样，其他任何点都可以决定导数。在图 7.5 中，以时间 2s 为起点来求☆1处的导数吧。

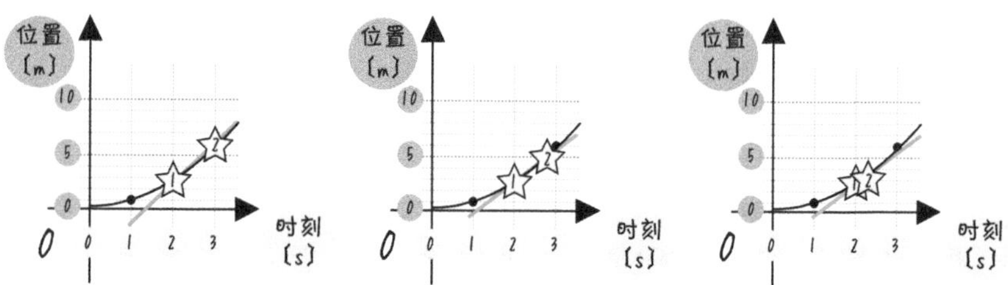

图 7.5　平均变化率和导数（以时刻 2s 为起点）

难易度 ★★☆☆☆

7-3 ▶ 微分是指③：微分的标记

~ 总之就是除法 ~

前面我们用图画表示了“微分”，这里试着用公式来表示。

> ▶【微分的写法：一种广义上的除法】
>
> **y 的微小变动 (Δy) 与 x 的微小变动 (Δx) 的比值。**

当时间 t 的位置为 $y(t)$ 时，时刻 t_A 处的导数有以下四种写法㊀

$$y'(t_A) \quad \left.\frac{\mathrm{d}y}{\mathrm{d}t}\right|_{t=t_A} \quad \frac{\mathrm{d}y}{\mathrm{d}t}(t_A) \quad \dot{y}(t_A)$$

本书也会根据不同的情况采用不同的写法。

图 7.6 是函数 $y = y(t)$ 的图表。试着用公式写出 $t = t_A$ 时的导数。首先，连接 $t = t_B$ 处的点☆2和 $t = t_A$ 处的点☆1形成的直线，其斜率为

$$\frac{y(t_B) - y(t_A)}{t_B - t_A}$$

被称为从 t_A 到 t_B 的平均变化率。t_B 接近 t_A 的过程称为“$t_B \to t_A$”，该过程称为“取极限”，简称「$\lim\limits_{t_B \to t_A}$」。这个值被称为极限值。符号 lim 来自极限的英语 limit。使用这个符号，导数是

$$y'(t_A) = \lim_{t_B \to t_A} \frac{y(t_B) - y(t_A)}{t_B - t_A}$$

可以用等式表示。或者，如图 7.6 所示，假设 $t_B - t_A = \Delta t$，$\Delta t \to 0$ 也一样，此时 $t_B = t_A + \Delta t$。

$$y'(t_A) = \lim_{\Delta t \to 0} \frac{y(t_A + \Delta t) - y(t_A)}{\Delta t}$$

㊀ 日本人经常把「 」这个符号读成“dash”，但世界通用的读法是“prime”。另外，$\frac{\mathrm{d}y}{\mathrm{d}t}$不是文字式的 d，而是表示微分的“d”，读法也是「でぃ－わい－でぃ－てぃ－」，分数中把分子部分放在前面，分母放在后面。另外，在这之后的数学公式中，还有更复杂的表示法。这样的话几乎没有读法的说明了。数学公式不是为了口述而是为了记述而存在的，所以读法并不重要，只要能传达就没有太大问题。例如，$\left.\frac{\mathrm{d}y}{\mathrm{d}t}\right|_{t=t_A}$ 可以读成 dydt 在 $t = t_A$ 处的值，也可以读成“dydt 在 $t = t_A$ 处的导数”，还可以读成“$t = t_A$ 处的 dydt”等。不用在意读法的统一。

即使这样也没关系。这个叫作 Δ(delta)，也是希腊字母，是添加在字符式前面的符号，表示“值很小”，这个字母本身并没有值。

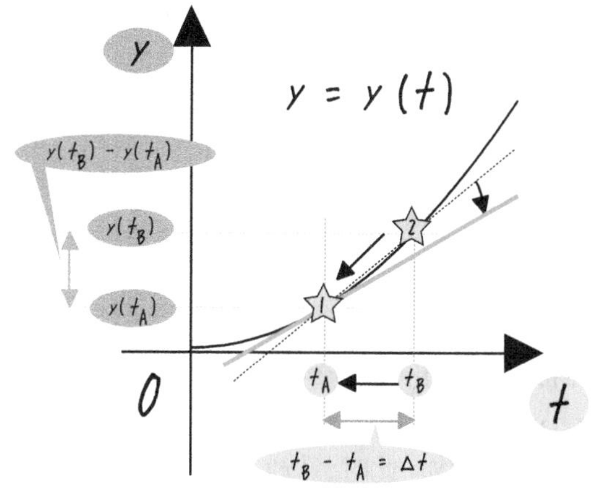

图 7.6 **导数的立式**

● 例 **导数可以用公式表示，我们来求一下 $y(t)=t^2$ 在 $t=t_A$ 处的导数。**

答

$$
\begin{aligned}
y'(t_A) &= \lim_{\Delta t\to 0}\frac{y(t_A+\Delta t)-y(t_A)}{\Delta t} = \lim_{\Delta t\to 0}\frac{(t_A+\Delta t)^2-t_A^2}{\Delta t} \\
&= \lim_{\Delta t\to 0}\frac{t_A^2+2t_A\Delta t+(\Delta t)^2-t_A^2}{\Delta t} = \lim_{\Delta t\to 0}\frac{2t_A\Delta t+(\Delta t)^2}{\Delta t} \\
&= \lim_{\Delta t\to 0}(2t_A+\Delta t) \Leftarrow \text{这里设 } \Delta t \to 0 \\
&= 2t_A + 0 = 2t_A
\end{aligned}
$$

问题 7-1 当 $y=t^3$ 时，求出 $y'(t_A)$。

提示 $(X+Y)^3 = X^3+3X^2Y+3XY^2+Y^3$

答案在 P.294

难易度 ★★☆☆☆

7-4 ▶ 微分的运算

~“函数→函数”是运算符~

▶【微分和导数】

求出所有导数的值，就是“微分”。

说明一下“导数”和“微分”的区别。例如，7-3 节的例子，求 $y = t^2$ 在 $t = t_A$ 处的导数，求出的 $y'(t_A) = 2t_A$。

这里并没有特别规定 t_A 是什么值，说明什么值都可以。也就是说，可以将 t_A 换成 t，$y'(t) = 2t$。就像 $y'(t)$ 一样，当我们知道所有变量取值的导数时，$y'(t)$ 也是 t 的函数。此时，“$y'(t)$ 是 $y(t)$ 对 t 的微分”。也就是说，在 7-3 节中没有特别指定 t_A 的值，所以在任何地方都已经知道了导数，并求出了“微分”。

用公式写的话，

$$y'(t) = \lim_{\Delta t \to 0} \frac{y(t+\Delta t) - y(t)}{\Delta t}$$

变成这样。只是用导数的公式把 t_A 换成 t 而已。$y(t)$ 用 t 来微分，

$$y'(t) \quad \frac{\mathrm{d}y}{\mathrm{d}t} \quad \frac{\mathrm{d}y}{\mathrm{d}t}(t) \quad \dot{y}(t)$$

等表示。另外，被微分的这些函数被称为导函数。

问题 7-2 当 $y = t^3$ 时，求导函数 y'。

答案在 P.294

▶【微分是算子】

算子是将函数转换成另一个函数的运算符。

将 $y(t)=t^2$ 的函数（二次函数）对 t 进行微分，就得到了 $y'(t)=2t$ 的另一个函数（一次函数）。对某个函数进行微分运算，就会得到另一个函数。由此可见，微分作为运算符发挥了作用。最容易理解的符号是$\dfrac{\mathrm{d}y}{\mathrm{d}t}$。

$$y=t^2、\ \frac{\mathrm{d}y}{\mathrm{d}t}=2t$$

但是

$$\frac{\mathrm{d}y}{\mathrm{d}t}=\frac{\mathrm{d}}{\mathrm{d}t}y=2t$$

这样写的话，看起来就像是「$\dfrac{\mathrm{d}}{\mathrm{d}t}$」这个运算符作用在 y 上生成了别的函数。

在第 5 章中，我们介绍了函数具有将一个数值转换成另一个数值的功能。同理，具有从函数到函数的转换功能的映射，称作运算符或算子㊀。

○**高次微分**

考虑反复进行微分的操作。对 $y(t)$ 进行微分后再进行一次微分，称为 **2 阶微分**，写作 $y''(t)$、$\dfrac{\mathrm{d}^2y}{\mathrm{d}t^2}$等。同样的，把 $y(t)$ 微分 n 次，称为 n 阶微分 $\dfrac{\mathrm{d}^ny}{\mathrm{d}t^n}$，或者写成 $y^{(n)}(x)$ 等。

● 例　$y(x)=x^3$ **的时候**

$y'(x)=3x^2$

$y''(x)=(y'(x))'=(3x^2)'=3(x^2)'=3(2x)=6x$

问题 7-3　当 $y(x)=x^3$ 时，求出 $y^{(3)}(x)$。

答案在 P.295

㊀ 在物理的量子力学领域被称为运算符，在数学领域多被称为算子。本书将其称为“算子”。另外，算子也可以更一般地理解为“从函数到函数的映射”。

7-5▶ 各种函数的导数

~ 熟能生巧 ~

这里介绍一下常用函数的导数。

▶【常用的导数】

① 幂函数 （x 的幂函数 x^n）

$$y(x)=x^n\rightarrow\frac{\mathrm{d}}{\mathrm{d}x}y=nx^{n-1}$$

①′ 常数函数

$$y(x)=c\rightarrow\frac{\mathrm{d}}{\mathrm{d}x}y=0$$

② 三角函数

$$y(x)=\sin x\rightarrow\frac{\mathrm{d}}{\mathrm{d}x}y=\cos x$$

$$y(x)=\cos x\rightarrow\frac{\mathrm{d}}{\mathrm{d}x}y=-\sin x$$

$$y(x)=\tan x\rightarrow\frac{\mathrm{d}}{\mathrm{d}x}y=\frac{1}{\cos^2 x}$$

③ 双曲线函数

$$y(x)=\sinh x\rightarrow\frac{\mathrm{d}}{\mathrm{d}x}y=\cosh x$$

$$y(x)=\cosh x\rightarrow\frac{\mathrm{d}}{\mathrm{d}x}y=\sinh x$$

$$y(x)=\tanh x\rightarrow\frac{\mathrm{d}}{\mathrm{d}x}y=1-\tanh^2 x=\frac{1}{\cos^2 x}$$

④ 指数函数、 对数函数

$$y(x)=\mathrm{e}^x\rightarrow\frac{\mathrm{d}}{\mathrm{d}x}y=\mathrm{e}^x$$

$$y(x)=\ln x\rightarrow\frac{\mathrm{d}}{\mathrm{d}x}y=\frac{1}{x}$$

用各个函数进行微分的话会怎样呢？我来解说一下意思。理解这些证明固然重要，但也要理解微分的意义。

① 幂函数

n 这个系数下降，x 的维度减少了 1 个，变成了 $n-1$。因为这是“微分除法”，所以是理所当然的。

$$\frac{\mathrm{d}y}{\mathrm{d}x}=\lim_{\Delta x\to x}\frac{y(x+\Delta x)-y(x)}{\Delta x}$$

像这样，用 Δx 进行除法。

①′ 常数函数

在①的特殊情况下，当 $n=0$ 时 $y(x)=x^0=1$，与 x 的值无关，都返回一定的值。其微分值也可以用公式①来说明，$y'(x)=0\cdot x^{0-1}=0$。这样的函数没有变化，绘制成图表时，它与横轴平行，切线的斜率为零。一般来说，常数函数的导数为零。

② 三角函数

这个是非常常用的。性质可以在 7-7 节中一边看图一边理解。为了进行微分计算，我们只需要知道这个结果。在电气的世界里，如果不知道“sin 的微分是 cos，cos 的微分是 −sin”，就好比没有海图就去航海一样。虽然没有海图也可以去附近的地方，但如果想去遥远的世界，海图是必不可少的。

③ 双曲线函数

读为 hyperbolic sine　读为 hyperbolic cosine　读为 hyperbolic tangent

$$\sinh x=\frac{e^x-e^{-x}}{2}\qquad \cosh x=\frac{e^x-e^{-x}}{2}\qquad \tanh x=\frac{\sinh x}{\cosh x}$$

这些被称为双曲线函数，用来表示电线张力造成的“垂挂”等现象。它们微分的性质和三角函数非常相似。

④ 指数函数、对数函数

这也是经常出现的微分。e 是 6-7 节中出现的自然对数的底（纳皮尔数）。取自然对数的底的指数函数的微分（e^x）′ 是原来的 e^x，这是极其重要的。

$\ln x$ 是 $\log_e x$ 的省略形式，也叫作自然对数。

难易度 ★★★☆☆

7-6 ▶ 微分的性质和计算

~ 技巧满载 ~

在进行微分计算时，介绍理论上重要的性质。

▶【微分的性质】

- $f(x)$、$g(x)$：可微分函数
- c：常数

※ 也可以省略函数的变量 x，只写 f 或 g。

① 加法和减法（线性）：加法和减法的微分是各个微分的加法和减法。常数倍的微分是微分的常数倍

$$(f(x)+g(x))'=f'(x)+g'(x) \qquad (cf(x))'=cf'(x)$$

② 积：分别“对其中一个进行微分，另一个保持不变”再求和

$$(fg)'=f'g+fg'$$

③ 商：注意减法的顺序

$$\left(\frac{g}{f}\right)=\frac{f'g-fg'}{g^2}$$

④复合函数：取函数的函数，如 $f(g(x))$。

就像俄罗斯套娃的构造

$$[f(g(x))]'=f'(g(x))g'(x)$$

$$\frac{\mathrm{d}f}{\mathrm{d}x}=\frac{\mathrm{d}f}{\mathrm{d}g}\cdot\frac{\mathrm{d}g}{\mathrm{d}x}$$

这样写的话，右边的 dg 看起来可以约分，容易理解

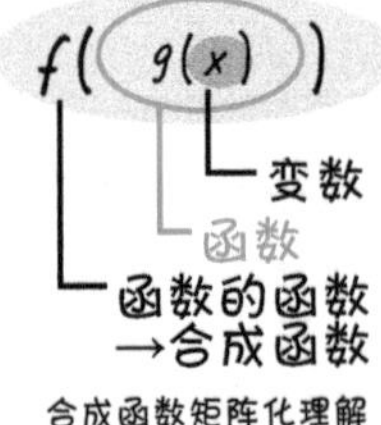

合成函数矩阵化理解

⑤ 反函数：将 $y=f(x)$ 的反函数设为 $x=f^{-1}(y)$，

$$(f^{-1})'(y)=\frac{1}{f'(x)}$$

例　$f(x) = 5\sin x + \sin(2x+\pi)$，求 $f'(x)$。

答　首先使用①

$$f'(x) = (5\sin x)' + (\sin(2x+\pi))'$$
$$= 5(\sin x)' + (\sin(2x+\pi))'$$

第 1 项是 $(\sin x)' = \cos x$、第 2 项是④ $g(h) = \sin h$、$h(x) = 2x+\pi$，如果 $g(h(x)) = g(2x+\pi) = \sin(2x+\pi)$。因此，

$$g'(h(x)) = \frac{dg}{dh}\frac{dh}{dx}(\sin(h))' \cdot \frac{d}{dx}(2x+\pi)$$
$$= \cos(h) \cdot [(2x)' + (\pi)']$$
$$= \cos(2x+\pi) \cdot (2+0) \Leftarrow \boxed{(x)' = 1、(c)' = 0}$$

由此，可以求出下面的公式。

$$f'(x) = 5\cos x + 2\cos(2x+\pi)$$

例　$f(x) = x\sin x$，求 $f'(x)$。

答　如果使用②

$$f'(x) = (x)'\sin x + x(\sin x)' = 1 \cdot \sin x + x\cos x$$
$$= \sin x + x\cos x$$

例　$f(x) = x\sin x$，求 $f'(x)$。

答　如果使用③

$$f'(x) = \frac{(\sin x)'x - \sin x(x)'}{x^2} = \frac{(\cos x)x - (\sin x)\cdot 1}{x^2}$$
$$= \frac{x\cos x - \sin x}{x^2}$$

问题 7-4　求下列微分

（1）$f_1(x) = 3(2x+1)^4$　（2）$f_2(x) = \sin(x^2)$

（3）$f_3(x) = \sin(kx+\theta)$　（4）$f_4(x) = \dfrac{x}{\ln x}$

答案在 P.295

难易度 ★★★★★

7-7 ▶ 导数和图表

~ 导数为零↔极值 ~

导数的值即切线在这一点上的斜率，所以在绘制图表对于了解增减很有帮助。

▶【导数和图表】

$f'(x) < 0$ ↔ 函数单调递减

$f'(x) = 0$ ↔ 函数的极值点

$f'(x) > 0$ ↔ 函数单调递增

如图 7.7 所示，导数为负 [$f'(x) < 0$] 处，切线是朝向右下的，所以在绘制函数图时，切线会往右下降，也就是减少。相反，导数为正 [$f'(x) > 0$] 处，切线是朝向右上方的，所以在绘制函数图时，是向右上升的，也就是增加。

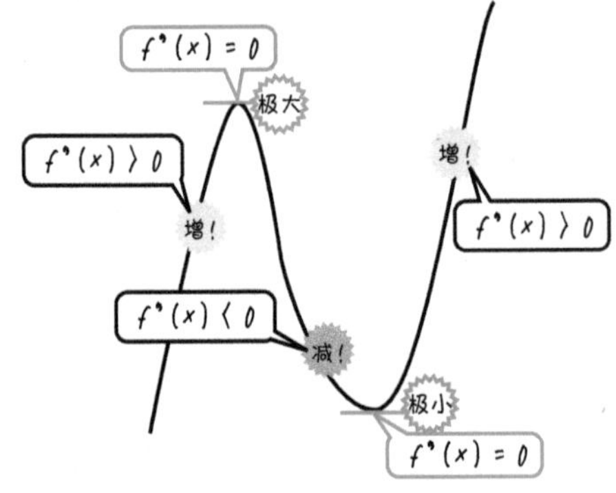

图 7.7 **导数与增减、极大、极小**

导数为零 [$f'(x) = 0$] 时，表示该点是附近[一] 最大或最小的点。当 $f'(a) = 0$ 时，在 $x = a$ 的附近，$f(a)$ 的值比附近的值都大的时候，$f(a)$ 被称为极大值。当 $f'(b) = 0$ 时，在 $x = b$ 附近，$f(b)$ 的值比附近的值都小的时候，$f(b)$ 称为极小值。极大值和极小值合称为极值。

需要注意的是，它并不是 $f(x)$ 的最大值或最小值，而是其附近最大或最小的值。从图 7.7 可以看出，比极大值大的值在图的右边，比极小值小的值在图的左边。以图表的形式来说，表示的是山的上方或谷的底部。

[一] 用通俗的语言说就是近邻。

● 例　**图 7.8 是从微分 $f'(x)=2x$ 的曲线图中表示函数 $f(x)=x^2$ 的增减。**

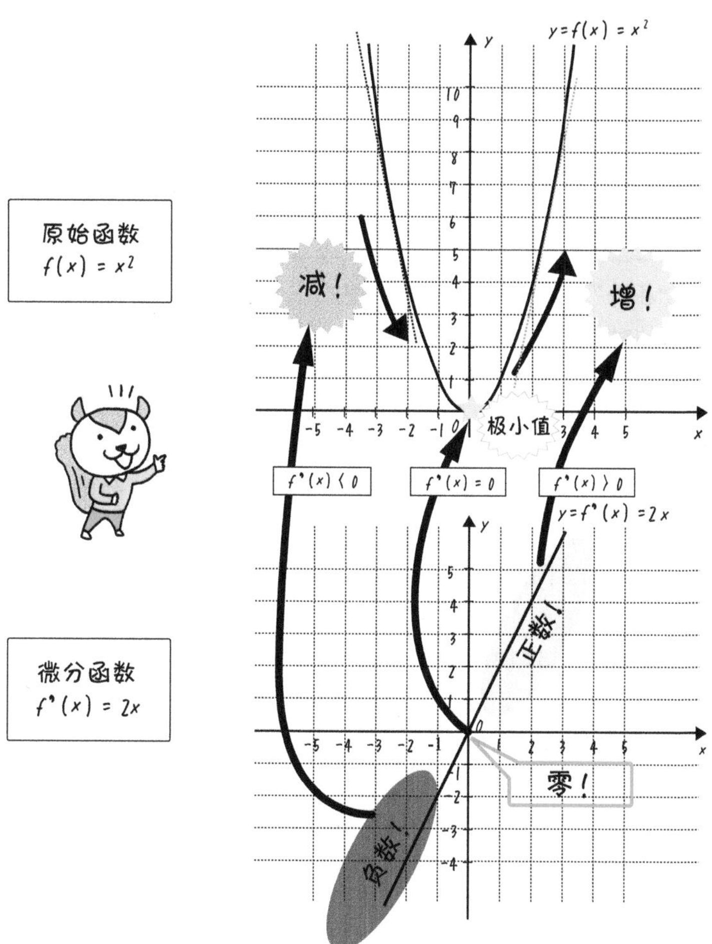

图 7.8　**$f(x)=x^2$ 的曲线图和导数**

问题 7-5　$f(x)=\sin x$，绘制 $y=f(x)$ 和 $y=f'(x)$ 的图表，查看增减和极值。本问题是了解三角函数性质的重要问题。

答案在 P.295~296

难易度 ★★☆☆☆

7-8 ▶ 积分是什么

~指面积~

▶【通过积分】

可以确定具体面积。

听到“积分”这个词可能会觉得很难，但方法本身其实很简单。在计算“面积”的时候，长方形是用“长 × 宽”来计算的，而计算像圆、三角函数的图表这样弯曲形状的面积则需要用积分。

通过积分，面积可以表示如下：积分的符号是 $\int$，读作“integral”，

$\int_a^b f(x)\,\mathrm{d}x$ =「（$x=a$ 到 $x=b$ 的区间内）x 轴和 $f(x)$ 包围的面积」

但是，如图 7.9 所示，x 轴以上部分的面积为正值，x 轴以下部分的面积为负值，扩展为带符号的面积。

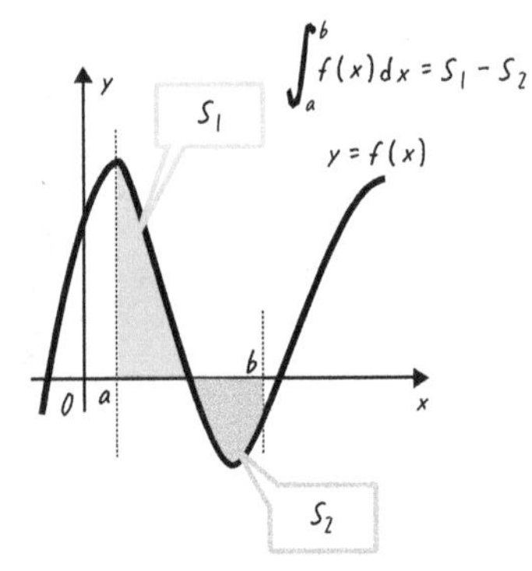

图 7.9　积分由面积决定

接下来，我们具体说明如何用积分计算弯曲形状的面积。最基本的方法是将无限多个长方形铺成小块，然后将面积相加。如图 7.10 所示，在 $y = f(x)$ 的图表中，将 $x = a$ 到 $x = b$ 的长度，以 Δ 为单位分割成 5 份。在分割后的范围内，最高的称为上限（sup㊀），最低的称为下限（inf）。将分割后的长度 Δ 设为“横”，上限设为“纵”，将长方形的面积总和称为“过剩和”，写成 S^*。实际上，与真正想要的面积相比，做了过度的加法。将分割后的长度 Δ 设为“横”，下限设为“纵”。此时长方形的面积总和称为“不足和”，写作 S_*。实际上，还不够真正想要的面积。由此可见，

㊀　不是味噌汤。

$$S_* < \int_a^b f(x)\,\mathrm{d}x < S^* \qquad (☆)$$

变成这样。另外，过剩和不足分别被称为上黎曼和、下黎曼和。

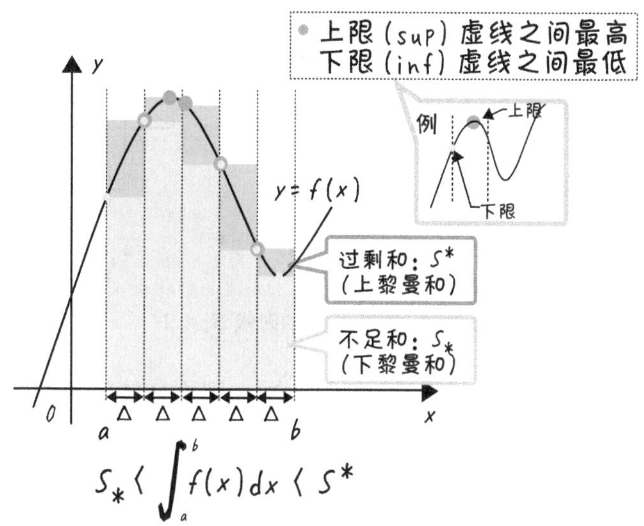

图 7.10　**积分的思考方法**

现在我们考虑如图 7.11 所示增加分割。随着分割的增加，过剩和与不足和之间的差异逐渐消失，最终会接近平滑的、曲折的形状所占的面积。因此，“会积分”称为可积分[一]，“增加分割时 $S_* = S^*$ 成立”。当把分割数无限放大 $S_* = S^*$ 时的情况。用 ∞ 这个符号表示无限大，$x \to \infty$ 表示无限放大。当分割数→∞时 $S_* = S^*$，则方程式（☆）为

$$\int_c^b f(x)\,\mathrm{d}x = S_* = S^*$$

这个值被称为“$f(x)$ 从 a 到 b 的定积分”。另外，像这样，根据等式（☆）那样的不等式两侧值的极限值中，算出被夹值的方法叫作夹挤原理。

[一] 严格来说，这种通过分割的方式实现的积分，可以被称为“黎曼积分”。

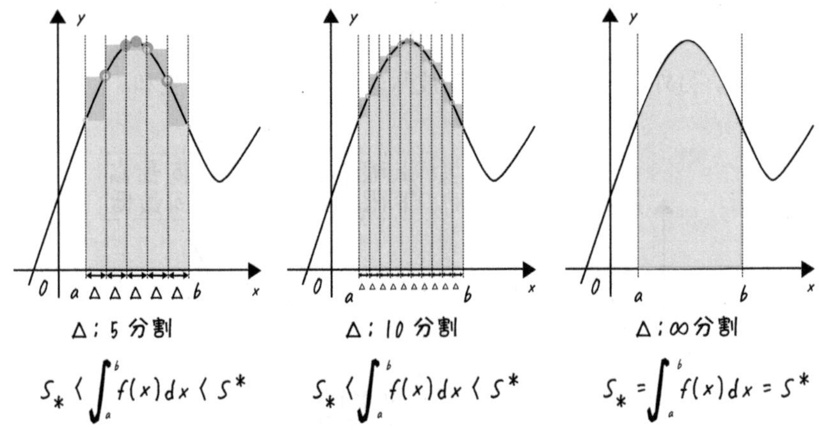

图 7.11 **可以积分的时候 $S_*=S^*$**

求定积分，简称为“积分”“求积分”，定积分的值也被称为“积分值”。此外，被积分的函数 [这里称为 $f(x)$] 称为被积分函数。

具体求一下积分的值吧。在此之前，具体介绍区分求积法。如图 7.11 所示，在所有区间内都掌握上限（sup）和下限（inf）是很困难的，所以使用如图 7.12 所示的左端和右端的值的方法叫作区分求积法。

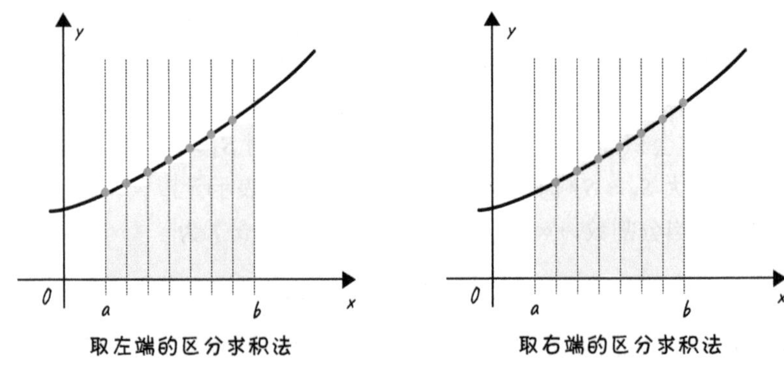

图 7.12 **简单的用区分求积法做一下**

虽然不是定积分的计算，但是介绍一下用区分求积法求出的面积和定积分一致的情况。

用区分求积法，求 $f(x)=x^2$ 在 $x=0$ 到 $x=1$ 所包围的面积。用如图 7.13 所示，将求出的区域等分成 n 份，并将其分成长条状。条状物

的面积合计为 S。首先，分割后最右边的 x 坐标依次为 0、$\frac{1}{n}$、$\frac{2}{n}$、$\frac{3}{n}$、…$\frac{n-1}{n}$、$\frac{n}{n}(=1)$。与之对应的 y 坐标是 $f(0)$、$f\left(\frac{1}{n}\right)$、$f\left(\frac{2}{n}\right)$、$f\left(\frac{3}{n}\right)$、…、$f\left(\frac{n-1}{n}\right)$、$f\left(\frac{n}{n}\right)$，也就是说，面积为 0^2、$\left(\frac{1}{n}\right)^2$、$\left(\frac{2}{n}\right)^2$、$\left(\frac{3}{n}\right)^2$、…、$\left(\frac{n-1}{n}\right)^2$、$\left(\frac{n}{n}\right)^2$，因此，图 7.13 所示的条状的面积为 $\boxed{1}$、$\boxed{2}$、$\boxed{3}$、…、$\boxed{n-1}$、$\boxed{n}$。

因为横的长度都是 $\frac{1}{n}$，纵的长度是前面求出的 y 坐标，

$$\boxed{1}=\frac{1}{n}\cdot\left(\frac{1}{n}\right)^2、\boxed{2}=\frac{1}{n}\cdot\left(\frac{2}{n}\right)^2、\boxed{3}=\frac{1}{n}\cdot\left(\frac{3}{n}\right)^2、\cdots$$

$$\boxed{n-1}=\frac{1}{n}\cdot\left(\frac{n-1}{n}\right)^2、\boxed{n}=\frac{1}{n}\cdot\left(\frac{n}{n}\right)^2$$

因此，

$$\begin{aligned}S_n&=\frac{1}{n}\cdot\left(\frac{1}{n}\right)^2+\frac{1}{n}\cdot\left(\frac{2}{n}\right)^2+\frac{1}{n}\cdot\left(\frac{3}{n}\right)^2+\cdots+\frac{1}{n}\cdot\left(\frac{n-1}{n}\right)^2+\frac{1}{n}\cdot\left(\frac{n}{n}\right)^2\\&=\frac{1^2}{n^3}+\frac{2^2}{n^3}+\frac{3^2}{n^3}\cdots+\frac{(n-1)^2}{n^3}+\frac{n^2}{n^3}\\&=\frac{1}{n^3}[1^2+2^2+3^2\cdots+(n-1)^2+n^2]\end{aligned}$$

在这里，

$$1^2+2^2+3^2+\cdots+(n-1)^2+n^2=\frac{1}{6}n(n+1)(2n+1)$$

使用这样的公式的话，

$$S_n=\frac{1}{n^3}\cdot\frac{1}{6}n(n+1)(2n+1)$$

这里，将分割设为无限大，也就是 $n\to\infty$。首先，

$$S_n=\frac{1}{6}\cdot\frac{n}{n}\cdot\frac{(n+1)}{n}\cdot\frac{(2n+1)}{n}=\frac{1}{6}\cdot1\cdot\left(1+\frac{1}{n}\right)\cdot\left(2+\frac{1}{n}\right)$$

如果使用 $\lim\limits_{t\to\infty}\frac{a}{t}=0$，则得到

$$\begin{aligned}\lim_{n\to\infty}S_n&=\lim_{n\to\infty}\frac{1}{6}\cdot1\cdot\left(1+\frac{1}{n}\right)\cdot\left(2+\frac{1}{n}\right)=\frac{1}{6}\cdot1\cdot(1+0)\cdot(2+0)\\&=\frac{1}{6}\cdot2=\frac{1}{3}\end{aligned}$$

这与 $f(x)=x^2$ 的 $x=0$ 到 $x=1$ 所包围的面积一致，公式为

$$\int_a^b f(x)\mathrm{d}x=\lim_{n\to\infty} S_n=\frac{1}{3}$$

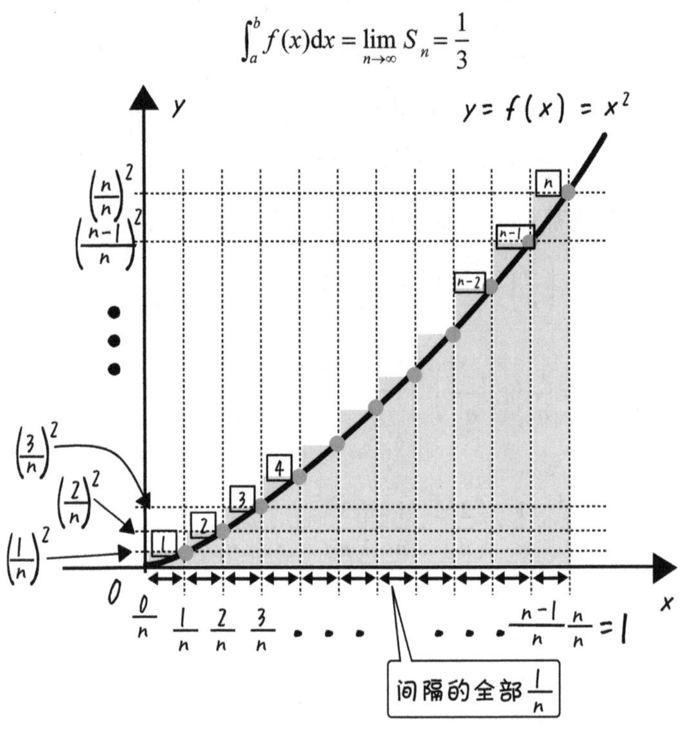

图 7.13　$y=x^2$ 分割图

○和的符号∑：sigma

在区分求积法中，有将 1^2、2^2、…、n^2 合计的情况。如果使用求和的符号∑sigma，就可以把公式写得很简短，在这里介绍一下。对下标进行编号的字符串称为数列，a_1、a_2、…、a_n 等表示。如果你想把这些全部加起来，

$$\sum_{i=1}^{n} a_i=a_1+a_2+a_3+\cdots+a_n$$

这样，就可以像左边那样简短地写了。

① 等差数列之和

邻间差值相等的数列：$a_i=a+d(i-1)$

a：首项　d：公差

$$\sum_{i=1}^{n}[a+d(i-1)]=a+(a+d)+(a+2d)+\cdots+[a+(n-1)d]$$
$$=\frac{1}{2}n[2a+(n-1)d]$$

② **等比数列之和**

邻间比值相等的数列：$a_i = ar^{i-1}$

a：首项　$r \neq 1$：公比

$$\sum_{i=1}^{n} ar^{i-1} = a\frac{1-r^n}{1-r}$$

③ ①**中 $a = 1$、$d = 1$ 的场合**

$$\sum_{i=1}^{n} i = 1+2+3+\cdots+n = \frac{1}{2}n(n+1)$$

④ **二次方之和**

$$\sum_{i=1}^{n} i^2 = 1^2+2^2+3^2+\cdots+n^2 = \frac{1}{6}n(n+1)(2n+1)$$

⑤ **常数之和**

$$\sum_{i=1}^{n} a = \underbrace{a+a+\cdots+a}_{n\text{个}} = na$$

⑥ **线性 $\{a_i\}$、$\{b_i\}$ 为数列，c、d 为常数。**

$$\sum_{i=1}^{n}(ca_i + db_i) = c\sum_{i=1}^{n} a_i + d\sum_{i=1}^{n} b_i$$

难易度 ★★★★★

7-9 ▶ 积分与微分

~ 不可思议的关系 ~

▶【微积分基本定理】

"微分" 和 "积分" 是完全相反的操作，这样我们就可以轻松地计算。

像 7-8 节那样，和微分相比，求积分的具体值就麻烦了。如果知道了这个微积分学的基本定理，就会明白微分和积分是相反的操作，要实现积分，只要做与微分相反的操作就可以了。不仅是电气数学的书籍，就连数学书籍，也有很多只介绍结果的情况。不过，本书将为大家详细解说。首先，定积分的结果是关于 x 的函数。

$$S(x)=\int_a^x f(u)\mathrm{d}u$$

假设 $S(x)$ 的图形意义如图 7.14 所示，是 $y=f(x)$ 的图形从 $x=a$ 到某个 x 的位置所包围的面积。在积分中，将变量设为 u 而不是 x，只是为了避免积分内的变量和积分区间的文字混淆，并没有其他的含义。

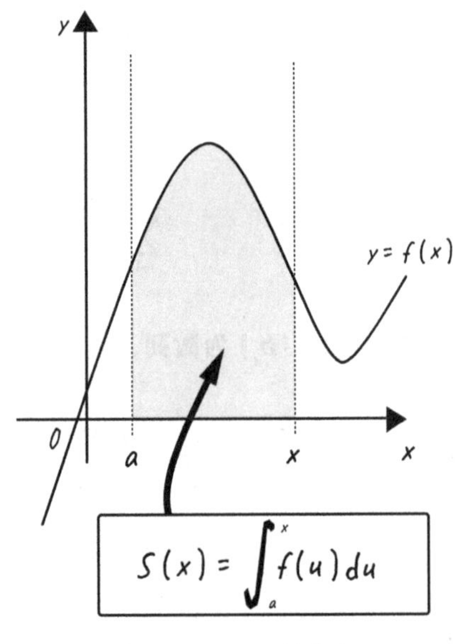

图 7.14　$S(x)$ 的意义

该函数与增加 Δx 时的函数 $S(x+\Delta x)$ 之间的差，

$$S(x+\Delta x)-S(x)$$

相当于图 7.15 所示的灰色 部分的面积。还有这个区间，也就是在 $x < u < x + \Delta x$ 的范围内，$f(u)$ 的上限为 M，下限为 m。如果用 sup 和 inf 符号[㊀] 写成公式为

$$\sup_{x<u<x+\Delta x} f(u) = M、\inf_{x<u<x+\Delta x} f(u) = m$$

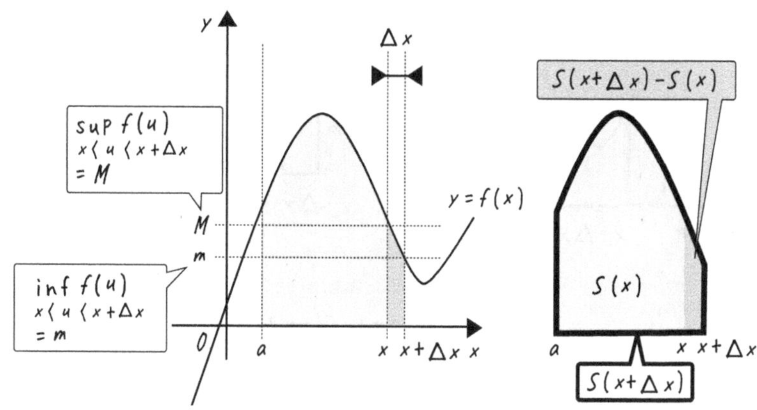

图 7.15　$S(x + \Delta x) - S(x)$ 的含义

图 7.16 是图 7.15 的放大图，其中，由上限构成的条状的面积为 $\Delta x \cdot M$，由下限构成的条状的面积为 $\Delta x \cdot m$，以及由 $S(x + \Delta x) - S(x)$ 表示的面积，

$$\Delta x \cdot m < S(x + \Delta x) - S(x) < \Delta x \cdot M$$

可见有这样的大小关系。将这个不等式全部除以 Δx，得到如下公式。

$$m < \frac{S(x+\Delta x) - S(x)}{\Delta x} < M \qquad (☆)$$

㊀ 参照 7-8 节。

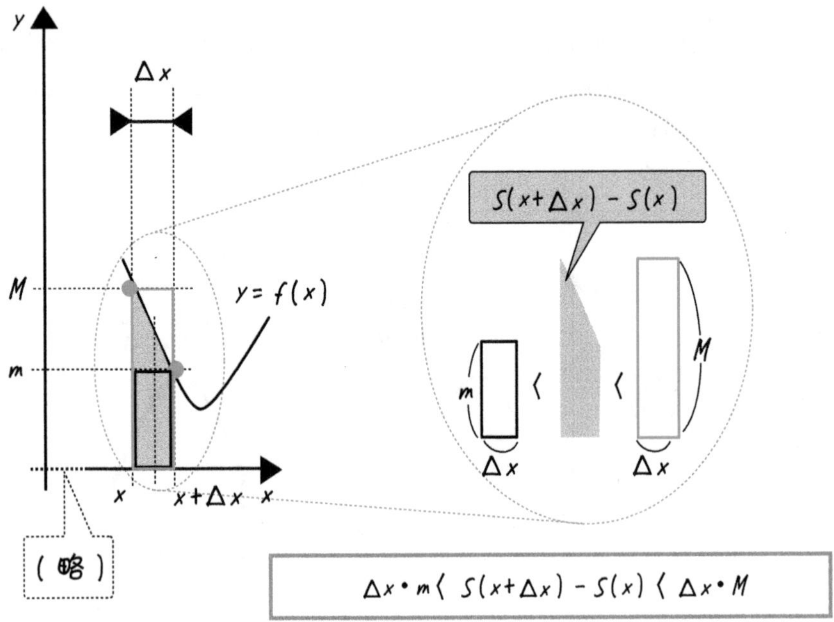

图 7.16 **面积大小关系 $\Delta x \cdot m < S(x+\Delta x) - S(x) < \Delta x \cdot M$**

这里考虑 $\Delta x \to 0$ 的极限。如图 7.17 所示，上限 M 和下限 m 的值逐渐接近。而且，此时的值仅限于 $u = x$ 时的值 $f(x)$（没有其他可能的值）。因此，$\Delta x \to 0$ 时，m 的值和 M 的值都接近于 $f(x)$。

此时式（☆）根据夹挤原理[一]，

$$\lim_{\Delta x \to 0} \frac{S(x+\Delta x) - S(x)}{\Delta x} = f(x)$$

变成这样。用微分的定义[二]开始重写左边，得到

$$\frac{\mathrm{d}}{\mathrm{d}x} S(x) = f(x)$$

$S(x)$ 是什么，回到原来的积分形式，

㊀ 参照 7-8 节。
㊁ 参照 7-3 节。

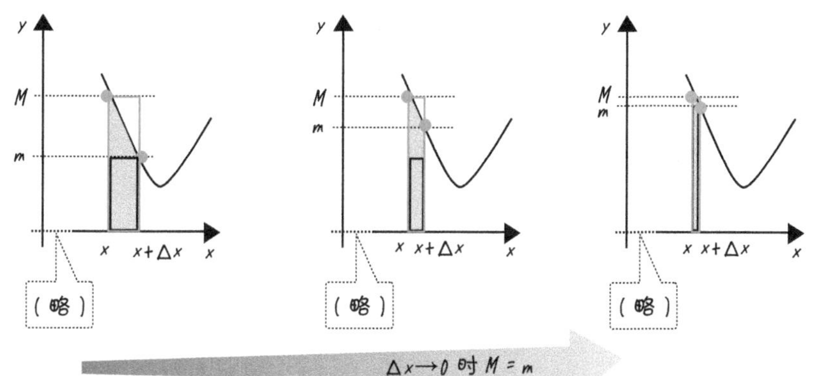

图 7.17　考虑 $\Delta x \to 0$

▶【微积分基本定理】

$$\frac{\mathrm{d}}{\mathrm{d}x}\int_a^x f(u)\mathrm{d}u = f(x)$$

变成这样。从这个角度来看，$f(u)$ 这个函数被积分后，再微分，就又回到 $f(x)$ 这个函数[㊀]。也就是说，对积分后的函数进行微分，就能回到原来的状态。换言之，微分和积分是相反的操作。

如果使用微积分学的基本定理，积分的计算会变得非常轻松。函数 $f(x)$ 与之相对，像函数 $S(x)$ 那样，经过微分后会恢复原状的函数叫作原始函数，写为 $F(x)$。也就是说，

$$\frac{\mathrm{d}}{\mathrm{d}x}F(x) = f(x)$$

$F(x)$ 被称为 $f(x)$ 的原始函数。另外，像函数 $S(x)$ 那样，以定积分的区域为变量得到的 x 的函数称为不定积分。根据微积分学的基本定理，不定积分可以表示为

$$S(x) = F(x) + C \quad (C\text{ 为常数})$$

用这个式子微分的话，

$$\frac{\mathrm{d}}{\mathrm{d}x}S(x) = \frac{\mathrm{d}}{\mathrm{d}x}[F(x)+C] = \frac{\mathrm{d}}{\mathrm{d}x}F(x) + \frac{\mathrm{d}}{\mathrm{d}x}C$$

㊀ 变量是什么都可以，不管是 u 还是 x。例如，无论是 $f(x)=\sin x$ 还是 $f(u)=\sin u$，其函数的意义是一样的。

根据不定积分的定义，$\frac{\mathrm{d}}{\mathrm{d}x}F(x)=f(x)$，常数的微分$\frac{\mathrm{d}}{\mathrm{d}x}C=0$。所以

$$\frac{\mathrm{d}}{\mathrm{d}x}S(x)=f(x)$$

也就是说，如果我们找到原始函数 $F(x)$，

$$\int_a^x f(u)\mathrm{d}u=F(x)+C$$

这里，不定积分省略了定积分的区间，

$$\int f(x)\mathrm{d}x=F(x)+C$$

一般都是这样写的。这个常数 C 作为求不定积分时产生的任意常数，被称为积分常数。

根据以上内容，定积分也可以简单求出。如果已知 $f(x)$ 的原始函数 $F(x)$，则定积分 $\int_a^b f(x)\mathrm{d}x$ 可以如下计算：

$$\int_a^b f(x)\mathrm{d}x=\int_a^x f(u)\mathrm{d}u+\int_x^b f(u)\mathrm{d}u \qquad (♪)$$

如图 7.18 所示，将“从 a 到 b”的面积分为“从 a 到 x”和“从 x 到 b”。

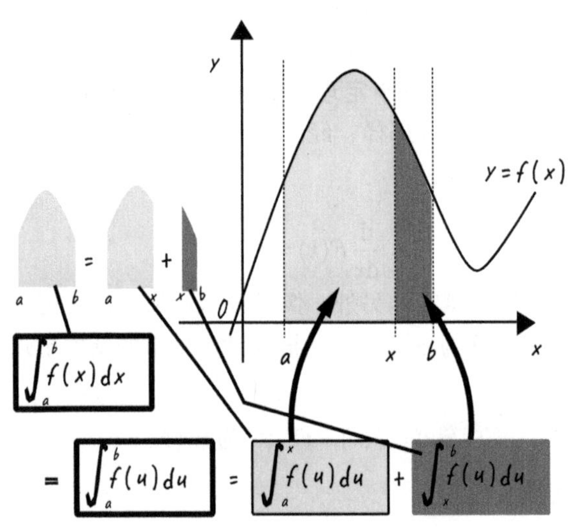

图 7.18　等式（♪）的说明

接下来，颠倒积分区间时的公式，

$$\int_A^B f(x)\mathrm{d}x = -\int_B^A f(x)\mathrm{d}x \qquad (♪♪)$$

使用。如 7-8 节所说明的那样，由于面积是带符号的，所以也要考虑宽度值为负数的情况。如果颠倒积分的区间，如图 7.19 所示，宽度的符号会改变。从 A 积分到 B 时，等距 5 分割后的宽度为$\Delta_{AB}=\dfrac{B-A}{5}$。反之，从 B 积分到 A 时的宽度Δ_{BA}为$\dfrac{A-B}{5}$，所以$\Delta_{AB}=-\Delta_{BA}$。这在任何分割数中都成立，因此积分区间的颠倒最终只要改变积分结果的符号就可以了。

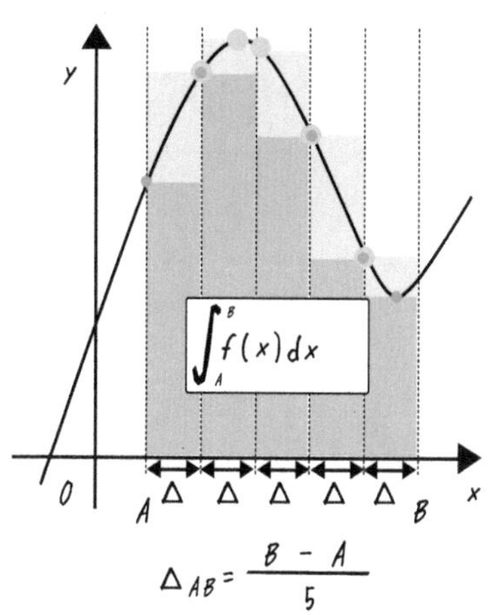

图 7.19 **等式（♪♪）的说明：长条的分割为 5 个的情况**

使用公式（♪♪）替换第 1 项的符号，公式（♪）为

$$\int_a^b f(x)\mathrm{d}x = -\int_x^a f(u)\mathrm{d}u + \int_x^b f(u)\,\mathrm{d}u$$

的变形，则

$$\int_x^a f(u)\mathrm{d}u = F(a)+C、\int_x^b f(u)\mathrm{d}u = F(b)+C$$

所以，得到

$$\int_a^b f(x)\mathrm{d}x = -(F(a)+C)+(F(b)+C) = F(b)-F(a)$$

也就是说，如果已知函数 $f(x)$ 的原函数 $F(x)$，则定积分的值是原函数区间边缘 ($x=a$、b) 的值之差 $F(b)-F(a)$。另外，为了便于计算公式，

$$F(b)-F(a) = [f(x)]_{x=b}^{x=a}$$

这样写的情况很多。或者明确变量是 x，想要省略的情况下，可以这样写。

$$F(b)-F(a)=[f(x)]_b^a$$

● 例　$f(x)=x^n$ 的原始函数在 $n\neq -1$ 时 $F(x)=\dfrac{1}{n+1}x^{n+1}$。因为

$$F'(x)=\frac{1}{n+1}(x^{n+1})'=\frac{1}{n+1}(n+1)x^n=x^n=f(x)$$

用这个得到 $\int_0^1 x^2\mathrm{d}x=\frac{1}{3}$ 确定与 7-8 节中定义求出的值一致。

答

$$\begin{aligned}\int_0^1 x^2\mathrm{d}x &= \left[\frac{1}{3}x^3\right]_0^1\\ &= \frac{1}{3}[x^3]_0^1\\ &= \frac{1}{3}(1^3-0^3)\\ &= \frac{1}{3}\end{aligned}$$

比起像 7-8 节从定义开始计算要简单得多。

一般来说，原始函数已知的函数的定积分，就是这样使用微积分学的基本定理来计算的。

问题 7-6　请确认 $\int_0^1 x^3\,\mathrm{d}x=\frac{1}{4}$。　答案在 P.297

表 7.1 中示出了具有代表性的原始函数。要确认这个表是否正确，只要右侧的 $\int f(x)\mathrm{d}x$ 用 x 微分后，与左侧的 $f(x)$ 一致就可以了。

表 7.1 **典型的原始函数（省略常数）**

$f(x)$	$\int f(x)\mathrm{d}x$
$x^n\ (n \neq -1)$	$\frac{1}{n+1}x^{n+1}$
$\frac{1}{x}$	$\ln\lvert x\rvert$
$\sin x$	$-\cos x$
$\cos x$	$\sin x$
e^x	e^x
$\ln x\ (x>0)$	$x\ln x - x$
$\sinh x$	$\cosh x$
$\cosh x$	$\sinh x$
$\frac{1}{\sqrt{a^2-x^2}}\ (a>0)$	$\sin^{-1}\frac{x}{a}$
$\frac{a^2}{x^2+a^2}\ (a \neq 0)$	$\tan^{-1}\frac{x}{a}$
$\frac{1}{\sqrt{x^2+a^2}}$	$\sinh^{-1}\frac{x}{a}$

例 **使用原函数表计算 $\int_0^x \sin x\mathrm{d}x$。**

答 $f(x)=\sin x$ 的原始函数为 $F(x)=-\cos x$。

$$
\begin{aligned}
\int_0^x \sin x\,\mathrm{d}x &= [-\cos(x)]_0^{\pi} \\
&= [-\cos(\pi)]-[-\cos(0)] \\
&= [-(-1)]-(-1) \\
&= +1+1=2
\end{aligned}
$$

问题 7-7 请对表 7.1 的右侧进行微分，看看是否与 $f(x)$ 一致。

答案在 P.297~299

7-10 ▶ 积分的计算

~ 经验和习惯 ~

对于积分的计算，原始函数并不总是已知的，需要经验和习惯。这里对积分的计算采用分部积分法和换元积分法进行说明。公式如下所示，让我们一边看例子，一边“熟能生巧”地掌握使用方法吧。

▶【分部积分和换元积分】

① 分部积分法 $\int f(x)g'(x)\mathrm{d}x = f(x)g(x) - \int f'(x)g(x)\mathrm{d}x$

② 换元积分法 $\int f(x)\mathrm{d}x = \int f[g(u)]\frac{\mathrm{d}g(u)}{\mathrm{d}u}\mathrm{d}u$

在定积分中使用换元积分法要注意如下积分的区间， 如果 $g(A) = a$，$g(B) = b$。

③ 定积分的换元积分法 $\int_a^b f(x)\mathrm{d}x = \int_A^B f[g(u)]\frac{\mathrm{d}g(u)}{\mathrm{d}u}\mathrm{d}u$

○ **证明：①分部积分法**

由 7-6 节的②式得出 $[f(x)g(x)]' = f'(x)g(x) + f(x)g'(x)$ 成立，对这两边进行不定积分的话，得到

$$\int [f(x)g(x)]'\mathrm{d}x = \int f'(x)g(x)\mathrm{d}x + \int f(x)g'(x)\mathrm{d}x$$

左边是微积分学的基本定理 $\int [f(x)g(x)]'\mathrm{d}x = f(x)g(x)$，将右边的第一项移到左边就可以得到公式。

○ **证明：②换元积分法**

考虑将 $f(a)$ 的原始函数作为 $F(x)$ 进行 $x = g(u)$ 变换。使用 7-6 节的复合函数的导数，得到

$$\frac{\mathrm{d}}{\mathrm{d}u}F(g(u)) = \frac{\mathrm{d}F}{\mathrm{d}g}\cdot g'(u) = f(g(u))g'(u)$$

如果用 u 对这两边进行积分，

$$\int \frac{\mathrm{d}}{\mathrm{d}u}F(g(u))\mathrm{d}u = \int f(g(u))g'(u)\mathrm{d}u$$

左边的微积分基本定理是 $\int \frac{\mathrm{d}}{\mathrm{d}u}F(g(u))\mathrm{d}u = F(g(u)) = F(x)$。得到，

$$\int f(x)\mathrm{d}x = \int f(g(u))g'(u)\mathrm{d}u$$

②的换元积分的方程式被示出。这样，右侧就“换”成了 u 这个变量。作为记忆方法，$\mathrm{d}x = \frac{\mathrm{d}x}{\mathrm{d}u}\mathrm{d}u$ 的形式也可以认为是分数的计算。

○**证明：③定积分的换元积分法**

注意积分的区间，使用 $g(A) = a$，$g(B) = b$ 和②的置换积分公式，就能得到下面的方程式。

$$\begin{aligned}\int_a^b f(x)\mathrm{d}x &= F(b) - F(a)\\ &= \underbrace{F(g(B))}_{u=B} - \underbrace{F(g(A))}_{u=A} = \int_A^B f[g(u)]g'(u)\mathrm{d}u\end{aligned}$$

● 例　**求 $\int \ln x\mathrm{d}x$。**

答　如果 $f'(x) = 1$，$g(x) = \ln x$，则 $f(x) = x$，因为我们知道原始函数。可以这样做，

$$\int \ln x\mathrm{d}x = \int 1\cdot\ln x\mathrm{d}x = \int (x)'\ln x\mathrm{d}x$$

如果在这里应用部分积分，

$$\begin{aligned}\int (x)'\ln x\mathrm{d}x &= x\ln x - \int x(\ln x)'\mathrm{d}x\\ &= x\ln x - \int x\frac{1}{x}\mathrm{d}x\\ &= x\ln x - \int 1\mathrm{d}x = x\ln x - x + C\end{aligned}$$

C 是积分常数

这样，当已知被积分函数所涉及的一部分公式的原始函数 ($f'(x)$)，而另一边的 $f(x)g'(x)$ 变成容易积分的形式时，分部积分变得有效。到底哪一个是 $f'(x)$ 呢？这需要通过多做题来掌握技巧和感觉。

问题7-8 用分部积分法求 $\int x\cos x\mathrm{d}x$。 答案在 P.299

提示　$f'(x) = \cos x$、$g(x) = x$，则 $f(x) = \sin x$。

● 例　求$\int_{1/2}^{5/2}(2x-1)^2\mathrm{d}x$。

答　将$2x-1=u$的变量x换成u，效果会更好。如果$f(x)=(2x-1)^2$，则

$$f(u)=u^2、x=\frac{u+1}{2}$$

为了将变量x替换为u，求$\frac{\mathrm{d}x}{\mathrm{d}u}$，则

$$\frac{\mathrm{d}x}{\mathrm{d}u}=\frac{\mathrm{d}}{\mathrm{d}u}\left(\frac{u+1}{2}\right)=\frac{\mathrm{d}}{\mathrm{d}u}\left(\frac{1}{2}u+\frac{1}{2}\right)=\frac{1}{2}+0=\frac{1}{2}$$

于是，

$$\mathrm{d}x=\frac{1}{2}\mathrm{d}u$$

这样替换就可以了。接下来，将区间x与u区间进行换算。因为$u=2x-1$，

$x=\frac{1}{2}$的时候、$u=2\cdot\frac{1}{2}-1=0$

$x=\frac{5}{2}$的时候、$u=2\cdot\frac{5}{2}-1=4$

然后，

x	$\frac{1}{2}$	→	$\frac{5}{2}$
u	0	→	4

这样的对应表就能写出来。从以上得

$$\int_{1/2}^{5/2}(2x-1)^2\mathrm{d}x=\int_0^4 u^2\frac{1}{2}\mathrm{d}u$$

这样一个一个进行转换也没关系，请仔细替换。

到这里，接下来就可以简单地进行定积分了。求出

$$\int_0^4 u^2\frac{1}{2}\mathrm{d}u=\frac{1}{2}\int_0^4 u^2\mathrm{d}u=\frac{1}{2}\left[\frac{1}{3}u^3\right]_0^4=[u^3]_0^4=\frac{1}{6}[4^3-0^3]=\frac{32}{3}$$

像这样，通过置换积分的变量，被积分函数的原始函数就很容易被求出，积分的区间值变得容易计算的话，替换积分就有效了。

● 例　**再问一个问题，介绍置换积分的例子。求 $\int_0^1 \frac{1}{3x+1}\mathrm{d}x$。**

答　因为是分数函数，所以原始函数一定是近似对数的形式，为了使被积分函数变为 1，就设为 $3x+1=u$ 吧。于是，

$$f(u)=\frac{1}{u}、x=\frac{1}{3}x-\frac{1}{3}$$

为了将变量 x 换成 u，需要求 $\frac{\mathrm{d}x}{\mathrm{d}u}$，

$$\frac{\mathrm{d}x}{\mathrm{d}u}=\frac{\mathrm{d}}{\mathrm{d}u}\left(\frac{1}{3}x-\frac{1}{3}\right)=\frac{\mathrm{d}}{\mathrm{d}u}\frac{1}{3}u-\frac{\mathrm{d}}{\mathrm{d}u}\frac{1}{3}=\frac{1}{3}-0=\frac{1}{3}$$

于是，

$$\mathrm{d}x=\frac{1}{3}\mathrm{d}u$$

这样替换就可以了。接下来，将 x 的区间和 u 的区间进行换算。因为 $u=3x+1$，

$x=0$ 的时候、$u=3\cdot 0+1=1$

$x=1$ 的时候、$u=3\cdot 1+1=4$

所以，

x	0	→	1
u	1	→	4

这样的对应表就能写出来。从以上内容来看，

$$\int_0^1 \frac{1}{3x+1}\mathrm{d}x=\int_1^4 \frac{1}{u}\frac{1}{3}\mathrm{d}u$$

$\frac{1}{u}$ 的原始函数在 7-9 的表 7.1 中为 $\ln|u|$，所以

$$\int_1^4 \frac{1}{u}\frac{1}{3}\mathrm{d}u=\frac{1}{3}\int_1^4 \frac{1}{u}\mathrm{d}u=\frac{1}{3}[\ln|u|]_1^4=\frac{1}{3}(\ln 4-\ln 1)=\frac{1}{3}(\ln 2^2-0)=\frac{1}{3}\cdot 2\ln 2 [1] =\frac{2\ln 2}{3}$$

问题 7-9　求 $\int_1^2 x\sqrt{x-1}\mathrm{d}x$。　答案在 P.299~300

提示　如果 $\sqrt{x-1}=u$ 的话，则 $x=u^2+1$。

---

[1] 参照 5-19 节。$\log_A N^n = n\log_A N$。

COLUMN 积分和微分的历史

在历史上，积分的历史要比微分长一个数量级。从古埃及时代开始，就能解决圆的面积和锥的体积等很多问题。至今，已有数千年的历史了。微分的使用是在最近几百年左右，17 世纪的数学家莱布尼茨开始使用“$\frac{dy}{dx}$”。7-9 节中提到的“微积分学基本定理”也是在 17 世纪被发现的。将微小的面积相加的积分和求变化量的微分是相反的操作，这是很容易想象的。但是，经过几千年的历史，能互相联系起来真是太不可思议了。

美文和美文的相遇

微积分学的基本定理

$$\frac{d}{dx}\int_a^x f(u)du = f(x)$$

第 8 章

微分方程·拉普拉斯变换

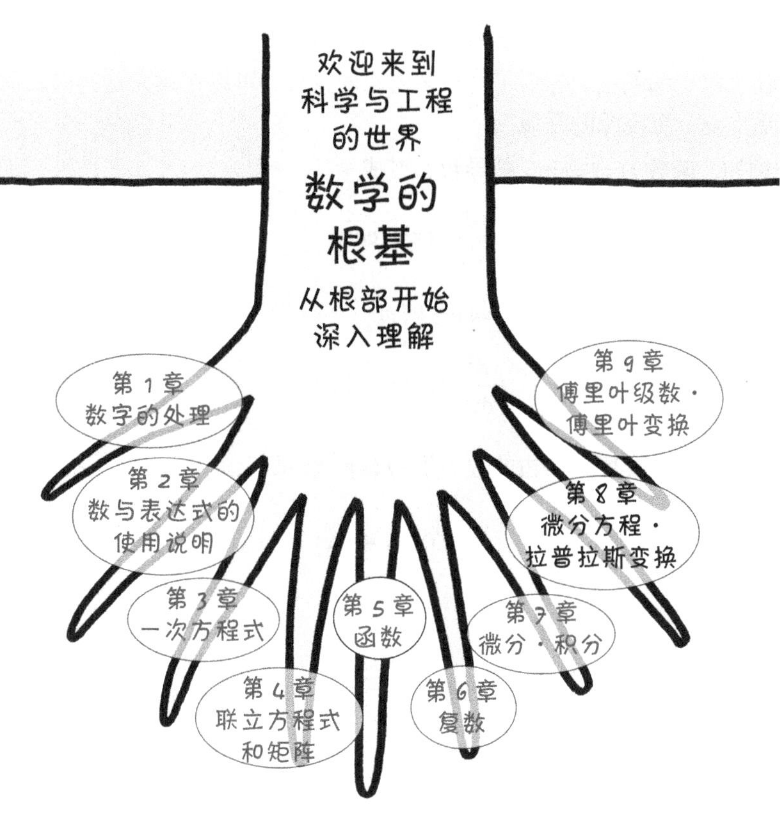

这里介绍一下微分方程，以及微分方程的拉普拉斯变换。式子看起来很难，但是日常生活中出现的现象经常被写成微分方程式。毕达哥拉斯老先生果然厉害。

难易度 ★☆☆☆☆

8-1 ▶ 微分方程是什么

~ 微分方程的答案是函数 ~

▶【微分方程】

包含微分运算的函数的方程。

说到微分方程，大家可能会觉得很难，确实很难。光是微分方程就能写一本书。因为是很深奥的内容，所以本书只会介绍与电气工学相关的问题，让大家更加熟悉。想要了解更多内容的读者，可以在读完这本书之后，进入更专业、更高深的领域。

例如，函数 $f(x)=\sin x$ 的导数，变成

$$\frac{\mathrm{d}}{\mathrm{d}x}f(x)=\cos x$$

进行一次微分的话，$(\cos x)'=-\sin x$ 所以

$$\frac{\mathrm{d}^2}{\mathrm{d}x^2}f(x)=-\sin x$$

因为 $f(x)=\sin x$，所以右边的边等于 $-f(x)$，满足

$$\frac{\mathrm{d}^2}{\mathrm{d}x^2}f(x)=-f(x)$$

移项，

$$\frac{\mathrm{d}^2}{\mathrm{d}x^2}f(x)+f(x)=0 \qquad (♪)$$

这样的话，就容易看出，如方程式（♪）所示，包含微分运算的函数的方程称为微分方程，像方程式（♪）中的那样，满足微分方程的函数称为解。另外，求解被称为解微分方程。也就是说，微分方程的解是函数。

● 例　**判断 $f(x)=\cos x$ 也是方程式（♪）的解。**

答　由 $f'(x)=-\sin x$、$f''(x)=-\cos x=-f(x)$ 可知满足等式（♪）。

问题 8-1 判断函数 $f(x)=\sin(x+\theta)$、$f(x)=\cos(x+\theta)$、$f(x)=A\sin(x+\theta)+B\cos(x+\theta)$ 全部都是方程式（♪）的解。 答案在 P.300

COLUMN 补充和微分方程相关的术语说明

■ 微分方程的阶数和线性

微分方程所具有的导函数中，微分次数最多的叫作该微分方程的阶数。例如 $f'(x)+x^2=f(x)$ 是 1 阶微分方程，$\frac{\mathrm{d}^4}{\mathrm{d}x^4}f(x)+\frac{\mathrm{d}^2}{\mathrm{d}x^2}f(x)=f(x)$ 是 4 阶微分方程。另外，如果导函数是一次式，那么就是线性的，前面介绍的就是线性微分方程。否则，都被称为非线性微分方程，例如，$(f'(x))^5+f(x)=2x$ 是非线性微分方程。

■微分方程的通解和特解

微分方程的解不一定只有一个。就像在例子和问题中确认的那样，可以想到几种解。在 2 阶线性微分方程 $f''(x)+f(x)=0$ 中，$f(x)=A\sin(x+\theta)+B\cos(x+\theta)$ 无论取什么常数 A 和 B 都是解。这样的解称为通解，A 和 B 称为任意常数。具体确定任意常数得到的解称为特解。一般来说，包含 n 个任意常数的 n 阶微分方程的解叫作通解[㊀]。

■微分方程的初始值问题和边值问题

微分方程有时会着眼于求通解，但在现实生活中，附加条件求具体解的问题也很重要。以某变量的值 $x=x_0$ 中 $\frac{\mathrm{d}^k}{\mathrm{d}x^k}f(x_0)(k=0,1,\cdots\cdots,n-1)$ 的 n 个值为条件，求出 n 阶微分方程的特解的问题称为初始值问题，该条件称为初始条件。另外，当函数的定义域从 $x=a$ 到 $x=b$ 时，以 $\frac{\mathrm{d}^k}{\mathrm{d}x^k}f(a)$、$\frac{\mathrm{d}^k}{\mathrm{d}x^k}f(b)(k=0,1,\cdots\cdots,n-1)$，即以定义域的边缘（边界）$x=\mathrm{a}$ 和 $x=b$ 处的导函数为条件的问题称为边界值问题，该条件称为边界值条件。

㊀ 但是，通解并不代表微分方程的所有解，有时也会存在任意常数乘以任意数都得不到的解。这样的解被称为奇异解。例如，1 阶非线性微分方程 $(f'(x))^2+f^2(x)=1$ 中的 $f(x)=\sin(s+c)$ 是 c 为任意常数的通解。但是，尽管 $f(x)=1$ 和 $f(x)=-1$ 都是解，但无论 c 是什么值，$f(x)=\sin(s+c)$ 都不能是 1 或 −1。

8-2 ▶ 微分方程的具体例子

~ 用真实的现象来认识微分方程吧！~

将各种真实的现象用微分方程表示出来。首先不要求解，要想象现象和微分方程的联系。

○ 衰减与增长

假设 y 是咖啡的温度，t 是时间，那么，随着时间的流逝，咖啡的温度 y 会逐渐下降。也就是说，y 可以表示为 t 的函数，但很难直接用公式来表示，要根据 y 的微分性质导出微分方程，从而得到 $y(t)$。

“温度在时刻 t 减少的量 $\frac{\mathrm{d}}{\mathrm{d}t}y(t)$ 与现在时刻的温度 $y(t)$ 成正比”，如果知道 y 的微分性质，可以建立这样的公式。

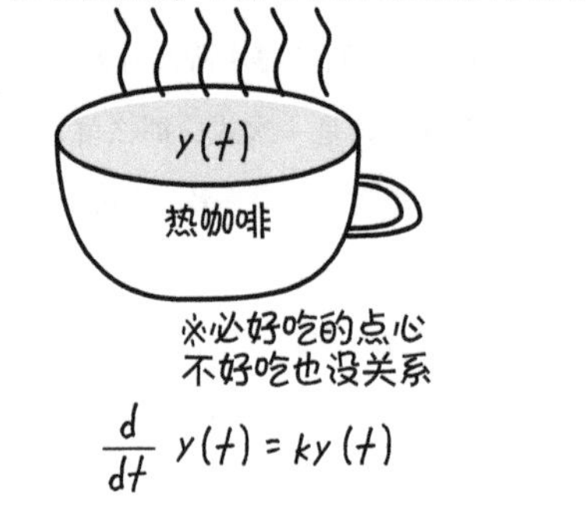

图 8.1　满足热咖啡温度的微分方程

$$\frac{\mathrm{d}}{\mathrm{d}t}y(t) = ky(t) \qquad (♪♪)$$

由于函数 $y(t)$ 不断减小，所以在时刻 t 时，微分 $\frac{\mathrm{d}}{\mathrm{d}t}y(t)$ 的值为负，$k<0$[㊀]。

微分方程（♪♪）可以表示各种各样的现象，例如镭、铀等放射性物质的衰变现象也可以用同样的公式表示。时刻 t 中的放射性物质的质量为 $y(t)$，常数 $k<0$ 被称为衰变常数，公式的形式完全相同。

$k>0$ 时 $y(t)$ 随时间 t 而增加。例如，已知时刻 t 的微生物量为 $y(t)$ 时，繁殖（增加、成长）的比例与量 $y(t)$ 成正比（马尔萨斯定律）。此时公式的形式也与微分方程（♪♪）相同。

㊀　详细内容请阅读热力学和统计学方面的书，因为绝对温度是正的，所以 $y(t)>0$。

微分方程（♪♪）当然也会出现在电路中。如图 8.2 所示，对电阻 R 和线圈 L 施加电压 $v(t)$，在时刻 $t=0$ 时切断电源，考虑电流 $i(t)$、$i_R(t)$、$i_L(t)$。首先，介绍电路中出现的 3 个基本元件有以下关系[㊀]。

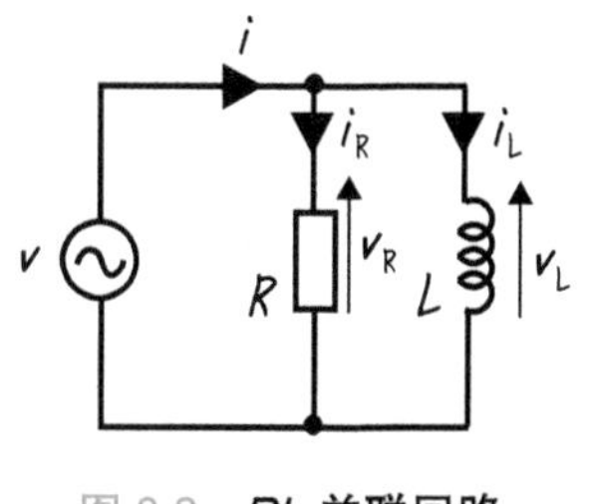

图 8.2　*RL* 并联回路

▶【电阻 R、电感 L、电容 C 中电流和电压的关系】

$$v_R(t)=Ri_R(t)$$

$$v_L(t)=L\frac{d}{dt}i_L(t)$$

$$v_C(t)=\frac{1}{C}\int i_C(t)dt$$

最后的等式可以对两边进行微分，如下所示。

$$\frac{d}{dt}v_C(t)=\frac{1}{C}i_C(t) \quad 比 \quad i_C(t)=C\frac{d}{dt}v_C(t)$$

用这些来解读图 8.2。在电阻和线圈中

$$v_R(t)=Ri_R(t) \qquad v_L(t)=L\frac{d}{dt}i_L(t)$$

成立。另外，根据基尔霍夫第一定律 $i(t)=i_R(t)+i_L(t)$，切断电源在 $t=0$ 之后 $i(t)=0$，所以 $i_R(t)+i_L(t)=0$。两边都对 t 微分，也就是 $\frac{d}{dt}i_R(t)+\frac{d}{dt}i_L(t)=0$，所以将电阻和线圈的关系式代入，变成

$$\frac{d}{dt}\frac{v_R(t)}{R}+\frac{v_L(t)}{L}=0$$

因为是并联电路，所以 $v_R(t)=v_L(t)$，两边乘以 R，得到

$$\frac{d}{dt}v_R(t)+\frac{R}{L}v_R(t)=0$$

㊀ 本书是关于电气数学的，关于这些的详细内容请参考电气回路的书籍进行学习。即，关于电气相关的部分不做说明，只详细说明电路中使用的微分方程式。

假设 $k=-\dfrac{R}{L}$，用 $y(t)$ 代替 $v_R(t)$，和微分方程（♪♪）完全一样。在电路的世界里，我们把 $-k=\dfrac{R}{L}$ 的倒数 $-k^{-1}=\dfrac{L}{R}$ 称为时间常数。

问题 8-2 确认函数 $y(t)=e^{kt}$ 是微分方程（♪♪）的解。 答案在 P.300

○ 谐波振荡器

如图 8.3 所示，将质量为 m[kg] 的物体连接在弹簧上，拉伸后松开手，弹簧就会振动。如果没有摩擦，弹簧就会持续振动，这时的现象可以用微分方程来描述。如果把弹簧既不伸展也不收缩，没有任何力量的地方作为原点 O，从原点开始的物体的坐标用 $y(t)$ 表示。根据胡克定律，我们知道弹簧会产生与伸长量 $y(t)$ 成比例的力。比例常数为 $k>0$，弹簧的力产生的方向与拉伸的方向相反，因此弹簧的力为 $F=-ky(t)$。根据牛顿的运动方程，我们知道质量 m 和加速度 $\dfrac{d^2}{dt^2}y(t)$ 的乘积为

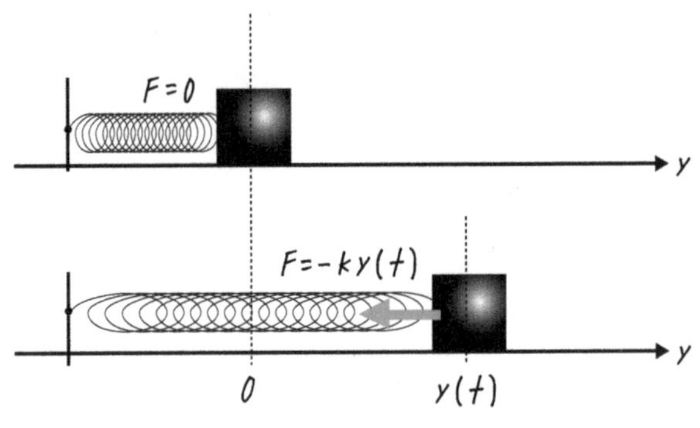

图 8.3 谐波振荡器

$$m\frac{d^2}{dt^2}y(t)=-k\,y(t) \qquad (☆)$$

移项后两边除以 m，设 $\omega=\sqrt{k/m}$，得到

$$\frac{d^2}{dt^2}y(t)+\omega^2 y(t)=0 \qquad (☆)$$

公式子（☆）作为调和振荡器的微分方程特别重要。

在电路中也会出现方程式（☆）。在图 8.4 的 LC 谐振电路的各个元件中，

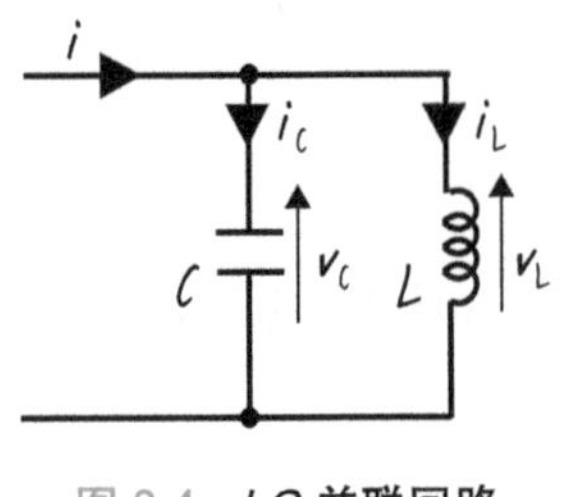

图 8.4 LC 并联回路

$$v_L(t)=L\frac{d}{dt}i_L(t) \qquad i_C(t)=C\frac{d}{dt}v_C(t)$$

等式成立。从时刻 $t=0$ 到 $i(t)=0$，则 $i_C(t)+i_L(t)=0$，将各元件的关系式代入 $\frac{d}{dt}i_C(t)+\frac{d}{dt}i_L(t)=0$，得到

$$\frac{d}{dt}\left[C\frac{d}{dt}v_C(t)\right]+\frac{v_L(t)}{L}=0$$

第 1 项是 $\left[C\frac{d}{dt}v_C(t)\right]$，再用 t 微分，所以是 $C\frac{d^2}{dt^2}v_C(t)$。在并行电路中 $v_C(t)=v_L(t)$，两边除以 C，得到

$$\frac{d^2}{dt^2}v_C(t)+\frac{1}{LC}v_C(t)=0$$

如果令 $\omega=\sqrt{\frac{1}{LC}}$ 并将变量 $v_C(t)$ 替换成 $y(t)$，就会得到与公式（☆）相同的形状。

在电路的世界里，$\omega=\sqrt{\frac{1}{LC}}=\frac{1}{\sqrt{LC}}$ 被称为谐振角频率，$f=\frac{\omega}{2\pi}=\frac{1}{2\pi\sqrt{LC}}$ 被称为谐振频率。

问题8-3 确认函数 $y_1(t)=A\sin(\omega t)$、$y_2(t)=B\cos(\omega t)$、$y_3(t)=y_1(t)+y_2(t)$ 是等式（☆）的解。 答案在 P.300

○ 衰减振动

在前面调和振动的例子中，考虑一下有摩擦的情况。如图 8.5 所示，物体摩擦地面，摩擦力 f 的作用与移动方向相反。已知摩擦力的大小与物体的速度 $\frac{d}{dt}y(t)$ 成正比，比例常数为 l，包括方向在内为 $f=-l\frac{d}{dt}y(t)$。物体由弹簧产生的力 F 和由摩擦产生的力 f 合在一起，形成 $F+f$ 的力。根据牛顿的运动方程 $m\frac{d^2}{dt^2}y(t)=F+f$ 变成

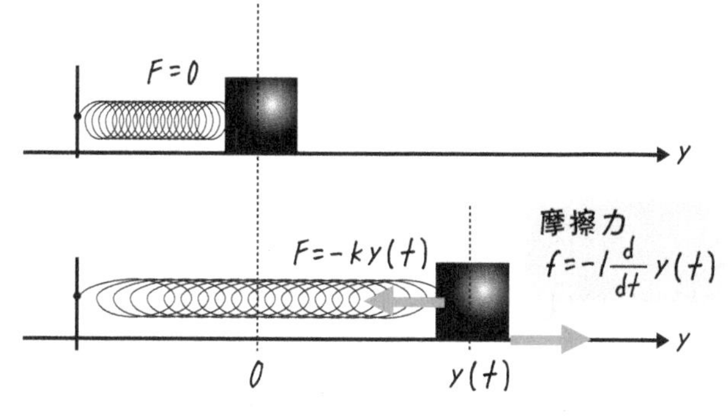

图 8.5 有摩擦时的衰减振动

$$m\frac{d^2}{dt^2}y(t)=-ky(t)-l\frac{d}{dt}y(t)$$

移项两边除以 m 的话

$$\frac{d^2}{dt^2}y(t)+\frac{l}{m}\frac{d}{dt}y(t)+\frac{k}{m}y(t)=0$$

这样，和 $\lambda=\frac{l}{2m}$、$\omega=\sqrt{\frac{k}{m}}$ 放在一起，就可以得到下面的微分方程。

$$\frac{d^2}{dt^2}y(t)+2\lambda\frac{d}{dt}y(t)+\omega^2 y(t)=0 \qquad (\bigstar)$$

当然，电路中也会出现衰减振动的微分方程。图 8.6 是在图 8.4 的 LC 并联电路中加入电阻 R 的 RLC 并联电路，电阻 R 起摩擦的作用。在 $t=0$ 之后，设定 $i(t)=0$ 的相同条件，试着建立公式。将由基尔霍夫电流定律得到的 $i_R(t)+i_L(t)+i_C(t)=0$ 导出，得到 $\frac{d}{dt}i_R(t)+\frac{d}{dt}i_L(t)+\frac{d}{dt}i_C(t)=0$。将下面

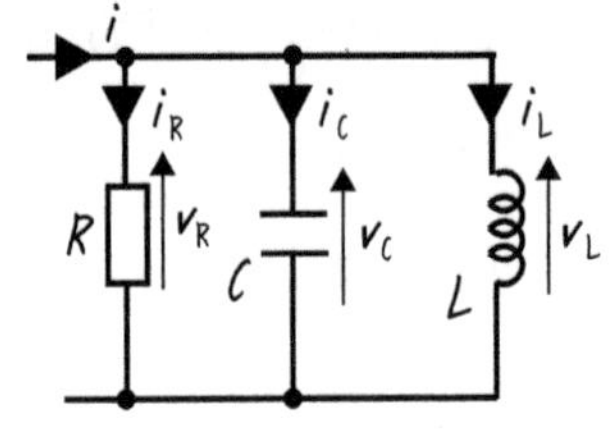

图 8.6 *RLC* 并联电路（无电源）

$$v_R(t)=Ri_R(t) \quad v_L(t)=L\frac{d}{dt}i_L(t) \quad i_C(t)=C\frac{d}{dt}v_C(t)$$

代入的话

$$\frac{1}{R}\frac{d}{dt}v_R(t)+\frac{1}{L}v_L(t)+\frac{d}{dt}\left[C\frac{d}{dt}v_C(t)\right]=0$$

$$C\frac{d^2}{dt^2}v_C(t)+\frac{1}{R}\frac{d}{dt}v_R(t)+\frac{1}{L}v_L(t)=0$$

然后两边除以 C。如果 $v_R(t)=v_L(t)=v_C(t)$，得到

$$\frac{d^2}{dt^2}v_R(t)+\frac{1}{CR}\frac{d}{dt}v_R(t)+\frac{1}{LC}v_R(t)=0$$

如果将 $\lambda=\frac{1}{2CR}$、$\omega=\sqrt{\frac{1}{LC}}$ 中的变量 $v_R(t)$ 替换成 $y(t)$，就会得到与公式（★）相同的形状。

问题 8-4 确认 $y(t)=Ae^{-\lambda t}\sin(\omega_* t)$、$y(t)=Be^{-\lambda t}\cos(\omega_* t)$ 是等式（★）的解。但是，$\omega_*=\sqrt{\omega^2-\lambda^2}$。

答案在 P.301

○ 强制振动

考虑摩擦的振动，再加上从外面加 $F_e(t)$ 使之振动的情况。在图 8.7 中，施加在物体上的力是 $F+f$ 加上 $F_e(t)$，得到 $F+f+F_e(t)$。因此，

$$\frac{\mathrm{d}^2}{\mathrm{d}t^2}y(t)+\frac{l}{m}\frac{\mathrm{d}}{\mathrm{d}t}y(t)+\frac{k}{m}y(t)=\frac{F_e(t)}{m}$$

于是，和 $\lambda=\frac{l}{2m}$、$\omega=\sqrt{\frac{k}{m}}$、$f_e(t)=\frac{F_e(t)}{m}$ 放在一起的话，

$$\frac{\mathrm{d}^2}{\mathrm{d}t^2}y(t)+2\lambda\frac{\mathrm{d}}{\mathrm{d}t}y(t)+\omega^2 y(t)=f_e(t) \qquad (★★)$$

就得到了这样的微分方程。

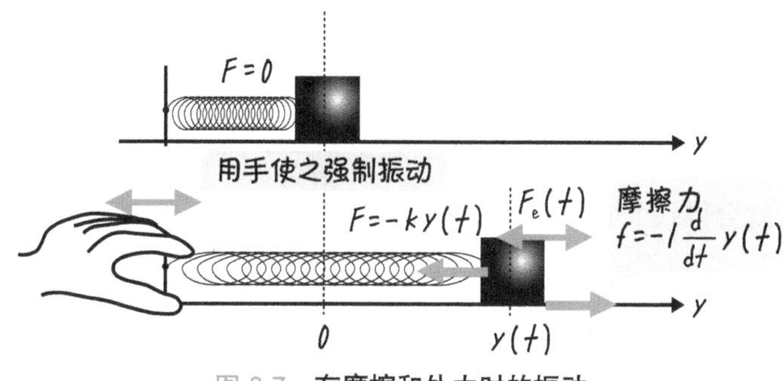

图 8.7　有摩擦和外力时的振动

当然，在电路中也会出现强制振动的微分方程。图 8.8 是通过外部电源 $v(t)$ 向图 8.6 的 RLC 并联电路施加电流 $i(t)$，相当于外力为 $F_e(t)$。$i(t)=i_R(t)+i_L(t)+i_C(t)$ 的微分为 $\frac{\mathrm{d}}{\mathrm{d}t}i(t)=\frac{\mathrm{d}}{\mathrm{d}t}i_R(t)+\frac{\mathrm{d}}{\mathrm{d}t}i_L(t)+\frac{\mathrm{d}}{\mathrm{d}t}i_C(t)$，与衰减振动时相同，得到

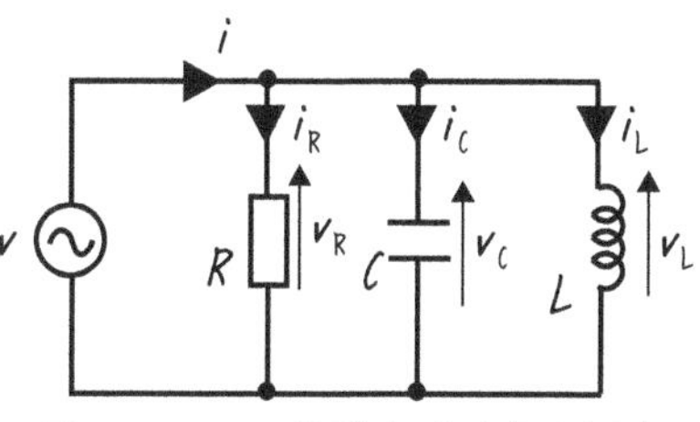

图 8.8　*RLC* 并联电路（有电源）

$$\frac{\mathrm{d}^2}{\mathrm{d}t^2}v_R(t)+\frac{1}{CR}\frac{\mathrm{d}}{\mathrm{d}t}v_R(t)+\frac{1}{LC}v_R(t)=\frac{1}{C}\frac{\mathrm{d}}{\mathrm{d}t}i(t)$$

如果 $\lambda=\frac{1}{2CR}$、$\omega=\sqrt{\frac{1}{LC}}$、$\frac{1}{C}$、$\frac{\mathrm{d}}{\mathrm{d}t}i(t)=f_e(t)$，将变量 $v_R(t)$ 替换成 $y(t)$，就会得到与等式（★★）相同的形状。

8-3 ▶ 微分方程的解法①

~ 变量分离形和 1 阶线性微分方程 ~

接下来将具体介绍微分方程的解题方法。所讲述的内容仅限于电气工程中出现的具有代表性的内容，想了解全部内容的读者，请参考微分方程方面的专业书籍。

○ 变量分离形

在函数 $y(x)$ 的微分方程中，变量 x 和函数的值可以像下面这样分离的称为变量分离形，可以很容易地解出来。

$$\frac{\mathrm{d}y}{\mathrm{d}x}=f(x)g(y) \qquad (♪)$$

等式（♪）的两边同时除以 $g(y)$ 得到 $\frac{1}{g(y)}\frac{\mathrm{d}y}{\mathrm{d}x}=f(x)$，两边同时对 x 积分的话，就会得到下面的公式：

$$\int\frac{1}{g(y)}\frac{\mathrm{d}y}{\mathrm{d}x}\mathrm{d}x=\int f(x)\mathrm{d}x$$

如果在左边逆向使用代换积分，就会得到 $\int\frac{1}{g(y)}\frac{\mathrm{d}y}{\mathrm{d}x}\mathrm{d}x=\int\frac{1}{g(y)}\mathrm{d}y$，得到

$$\int\frac{1}{g(y)}\mathrm{d}y=\int f(x)\mathrm{d}x$$

这是微分方程的一般解[㊀]。

● 例　解一阶微分方程 $y'(x)=xy(x)$

答　因为是变量分离形，所以两边除以 y 再积分的话，得到

$$\int\frac{1}{y}\mathrm{d}y=\int x\mathrm{d}x \quad 或 \quad \ln y=\frac{x^2}{2}+C \qquad (C\ 为常数)$$

㊀ 从电气工程专业的角度来说，简单地说明可能会比较轻松。形式上把等式（♪）改写成

$$\frac{1}{g(y)}\mathrm{d}y=f(x)\mathrm{d}x$$

将变量分离到左和右，同时对两边积分，变换成

$$\int\frac{1}{g(y)}\mathrm{d}y=\int f(x)\mathrm{d}x$$

就可以一口气得到结果了。但是，有可能会惹怒数学专家，所以要注意。

如果改为对数，则

$$y(x)=\mathrm{e}^{\frac{x^2}{2}+C}=\mathrm{e}^{\frac{x^2}{2}}\mathrm{e}^C=C_0\mathrm{e}^{\frac{x^2}{2}}$$

成为一般解。这里设 $C_0=\mathrm{e}^C$，任意常数就是这样在积分阶段出现的。不过，为了让解的形状更漂亮，怎么替换都可以。

● 例 **用上例的微分方程解初始条件为 $y(0)=1$ 的初始值问题。**

答 把初始条件代入一般解，

$$1=y(0)=C_0\mathrm{e}^{\frac{0^2}{2}}=C_0\cdot 1$$

求出 $C_0=1$。因此 $y=\mathrm{e}^{\frac{x^2}{2}}$ 是初始值问题的解。

问题8-5 解微分方程 $y'(x)=ky(x)$。另外，假设 $y(0)=1$，来解初始值问题。答案在 P.301~302

○ 一阶线性微分方程

关于 1 阶导函数 $y'(x)$ 的 1 阶微分方程被称为 1 阶线性微分方程。具体来说，可以写成

$$y'(x)+p(x)y(x)=q(x) \qquad (☆)$$

这是已知的一般解。等式（☆）的两边乘以适当的函数 $f(x)$，为

$$y'(x)f(x)+f(x)p(x)y(x)=f(x)q(x) \qquad (※)$$

选择 $f(x)$，使左边等于 $[f(x)y(x)]'$。也就是说，选择 $f(x)$ 就可以得到

$$[f(x)y(x)]'=y'(x)f(x)+f(x)p(x)y(x)$$

从积的微分公式[㊀]的左边展开，

$$f'(x)y(x)+f(x)y'(x)=y'(x)f(x)+f(x)p(x)y(x)$$

所以 $f'(x)y(x)=f(x)p(x)y(x)$

$$f'(x)=f(x)p(x) \qquad (*)$$

将 $f(x)$ 设为满足微分方程即可。这是关于 $f(x)$ 的变量分离形式的微分方程，一般解为 $f(x)=C\exp\left(\int p(x)\mathrm{d}x\right)$。在这里，$\exp(x)=\mathrm{e}^x$ 指数部分的表示

㊀ 参照 7-6 节的②。

过于繁杂，所以经常这样写。另外，$f(x)$ 只要满足（※）就可以，所以 $C=1$，选择 $f(x)=\exp\left(\int p(x)\mathrm{d}x\right)$。于是方程式（※）是 $[f(x)y(x)]'=f(x)q(x)$，得到

$$\left[\exp\left(\int p(x)\mathrm{d}x\right)y(x)\right]'=\exp\left(\int p(x)\mathrm{d}x\right)q(x)$$

如果对两边积分，得到

$$\exp\left(\int p(x)\mathrm{d}x\right)y(x)=\int\exp\left(\int p(x)\mathrm{d}x\right)q(x)\mathrm{d}x+C \quad （C\text{为任意常数}）$$

两边除以 $\exp\left(\int p(x)\mathrm{d}x\right)$，得到

$$y(x)=\exp\left(-\int p(x)\mathrm{d}x\right)\left[\int\exp\left(\int p(x)\mathrm{d}x\right)q(x)\mathrm{d}x+C\right]$$

的通解。途中求出的 $f(x)=\exp\left(\int p(x)\mathrm{d}x\right)$ 被称为积分因子。如果先求出 $g(x)=\int p(x)\mathrm{d}x$，则

$$y(x)=\exp(-g(x))\left[\int\exp(g(x))q(x)\mathrm{d}x+C\right]$$

就更易看出通解了。

● 例　**求微分方程 $y'(x)+\frac{1}{x}y=\mathrm{e}^x$ 的通解。**

答　对照公式（☆），$p(x)=\frac{1}{x}$、$q(x)=\mathrm{e}^x$，得 $g(x)=\int p(x)\mathrm{d}x=\int\frac{1}{x}\mathrm{d}x=\ln x+C$。

选择积分常数 $C=0$ 的简单情况。这里使用了 $\int\frac{1}{x}\mathrm{d}x=\ln x+C$[㊀]。积分因子为 $f(x)=\exp(g(x))=\exp(\ln x)=x$[㊁]。从以上得一般解为

$$\begin{aligned}y(x)&=\exp(-g(x))\int\exp(g(x))q(x)\mathrm{d}x+C\\&=\exp(-\ln x)\left[\int x\mathrm{e}^x\mathrm{d}x+C\right]\end{aligned}$$

㊀ 参照 7-9 节的表 7.1。

㊁ $A^{\log_A a}=a$ 是对数的定义。参照 5-19 节。

这里，如果用不定积分 $\int xe^x dx = \int x(e^x)dx$ 执行分部积分，得到

$$\int x(e^x)'dx = xe^x - \int (x)'e^x dx = xe^x - \int e^x dx = xe^x - e^x$$

（积分常数包含在 C 中，省略）

$$\begin{aligned} y(x) &= \exp(-\ln x)(xe^x - e^x + C) \\ &= \exp\left(\ln\frac{1}{x}\right)[(x-1)e^x + C] \\ &= \frac{1}{x}[(x-1)e^x + C] = \left(1-\frac{1}{x}\right)e^x + \frac{C}{x} \end{aligned}$$

得到要求的通解。

● 例　**在上面的例子中，让我们来解初始条件 $y(1)=0$ 时的初始值问题。**

答　比起 $y(1)=\left(1-\frac{1}{1}\right)e^1+\frac{C}{1}=0+C=0$，选择 $C=0$ 比较好，所以解是 $y(x)=\left(1-\frac{1}{x}\right)e^x$。

问题8-6　在 RL 串联电路中，时刻 t 的电流 $i(t)$ 与电动势 $E_m \sin\omega t$ 的关系由

$$L\frac{dt}{t}i(t)+Ri(t)=E_m\sin\omega t \qquad (RL)$$

给出。这时，

（1）求式（RL）的通解。

（2）解决以 $i(0)=0$ 为初始条件的初始值问题。

（3）解决以 $i(0)=\frac{E_m}{R}$ 为初始条件的初始值问题。

答案在 P.302~305

8-4 ▶ 微分方程的解法②

~ 2 阶线性微分方程 ~

▶【2 阶线性微分方程】

变成二次方程的问题。

考虑下面的 2 阶线性微分方程

$$\frac{\mathrm{d}^2}{\mathrm{d}x^2}y(x)+a\frac{\mathrm{d}}{\mathrm{d}x}y(x)+by(x)=0 \qquad (♪)$$

考虑一下，我们需要将微分扩展到用复数的值表示，即 $s=\rho+\mathrm{j}\omega$（ρ、ω 是实数）、假设

$$\mathrm{e}^s=\mathrm{e}^{\rho+\mathrm{j}\omega}=\mathrm{e}^{\rho}(\cos\omega+\mathrm{j}\sin\omega)$$

另外，将变量为实数 t、值域为复数的函数 $f(t)$ 分为实部和虚部，写成 $f(t)=f_r(t)+\mathrm{j}f_j(t)$ 时，

$$\frac{\mathrm{d}}{\mathrm{d}t}f(t)=\frac{\mathrm{d}}{\mathrm{d}t}f_r(t)+\mathrm{j}\frac{\mathrm{d}}{\mathrm{d}t}f_j(t)$$

像这样决定微分。那么，刚才确定的指数函数的导数是

$$\begin{aligned}
\frac{\mathrm{d}}{\mathrm{d}t}\mathrm{e}^{st}&=\frac{\mathrm{d}}{\mathrm{d}t}\mathrm{e}^{(\rho+\mathrm{j}\omega)t}\\
&=\frac{\mathrm{d}}{\mathrm{d}t}\mathrm{e}^{\rho t}(\cos(\omega t)+\mathrm{j}\sin(\omega t))\\
&=\rho\mathrm{e}^{\rho t}(\cos(\omega t)+\mathrm{j}\sin(\omega t))+\mathrm{e}^{\rho t}\omega(-\sin(\omega t)+\mathrm{j}\cos(\omega t))^{㊀}\\
&=\rho\mathrm{e}^{\rho t}\mathrm{e}^{\mathrm{j}\omega t}+\omega\mathrm{e}^{\rho t}\mathrm{e}^{\mathrm{j}(\omega t+\pi/2)}\\
&=\rho\mathrm{e}^{\rho t}\mathrm{e}^{\mathrm{j}\omega t}+\omega\mathrm{e}^{\rho t}\mathrm{e}^{\mathrm{j}\omega t}\mathrm{e}^{\mathrm{j}\pi/2} \Leftarrow \boxed{\mathrm{e}^{\mathrm{j}\pi/2}=\mathrm{j}}\\
&=\rho\mathrm{e}^{\rho t}\mathrm{e}^{\mathrm{j}\omega t}+\mathrm{j}\omega\mathrm{e}^{\rho t}\mathrm{e}^{\mathrm{j}\omega t}\\
&=(\rho+\mathrm{j}\omega)\mathrm{e}^{(\rho+\mathrm{j}\omega)t}\\
&=s\mathrm{e}^{st}
\end{aligned}$$

得到与实数相同的结果。

㊀ 参照 7-6 节。

因此，将方程（♪）的解设为 $y(x)=\mathrm{e}^{\lambda x}$（$\lambda$ 是复数）的形式，代入方程（♪），则 $\frac{\mathrm{d}}{\mathrm{d}x}y(x)=\lambda\mathrm{e}^{\lambda x}$、$\frac{\mathrm{d}^2}{\mathrm{d}x^2}y(x)=\lambda^2\mathrm{e}^{\lambda x}$，因此 $(\lambda^2+a\lambda+b)\mathrm{e}^{x}=0$。可以得到关于 λ 的二次方程

$$\lambda^2+a\lambda+b=0 \qquad (☆)$$

方程式（☆）称为方程式（♪）的特性方程式。试着解这个方程式吧。为了能够使用 $A^2+2AB+B^2=(A+B)^2$ 这个公式，需要对公式（☆）进行变形。

$$\lambda^2+2\lambda\frac{a}{2}+b=0$$

这样的话 $A=\lambda$、$B=\frac{a}{2}$，然后在两边加上 $B^2=\left(\frac{a}{2}\right)^2$，变成

$$\lambda^2+2\frac{a}{2}\lambda+\left(\frac{a}{2}\right)^2+b=\left(\frac{a}{2}\right)^2 \quad 和 \quad \left(\lambda+\frac{a}{2}\right)^2=\left(\frac{a}{2}\right)^2-b$$

既然是 $X^2=c$，那么 $X=\pm\sqrt{c}$，即 $X=\lambda+\frac{a}{2}$、$c=\left(\frac{a}{2}\right)^2-b=\frac{a^2-4b}{4}$。

得到，

$$\lambda+\frac{a}{2}=\pm\sqrt{\frac{a^2-4b}{4}} \quad 和 \quad \lambda=-\frac{a}{2}\pm\sqrt{\frac{a^2-4b}{2}}=\frac{-a\pm\sqrt{a^2-4b}}{2}$$

最后的公式作为二次方程的解，这个公式广为人知。二次方程的解在解平方的时候会出现 ±，所以有两个解。这时的解写成“λ_1”和“λ_2”，根据系数 a 和 b 的值，解可以分为以下几种。

① $a^2-4b>0$ 时，有两个不同的实数解

$$\lambda_1=\frac{-a+\sqrt{a^2-4b}}{2}、\lambda_2=\frac{-a-\sqrt{a^2-4b}}{2}$$

② $a^2-4b=0$ 时，为重解

$$\lambda_1=\lambda_2=-\frac{a}{2}$$

③ $a^2-4b<0$ 时，有两个不同的复数解（没有实数解）。

$$\sqrt{a^2-4b}=\mathrm{j}\sqrt{4b-a^2}$$

$$\lambda_1=\frac{-a+\mathrm{j}\sqrt{4b-a^2}}{2}、\lambda_2=\frac{-a-\mathrm{j}\sqrt{4b-a^2}}{2}$$

（注）$\lambda_1=\lambda_2$（彼此为复共轭）。

根据特性方程（☆）的解的种类，原来的微分方程（♪）也被分类如下。

▶【2 阶线性微分方程的解】

① 当特性方程的解为不同的两个实数解 λ_1、 λ_2 时，

$$y(x)=C_1\mathrm{e}^{\lambda_1 x}+C_2\mathrm{e}^{\lambda_2 x}$$

② 当特性方程的解是重解， $\lambda_1=\lambda_2$ 时，

$$y(x)=(C_1+C_2x)\mathrm{e}^{\lambda_1 x}$$

③ 写成 $\lambda_1=\alpha+\mathrm{j}\beta$、 $\lambda_2=\alpha-\mathrm{j}\beta$ 的话，

$$y(x)=\mathrm{e}^{\alpha x}(C_1\cos(\beta x)+C_2\sin(\beta x))$$

总之， C_1、 C_2 是任意常数。

○ **证明**

① 在构造特性方程时，假设 $y(x)=\mathrm{e}^{\lambda x}$，那么 $y_1(x)=\mathrm{e}^{\lambda_1 x}$、$y_2(x)=\mathrm{e}^{\lambda_2 x}$ 当然是解。将其乘以常数，再相加，得 $y(x)=C_1y_1(x)+C_2y_2(x)$。

$$\begin{aligned}
&\frac{\mathrm{d}^2}{\mathrm{d}x^2}y(x)+a\frac{\mathrm{d}}{\mathrm{d}x}y(x)+by(x)\\
&=\frac{\mathrm{d}^2}{\mathrm{d}x^2}[C_1y_1(x)+C_2y_2(x)]+a\frac{\mathrm{d}}{\mathrm{d}x}[C_1y_1(x)+C_2y_2(x)]+b[C_1y_1(x)+C_2y_2(x)]\\
&=C_1\left[\frac{\mathrm{d}^2}{\mathrm{d}x^2}y_1(x)+a\frac{\mathrm{d}}{\mathrm{d}x}y_1(x)+by_1(x)\right]+C_2\left[\frac{\mathrm{d}^2}{\mathrm{d}x^2}y_2(x)+a\frac{\mathrm{d}}{\mathrm{d}x}y_2(x)+by_2(x)\right]\\
&=C_1\cdot 0+C_2\cdot 0=0
\end{aligned}$$

另外，由于有两个任意常数 C_1、C_2，所以这是通解。

② $\mathrm{e}^{\lambda_1 x}$ 和它的常数倍是解，这与①相同。因为是 $2\lambda_1=2\cdot\dfrac{-a}{2}=-a$，所以将 $x\mathrm{e}^{\lambda_1 x}$ 代入 $y(x)$，得

$$\begin{aligned}
(x\mathrm{e}^{\lambda_1 x})'&=\mathrm{e}^{\lambda_1 x}+\lambda_1 x\mathrm{e}^{\lambda_1 x}\\
(x\mathrm{e}^{\lambda_1 x})''&=\lambda_1\mathrm{e}^{\lambda_1 x}+\lambda_1\mathrm{e}^{\lambda_1 x}+\lambda_1^2 x\mathrm{e}^{\lambda_1 x}\\
&=2\lambda_1\mathrm{e}^{\lambda_1 x}+\lambda_1^2 x\mathrm{e}^{\lambda_1 x}
\end{aligned}$$

所以

$$(xe^{\lambda_1 x})'' + a(xe^{\lambda_1 x})' + b(xe^{\lambda_1 x}) = xe^{\lambda_1 x}(\lambda_1^2 + a\lambda_1 + b) + e^{\lambda_1 x}(2\lambda_1 + a) = 0$$

因此 $xe^{\lambda_1 x}$ 也是解，其常数倍也是解。和①所示的一样，$e^{\lambda_1 x}$ 和 $xe^{\lambda_1 x}$ 的常数倍相加（叠加）也是解。

③ ①中 λ_1 和 λ_2 都是实数，但这里变成了复数，所以写成 $\lambda_1 = \alpha + j\beta$、$\lambda_2 = \alpha - j\beta$，变成这样，

$$y(x) = C_1 e^{\lambda_1 x} + C_2 e^{\lambda_2 x} = e^{\alpha x}(C_1 \cos(\beta x) + C_2 \sin(\beta x))$$

因为复数的指数函数的微分与实数的微分程序相同，所以这是一个完全相同的解。

● 例 **求 2 阶线性微分方程 $y''(x) + \omega^2 y(x) = 0$ 的一般解，解初始条件为 $y(0) = 0$、$y'(0) = A$ 时的初始值问题。**

答 特性方程为 $y(x) = e^{\lambda x}$，则 $\lambda^2 + \omega^2 = 0$。解是 $\lambda = \pm j\omega$，所以适用于③的情况。

$$\begin{aligned} y(x) &= e^{0 \cdot x}(C_1 \cos(\omega x) + C_2 \sin(\omega x)) \\ &= C_1 \cos(\omega x) + C_2 \sin(\omega x) \end{aligned}$$

另外，从初始条件开始，

$$y(0) = C_1 \cos 0 + C_2 \sin 0 = C_1 \cdot 1 = 0$$

由此求出 $C_1 = 0$。另外，$y'(x) = \omega(-C_1 \sin(\omega x) + C_2 \cos(\omega x))$ 所以

$$y'(0) = \omega(-C_1 \sin 0 + C_2 \cos 0) = \omega C_2 \cdot 1 = A$$

求出 $C_2 = \dfrac{A}{\omega}$。因此，初始值问题的解变成

$$y(x) = \frac{A}{\omega}\sin(\omega x)$$

像这样，2 阶线性微分方程的一般解有两个任意常数，所以对初始值问题施加两个初始条件，就能确定具体的解。如图 8.9 所示，$y(0) = 0$，决定相位，$y'(0) = A$ 决定振幅。

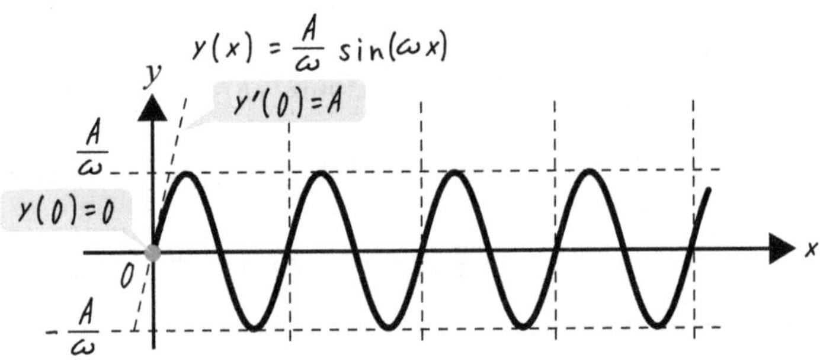

图 8.9　**两个初始条件决定了 2 阶线性微分方程的任意常数**

问题 8-7　用刚才的 2 阶线性微分方程，解初始条件为 $y(0)=A$、$y'(0)=0$ 时的初始值问题。

答案在 P.305

● 例　**求 2 阶线性微分方程 $y''(x)+y'(x)+\dfrac{101}{4}y(x)=0$ 的一般解，解初始条件为 $y(0)=0$、$y'(0)=5$ 时的初始值问题。**

答　特性方程为 $\lambda^2+\lambda+\dfrac{101}{4}=0$，由解的公式得出

$$\lambda=\frac{-1\pm\sqrt{1^2-4\cdot\dfrac{101}{4}}}{2}=\frac{-1\pm\sqrt{-100}}{2}=\frac{-1\pm \mathrm{j}\,10}{2}=-\frac{1}{2}\pm \mathrm{j}5$$

因为这符合③的情况，所以 $\lambda_1=-\dfrac{1}{2}+\mathrm{j}5$、$\lambda_2=-\dfrac{1}{2}-\mathrm{j}5$，因此，一般解为

$$y(x)=\mathrm{e}^{\alpha x}(C_1\cos(\beta x)+C_2\sin(\beta x))$$

$\alpha=-\dfrac{1}{2}$、$\beta=5$，得到下式的一般解为

$$y(x)=\mathrm{e}^{-x/2}(C_1\cos(5x)+C_2\sin(5x))$$

接下来，从初始条件开始，

$$y(0)=\mathrm{e}^0(C_1\cdot 1+C_2\cdot 0)=0$$

由此得到 $C_1 = 0$。在这个阶段，$y(x) = C_2 e^{-x/2}\sin(5x)$，减少一个任意常数，接下来的计算就轻松了。

$$y'(x) = C_2 \cdot \left(-\frac{1}{2}\right) e^{-x/2}\sin(5x) + C_2 e^{-x/2} \cdot 5 \cdot \cos(5x)$$

代入另一个初始条件 $y'(0) = 5$，

$$y'(0) = 0 + C_2 \cdot e^0 \cdot 5 \cdot 1 = 5$$

由此求出 $C_2 = 1$，下式为初始值问题的解。

$$y(x) = e^{-x/2}\sin(5x)$$

解如图 8.10 所示。$y(x) = \sin(5x)$ 是 ±1 之间的正弦波，$y(x) = e^{-x/2}\sin(5x)$ 的最大值是 $e^{-x/2}$，它随着 x 的增加而衰减。也就是说，波的振幅夹在 $y(x) = +e^{-x/2}$ 和 $y(x) = -e^{-x/2}$ 之间（图中的虚线之间）。像这样将波形图沿着切线连接起来将其包裹的线叫作包络线。在英语中，叫作 envelope curve，其中，envelope 是指信封（因为可以包裹信件），curve 是曲线的意思。

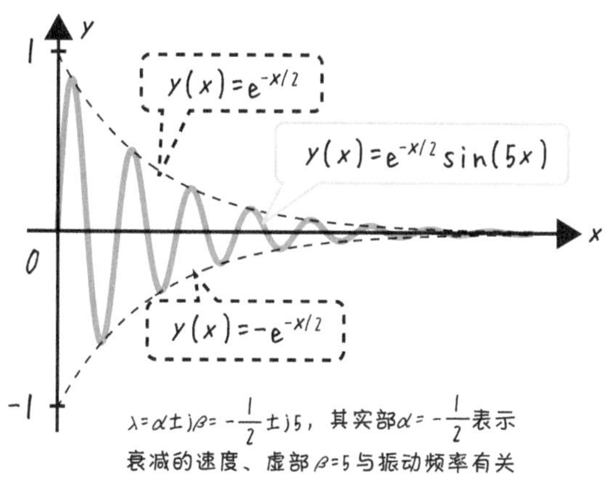

图 8.10　$y(x) = e^{-x/2}\sin(5x)$ 的曲线图

问题 8-8 求 2 阶线性微分方程 $y''(x) + 2y'(x) + 2y(x) = 0$ 的一般解，解初始条件为 $y(0) = 2$、$y'(0) = -2$时的初始值问题。答案在 P.305~306

难易度 ★★★★★

8-5 ▶ 拉普拉斯变换入门

～进入 s 域的世界～

▶【拉普拉斯变换】

在 s 域（复频域）的世界里，有些事情看起来很简单。

到目前为止，我们已经对具体的微分方程进行了解答，但是关于函数的计算有很多技巧，可能会让人感觉不太连贯。因此，在这里介绍解微分方程初始值问题的强大武器——拉普拉斯变换。拉普拉斯变换是将 t 作为变量的函数 $f(t)$（在电气工程中，t 是时间）转换为以复数 $s=\sigma+\mathrm{j}\omega$ 为变量的函数 $F(s)$。其被定义为

$$F(s)=\mathcal{L}[f(t)]=\int_0^\infty \mathrm{e}^{-st}f(t)\mathrm{d}t$$

积分区间里有 ∞，这意味着

$$\int_0^\infty \mathrm{e}^{-st}f(t)\mathrm{d}t=\lim_{A\to\infty}\int_0^A \mathrm{e}^{-st}f(t)\mathrm{d}t$$

在这个意义上，先有定积分 $\int_0^A \mathrm{e}^{-st}f(t)\mathrm{d}t$ 的值，然后才设 $A\to\infty$。像这样对积分区间使用极限的积分，被称为广义积分。

拉普拉斯变换可以形象地如图 8.11 所示。特别是，为便于计算，将微分方程写成“t 的世界”，先用拉普拉斯变换转换成“s 的世界”，计算结束后，再在“t 的世界”查看答案，这就是这个“武器”的使用方法。因此，我们将拉普拉斯变换还原为拉普拉斯逆变换

$$f(t)=\mathcal{L}^{-1}[F(s)]$$

是必要的。使用复解析的数学

$$\mathcal{L}^{-1}[F(s)]=\frac{1}{2\pi i}\int_{c-\mathrm{j}\infty}^{c+\mathrm{j}\infty}F(s)\mathrm{e}^{st}\mathrm{d}t$$

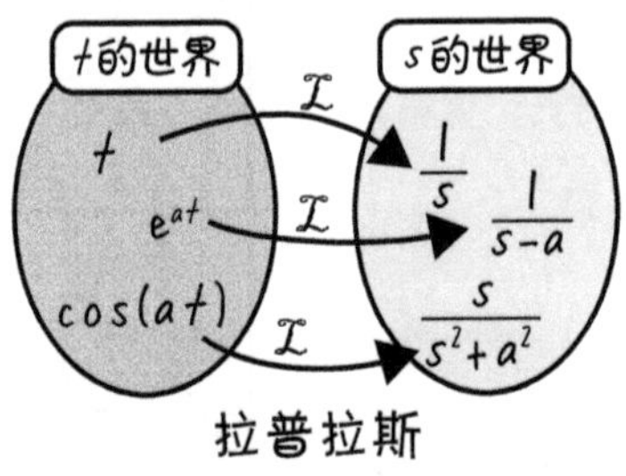

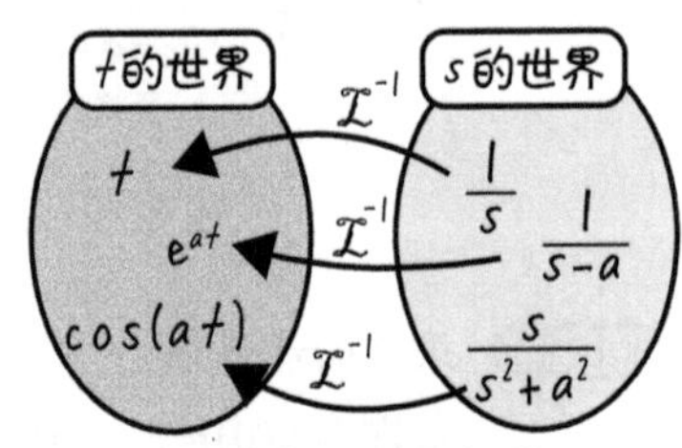

图 8.11 变换的图示

就求出了复数的积分（复积分），不过，在现实中，像表 8.1 那样，已知的拉普拉斯变换进行倒推的情况很多。这张表的证明请看下一页和 8-6 节。

表 8.1 **典型函数的拉普拉斯变换**

$f(t)$	$F(s)=L[f(t)]$
$\delta(t)$	1
$u(t)$	$\frac{1}{s}$
t	$\frac{1}{s^2}$
t^n	$\frac{n!}{s^{n+1}}$
e^{at}	$\frac{1}{s-a}$
$\sin(at)$	$\frac{a}{s^2+a^2}$
$\cos(at)$	$\frac{s}{s^2+a^2}$
$\sinh(at)$	$\frac{a}{s^2-a^2}$
$\cosh(at)$	$\frac{s}{s^2-a^2}$

这里，$u(t)$ 是单位阶跃函数，

$$u(t)=\begin{cases}1 & (t\geqslant 0)\\ 0 & (t<0)\end{cases}$$

如图 8.12 所示。当开关在初始时刻开启时，这个函数对于初始值问题非常有用。

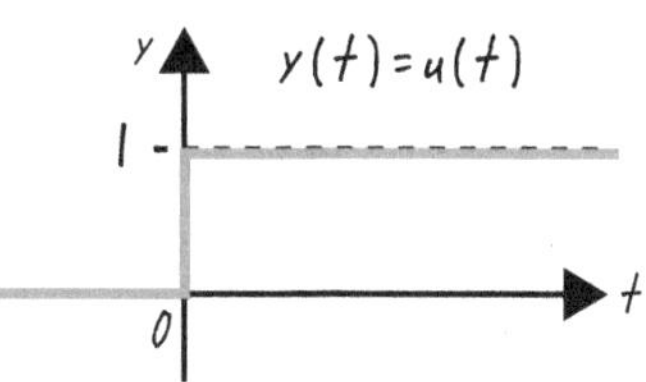

图 8.12 **阶梯函数 $u(t)$**

$\delta(t)$ 被称为 delta 函数，即狄拉克函数，在图像中，

$$\delta(t)=\begin{cases}\infty & (t=0)\\ 0 & (t\neq 0)\end{cases}$$

如图 8.13 所示，类似针状的尖

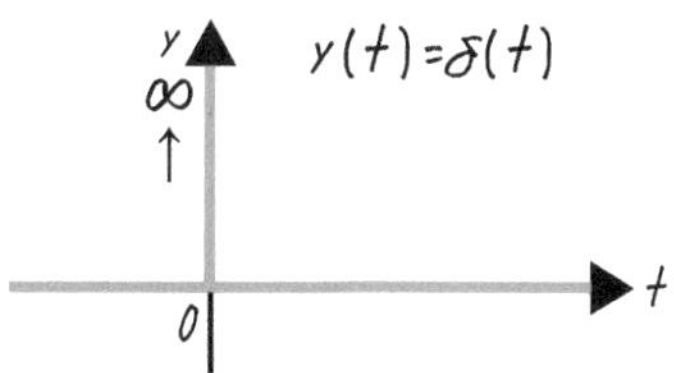

图 8.13 **delta 函数 $\delta(t)$**

锐函数。从数学角度来说，

$$d_{\mathrm{L}}(t)\begin{cases}\dfrac{1}{L} & (0\leqslant t\leqslant L)\\ 0 & (t<0\text{、}L<t)\end{cases}$$

面积为 纵×横 $=\dfrac{1}{L}\cdot L=1$，也就是说，

$$\int_{-\infty}^{\infty}d_{\mathrm{L}}(t)\mathrm{d}t=1$$

使用的函数 $d_{\mathrm{L}}(t)$，

$$\delta(t)=\lim_{L\to 0}d_{\mathrm{L}}(t)$$

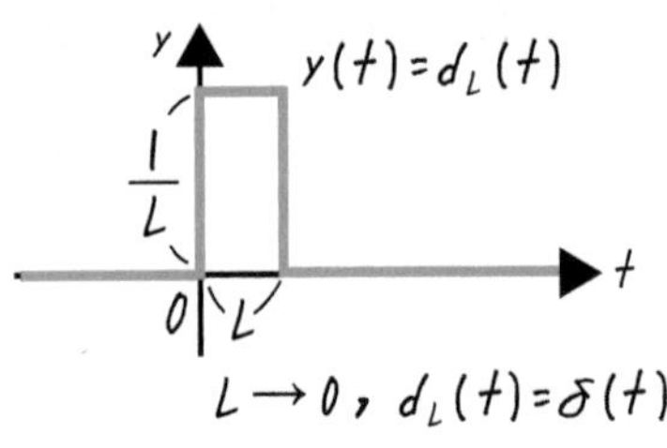

图 8.14　引入 delta 函数

的 $L\to 0$、$d_{\mathrm{L}}(t)$的高度是 $\dfrac{1}{L}\to\infty$。因为它的行为与普通意义上的函数不同，所以被称为超函数。在电气工程学上，$t=0$ 时施加无限大的冲击的现象，是表示施加脉冲时的脉冲响应的函数。

虽然严格的证明要留给数学书，但我认为大家可以直观地理解 delta 函数具有以下性质：

$$\int_{-\infty}^{\infty}\delta(t-a)f(t)\mathrm{d}t=f(a)\cdots(1)$$

$$\frac{\mathrm{d}}{\mathrm{d}t}u(t)=\delta(t)\cdots(2)$$

等式（1）的意思是，delta 函数只在 $t=a$ 时才有值，只对 $t=a$ 的值进行积分。另外，$\delta(t-a)$ 的宽度是无限小的，所以可以想象 $f(t)$ 在 $t=a$ 时的值为 $f(a)$[㊀]。接下来的公式（2）表示，在 $t=0$ 时，单位阶跃函数瞬间从 0 增加到 1。因为必须瞬间增加，所以 $t=0$ 时的导数为 ∞，之后没有变化，所以导数为 0。这就是三角函数的值[㊁]。

我们求出表 8.1 中单位阶跃函数 $u(t)$ 和狄拉克函数 $\delta(t)$ 的拉普拉斯变换。

㊀ 因为说明不严谨，所以数字家可能会生气的。

㊁ 这也不是严谨的说明，所以我想数字家也一定会勃然大怒。

$$\mathcal{L}[u(t)] = \int_0^\infty u(t)\mathrm{e}^{-st}\mathrm{d}t$$
$$= \int_0^\infty 1 \cdot \mathrm{e}^{-st}\mathrm{d}t$$
$$= \left[\frac{\mathrm{e}^{-st}}{-s}\right]_{t=0}^{t=\infty}$$

这里，拉普拉斯变换 $\int_0^\infty u(t)\mathrm{e}^{-st}\mathrm{d}t$ 定义在 s 的范围内，不考虑积分发散的 s，设 $s=\sigma+\mathrm{j}\omega$，

$$\lim_{t\to\infty}\frac{\mathrm{e}^{-st}}{-s} = \lim_{t\to\infty}\frac{\mathrm{e}^{-st}(\cos(\omega t)-\mathrm{j}\sin(\omega t))}{-(\sigma+\mathrm{j}\omega)} = 0 \qquad (※)$$

如果 $\sigma>0$ 的话，$t\to\infty$ 也就是 $\mathrm{e}^{-st}\to 0$，如果 $\sigma<0$ 的话，$\mathrm{e}^{-st}\to\infty$，无法确定其值。像这样，拉普拉斯变换收敛的 s 的实部的范围称为收敛域。这时的下限称为收敛坐标。$u(t)$ 的收敛域为 $\sigma>0$，收敛坐标为 0。在以后的计算中省略了这个严密性，但是请大家知道拉普拉斯变换不存在 s 的范围。由此继续计算的话，

$$\left[\frac{\mathrm{e}^{-st}}{-s}\right]_{t=0}^{t=\infty} = 0-\left(\frac{\mathrm{e}^{-s\cdot 0}}{-s}\right) = \frac{1}{s}$$

可以得到（中间式的第 1 项是从式（※）到 0）。

接下来是 $\mathcal{L}[\delta(t)]$，如果用公式的话很简单，就是下面的公式。

$$\mathcal{L}[\delta(t)] = \int_0^\infty \delta(t)\mathrm{e}^{-st}\mathrm{d}t = \mathrm{e}^{-s\cdot 0} = 1$$

8-6 ▶ 拉普拉斯变换的计算

~熟能生巧~

在此，通过计算 8-5 节的表 8.1 来确认具体的拉普拉斯计算。在此之前，我先介绍一下拉普拉斯变换的便利性质。

▶【拉普拉斯变换的性质】

① 线性

假设 c_1 和 c_2 是常数

$$\mathcal{L}[c_1 f_1(t) + c_2 f_2(t)] = c_1 \mathcal{L}[f_1(t)] + c_2 \mathcal{L}[f_2(t)]$$

② 微分：乘以 s

$$\mathcal{L}[f'(t)] = s\mathcal{L}[f(t)] - f(0)$$

③ 积分：除以 s

$$\mathcal{L}\left[\int_0^t f(x)\mathrm{d}x\right] = \frac{1}{s}\mathcal{L}[f(t)]$$

④ 位移

$$\mathcal{L}[f(t-a)] = \mathrm{e}^{-as}F(s)$$

$$\mathcal{L}[\mathrm{e}^{at}f(t)] = F(s-a)$$

⑤ 卷积 （合成积）

函数 $f(t)$ 和 $g(t)$ 的卷积 （也称为合成积）[㊀] 的定义

$$f(t) * g(t) = \int_0^t f(t-x)g(x)\mathrm{d}x$$

此时的拉普拉斯变换为各个的乘积

$$\mathcal{L}[f(t) * g(t)] = \mathcal{L}[f(t)]\mathcal{L}[g(t)]$$

㊀ 要注意不是“灌输”。

○ 证明

① 根据积分的线性

$$\mathcal{L}[c_1f_1(t)+c_2f_2(t)]=\int_0^{\infty}\mathrm{e}^{-st}(c_1f_1(t)+c_2f_2(t))\mathrm{d}t$$
$$=c_1\int_0^{\infty}\mathrm{e}^{-st}f_1(t)\mathrm{d}t+c_2\int_0^{\infty}\mathrm{e}^{-st}f_2(t)\mathrm{d}t=c_1\mathcal{L}[f_1(t)]+c_2\mathcal{L}[f_2(t)]$$

② 如果实施分部积分

$$\begin{aligned}\mathcal{L}[f'(t)]&=\int_0^{\infty}f'(t)\mathrm{e}^{-st}\mathrm{d}t\\&=[f(t)\mathrm{e}^{-st}]_{t=0}^{t=\infty}-\int_0^{\infty}f(t)(\mathrm{e}^{-st})'\mathrm{d}t\\&=0-f(0)\mathrm{e}^{-s\cdot 0}-\int_0^{\infty}f(t)(-s)\mathrm{e}^{-st}\mathrm{d}t\\&=sL[f(t)]-f(0)\end{aligned}$$

但是，需要考虑使 $\lim\limits_{t\to\infty}f(t)\mathrm{e}^{-st}=0$ 的 s 的收敛域[㊀]。

另外，通过反复执行分部积分，一般来说，

$$L[f^{(n)}(t)]=s^nL[f(t)]-\sum_{k=1}^{n}f^{(k-1)}(0)s^{n-k}$$

就会明白。

③

$$\int_0^t f(x)\mathrm{d}x=G(t)$$

这样的话，根据微积分学的基本定理 $G'(t)=f(t)$。如果使用②的结果，变成

$$\begin{aligned}\mathcal{L}[f(t)]&=\mathcal{L}[G'(t)]\\&=s\mathcal{L}[G(t)]-G(0)\end{aligned}$$

这里 $G(0)=\int_0^0 f(x)\mathrm{d}x=0$、$\mathcal{L}[f(t)]=s\mathcal{L}[G(t)]$。然后，

$$\mathcal{L}[G(t)]=\frac{1}{s}\mathcal{L}[f(t)] \quad 和 \quad \mathcal{L}\left[\int_0^t f(x)\mathrm{d}x\right]=\frac{1}{s}\mathcal{L}[f(t)]$$

④ 将 $t-a=u$ 替换为 $\mathrm{d}t=\mathrm{d}u$，积分范围变为

t	0	$\to$	∞
u	$-a$	$\to$	∞

，

㊀ 参照 8-5 节。

$$\mathcal{L}[f(t-a)]=\int_0^{\infty} f(t-a)\mathrm{e}^{-st}\mathrm{d}t=\int_{-a}^{\infty} f(u)\mathrm{e}^{-s(a+u)}\mathrm{d}u$$
$$=\int_{-a}^{\infty} f(u)\mathrm{e}^{-sa}\mathrm{e}^{-su}\mathrm{d}u=\mathrm{e}^{-sa}\int_{-a}^{\infty} f(u)\mathrm{e}^{-su}\mathrm{d}u$$

被拉普拉斯变换的函数 $f(u)$ 定义为 $u>0$，$u<0$ 时 $f(u)=0$ [㊀]。因此如下所示。

$$\mathrm{e}^{-sa}\int_{-a}^{\infty} f(u)\mathrm{e}^{-sa}\mathrm{d}u=\mathrm{e}^{-sa}\int_{-a}^{0} f(u)\mathrm{e}^{-su}\mathrm{d}u+\mathrm{e}^{-sa}\int_{0}^{\infty} f(u)\mathrm{e}^{-su}\mathrm{d}u$$
$$=0+\mathrm{e}^{-sa}\int_{0}^{\infty} f(u)\mathrm{e}^{-su}\mathrm{d}u$$
$$=\mathrm{e}^{-sa}\mathcal{L}[f(t)]=\mathrm{e}^{-sa}F(s)$$

下面的公式，如果按照公式计算的话，会如下所示。

$$\mathcal{L}[\mathrm{e}^{at}f(t)]=\int_0^{\infty} f(t)\mathrm{e}^{at}\mathrm{e}^{-st}\mathrm{d}t=\int_0^{\infty} f(t)\mathrm{e}^{(a-s)t}\mathrm{d}t$$
$$=\int_0^{\infty} f(t)\mathrm{e}^{-(s-a)t}\mathrm{d}t=F(s-a)$$

⑤ 因为证明需要重积分的变量变换，所以复杂一些。在这里就只利用结果吧。

下面，确认表 8.1 的内容。

○ $\mathcal{L}[t^n]$

从分部积分开始

$$\mathcal{L}[t^n]=\int_0^{\infty} t^n\mathrm{e}^{-st}\mathrm{d}t=\left[t^n\frac{\mathrm{e}^{-st}}{-s}\right]_{t=0}^{t=\infty}-\int_0^{\infty}(t^n)'\frac{\mathrm{e}^{-st}}{-s}\mathrm{d}t$$
$$=+\int_0^{\infty} nt^{n-1}\frac{\mathrm{e}^{-st}}{s}\mathrm{d}t=\frac{n}{s}\mathcal{L}[t^{n-1}]$$

上式变成这样。通过重复这个过程，就能从 $\mathcal{L}[t^n]=\frac{n}{s}\mathcal{L}[t^{n-1}]=\frac{n(n-1)}{s^2}$，$\mathcal{L}[t^{n-2}]=\cdots=\frac{n(n-1)\cdots3\cdot2}{s^n}\mathcal{L}[1]=\frac{n!}{s^n}\cdot\frac{1}{s}$ 中得到 $\mathcal{L}[t^n]=\frac{n!}{s^{n+1}}$。

㊀ 实际上，在拉普拉斯变换的定义中，可以举出能够充分变换的函数的条件，但本书是入门书，所以在后面的图书出版中再做说明。

○ $\mathcal{L}[e^{at}]$

$$\mathcal{L}[e^{at}]=\int_0^{\infty}e^{at}e^{-st}dt=\int_0^{\infty}e^{-(s-a)t}dt$$
$$=\left[\frac{e^{-(s-a)t}}{-(s-a)}\right]_{t=0}^{t=\infty}$$
$$=-0-\frac{e^{-(s-a)\cdot 0}}{-(s-a)}=+\frac{1}{s-a}$$

○ $\mathcal{L}[\cos(at)]$

根据欧拉公式 $e^{j\theta}=\cos\theta+j\sin\theta$,

$$e^{j\theta}+e^{-j\theta}=(\cos\theta+j\sin\theta)+[\cos(-\theta)+j\sin(-\theta)]$$
$$=(\cos\theta+j\sin\theta)+(\cos\theta-j\sin\theta)$$
$$=2\cos\theta$$

因此 $\cos\theta=(e^{j\theta}+e^{-j\theta})/2$。如果使用这个和①的线性，得到

$$\mathcal{L}[\cos(at)]=\frac{1}{2}(\mathcal{L}[e^{jat}]+\mathcal{L}[e^{-jat}])=\frac{1}{2}\left(\frac{1}{s-ja}+\frac{1}{s+ja}\right)$$
$$=\frac{s}{s^2+a^2}$$

问题 8-9 通过计算 $e^{j\theta}-e^{-j\theta}$ 得出 $\sin\theta=(e^{j\theta}-e^{-j\theta})/(j2)$，试着求 $\mathcal{L}[\sin(at)]$。

问题 8-10 根据 $\mathcal{L}[e^{at}]=\dfrac{1}{s-a}$ 和 $\sinh\theta=\dfrac{e^{\theta}-e^{-\theta}}{2}$、$\cosh\theta=\dfrac{e^{\theta}+e^{-\theta}}{2}$ 的定义，确定 $\mathcal{L}[\sinh(at)]$、$\mathcal{L}[\cosh(at)]$ 的值与表 8.1 一致。

问题 8-11 用④验证 $\mathcal{L}[e^{at}\cos(bt)]=\dfrac{s-a}{(s-a)^2+b^2}$。

答案在 P.306

难易度 ★★★★★

8-7 ▶ 拉普拉斯变换和微分方程

~ 只要拉普拉斯逆变换 ~

▶【对微分方程做拉普拉斯变换】

s 域的世界很简单，之后只要进行拉普拉斯逆变换就能求解。

如果把微分方程放在“s 的世界”来看的话，就会觉得它只是一个方程式。考虑下面的一阶线性微分方程的初始值问题。

$$L\frac{\mathrm{d}}{\mathrm{d}i}i(t)+Ri(t)=0 \qquad \text{初始条件：} i(0)=I_0$$

对微分方程进行拉普拉斯变换。记 $L[i(t)]=I(s)$，变成[一]

$$\mathcal{L}\left[L\frac{\mathrm{d}}{\mathrm{d}i}i(t)\right]=sL\mathcal{L}[i(t)]-Li(0)=sLI(s)-LI_0$$
$$\mathcal{L}[Ri(t)]=R\mathcal{L}[i(t)]=RI(s)$$
$$\mathcal{L}[0]=0$$

微分方程可以改写为

$$sLI(s)-LI_0+RI(s)=0$$

如果解出 $I(s)$，则

$$I(s)=\frac{I_0L}{sL+R}$$

根据 $\mathcal{L}[i(t)]=I(s)$ 的关系，拉普拉斯逆变换是 $\mathcal{L}^{-1}I(s)=i(t)$，

$$i(t)=\mathcal{L}^{-1}[I(s)]=\mathcal{L}^{-1}\left[\frac{I_0L}{sL+R}\right]=I_0\mathcal{L}^{-1}\left[\frac{1}{s+\frac{R}{L}}\right]$$

由此，通过拉普拉斯逆变换的计算得出 $i(t)$。

$$\mathcal{L}[\mathrm{e}^{at}]=\frac{1}{s-a}$$

[一] 参照 8-5 节。

如果 $a=-\dfrac{R}{L}$，则

$$\mathcal{L}^{-1}\left[\frac{1}{s-\left(-\dfrac{R}{L}\right)}\right]=\mathrm{e}^{-\frac{R}{L}t}$$

因此，可以得到下式微分方程的解。

$$i(t)=I_0\mathcal{L}^{-1}\left[\frac{1}{s-\dfrac{R}{L}}\right]=I_0\mathrm{e}^{-\frac{R}{L}t}$$

像这样，利用拉普拉斯变换，线性微分方程就会变成非常简单的 s 式，之后只要求出拉普拉斯逆变换，就能知道原来“t 的世界”的解。另外，在 8-4 节中，我们通过得到特性方程来理解微分方程，但如果使用拉普拉斯变换，就可以将初始条件 $i(0)=I_0$ 这样的信息也包含在关于 s 的方程式中。

问题 8-12 按照步骤（1）~（4）来解下面的 2 阶线性微分方程的初始值问题。

$$y''(t)+y(t)=\sin t \qquad \text{初始条件：} y(0)=1\text{、}y'(0)=0$$

（1）写出 $\mathcal{L}[y(t)]=Y(s)$，对微分方程进行拉普拉斯变换。这里，$\mathcal{L}[y''(t)]=s^2Y(s)-sy'(0)-y(0)$。

（2）从（1）中得到的 $Y(s)$ 的等式中找出 $Y(s)=\dfrac{s^2+2}{(s^2+1)^2}$。

（3）将（2）的结果进行变形，得到 $Y(s)=\dfrac{1}{s^2+1}+\dfrac{1}{(s^2+1)^2}$。

（4）将（3）的结果进行拉普拉斯逆变换，求出微分方程的解。在这里，为了求出 $\mathcal{L}^{-1}=\left[\dfrac{1}{(s^2+1)^2}\right]=\mathcal{L}^{-1}\left[\dfrac{1}{s^2+1}\cdot\dfrac{1}{s^2+1}\right]$，可以用 $\mathcal{L}^{-1}=\left[\dfrac{1}{s^2+1}\right]=\sin t$ 和从卷积的拉普拉斯变换（8-6 节的⑤）得到 $\mathcal{L}[\sin t]\mathcal{L}[\sin t]=\mathcal{L}[h(t)]$ 的 $h(t)$ 变成

$$h(t)=\int_0^t\sin(t-x)\sin(x)\mathrm{d}x=\frac{1}{2}\sin t-\frac{t}{2}\cos t$$

（这样的情况自己计算确认吧）。

答案在 P.306~307

COLUMN 拉普拉斯变换与交流电路的阻抗

8-7 节的微分方程是 RL 串联电路在时刻 $t=0$ 短路时的方程式。用拉普拉斯变换得到 $I(s)$，设 $s=\mathrm{j}\omega$，则

$$I(s)=I_0\frac{L}{\mathrm{j}\omega L+R}$$

学习交流电路的人会非常熟悉阻抗 $\mathrm{j}\omega L$。这个 s 具有将 8-4 节中出现的特性方程的解进一步扩展的性质，实部表示对时间的增加或衰减，虚部表示振动的速度。通过交流电路学习矢量，就可以用四则运算计算稳态交流了。这时，电流和电压的关系可以用复数“阻抗”来表示。实际上，在交流电路中出现的阻抗是 s 的实部，其值为 0，也就是说解是不会随时间增加或衰减的“稳态”下的拉普拉斯变换。在控制工学领域，不仅要处理稳态，还要处理具有 s 的实部的过渡状态。此时，与阻抗相对应的称为“传递函数”，这也使表示系统的微分方程能用代数方式处理，非常方便。

为什么拉普拉斯变换能在微分方程的初始值问题中发挥作用呢？我来大致说明一下。

$$F(s)=\mathcal{L}[f(t)]=\int_0^{\infty}\mathrm{e}^{-st}f(t)\mathrm{d}t$$

但是，$F(s)$ 这个关于 s 的函数，是从 $f(t)$ 的初始时刻 $t=0$ 开始到 $t=\infty$，即将所有时刻的信息乘以 e^{-st}，累积而成的。也就是说，$F(s)$ 是包含从初始时刻发展到所有时间的 $f(t)$ 信息的函数。

第 9 章

傅里叶级数·傅里叶变换

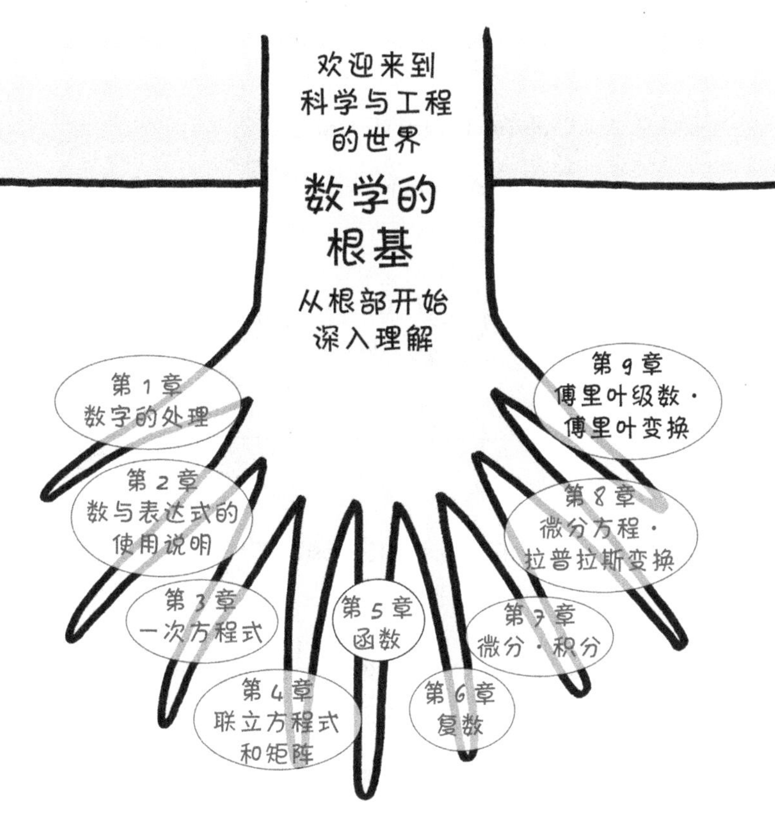

“H_2O”“水（日语·中文）”“Water（英语）”表示同一种东西。就像学习外语可以用不同的语言来表示同样的东西一样，学习傅里叶级数和傅里叶变换，可以用不同的形式来写函数。

难易度 ★★★★★

9-0 ▶ 开始之前

~ 必要武器：三角函数的积分 ~

在傅里叶级数和傅里叶变换中，出现了很多三角函数的微分和积分。但是，由于使用的计算模式是固定的，所以在此统一介绍一下。

▶【常用的三角函数的积分】

$$\int_{-\pi}^{\pi}\sin(mx)\sin(nx)\mathrm{d}x=\pi\delta_{mn} \quad (1)$$

$$\int_{-\pi}^{\pi}\cos(mx)\cos(nx)\mathrm{d}x=\pi\delta_{mn} \quad (2)$$

$$\int_{-\pi}^{\pi}\sin(mx)\cos(nx)\mathrm{d}x=0 \quad (3)$$

其中，m 和 n 是正整数，

$$\delta_{\mathrm{mn}}=\begin{cases}1 & (m=n)\\ 0 & (m\neq n)\end{cases}$$

被称为克罗内克尔符号。

○ **证明**

首先，k 为整数 $(\sin(kx))'=k\cos(kx)$、$(\cos(kx))'=-k\sin(kx)$，当 $k\neq 0$ 的时候，变成

$$\int_{-\pi}^{\pi}\sin(kx)\mathrm{d}x=\int_{-\pi}^{\pi}\left(-\frac{1}{k}\cos(kx)\right)'\mathrm{d}x=-\frac{1}{k}[\cos(kx)]_{-\pi}^{\pi} \quad ①$$

由于 $\cos(-k\pi)=\cos(k\pi)$[㊀]，式① $=-\dfrac{1}{k}[\cos(k\pi)-\cos(-k\pi)]=0$

$$\int_{-\pi}^{\pi}\sin(kx)\mathrm{d}x=0$$

另外，

㊀ 根据加法定理（参见 5-13 节），$\cos(-\theta)=\cos(0-\theta)=\cos(0)\cos\theta+\sin(0)\sin\theta=1\cdot\cos\theta+0\cdot\sin\theta=\cos\theta$。

$$\int_{-\pi}^{\pi}\cos(kx)\mathrm{d}x=\int_{-\pi}^{\pi}\left(\frac{1}{k}\sin(kx)\right)'\mathrm{d}x=\frac{1}{k}[\sin(kx)]_{-\pi}^{\pi} \qquad ②$$

变成这样。这里，$\sin(k\pi)$总有$\sin(k\pi)=0$[㊀]，因此(式②)$=\frac{1}{k}[\sin(k\pi)-\sin(-k\pi)]=0$，变成了，

$$\int_{-\pi}^{\pi}\cos(kx)\mathrm{d}x=0$$

其次，当 $k=0$ 时，比较简单，如下所示：

$$\int_{-\pi}^{\pi}\sin(kx)\mathrm{d}x=\int_{-\pi}^{\pi}0\mathrm{d}x=0$$

$$\int_{-\pi}^{\pi}\cos(kx)\mathrm{d}x=\int_{-\pi}^{\pi}1\mathrm{d}x=[x]_{-\pi}^{\pi}=2\pi$$

综上可知，$\int_{-\pi}^{\pi}\sin(kx)\mathrm{d}x$ 中无论 k 取什么，其值都为 0，可得

$$\int_{-\pi}^{\pi}\sin(kx)\mathrm{d}x=0 \qquad (4)$$

另一方面，在 $\int_{-\pi}^{\pi}\cos(kx)\mathrm{d}x$ 中，当 $k\neq0$ 时，其值为零，当 $k=0$ 时，其值为 2π。所以，

$$\int_{-\pi}^{\pi}\cos(kx)\mathrm{d}x=\begin{cases}2\pi & (k=0)\\ 0 & (k\neq0)\end{cases} \qquad (5)$$

像公式（5）那样，需要根据不同的值分类的话，公式需要分两行来写，写起来比较麻烦。于是，克罗内克尔符号就发挥了威力，它可以压缩算式的书写量。即

$$\delta_{mn}=\begin{cases}1 & m=n\\ 0 & m\neq n\end{cases}$$

如果 $m=k$、$n=0$，

$$\delta_{k0}=\begin{cases}1 & k=0\\ 0 & k\neq0\end{cases}$$

于是，$2\pi\delta_{k0}$ 与公式（5）的情况完全一致。也就是说，

㊀ 在圆上，角 $k\pi$（180° 的倍数）所表示的点的 y 坐标总是零。

$$\int_{-\pi}^{\pi}\cos(kx)\mathrm{d}x = 2\pi\delta_{k0} \qquad (6)$$

这样一行就可以写出不同 k 值的分类情况。

此外，根据加法定理（参见 5-13 节），

$$\cos(A+B)+\cos(A-B) = 2\cos A\cos B$$
$$\cos(A+B)-\cos(A-B) = -2\sin A\sin B$$
$$\sin(A+B)+\sin(A-B) = 2\sin A\cos B$$

于是，

$$\cos A\cos B = \frac{1}{2}[\cos(A+B)+\cos(A-B)]$$
$$\sin A\sin B = -\frac{1}{2}[\cos(A+B)-\cos(A-B)]$$
$$\sin A\cos B = \frac{1}{2}[\sin(A+B)+\sin(A-B)]$$

可以得到这样的公式。这些是将三角函数的乘法转换为加法的公式，被广泛称为积化和差公式。

如果公式中 $A = mx$、$B = nx$，则公式（1）、（2）、（3）的被积函数是

$$\cos(mx)\cos(nx) = \frac{1}{2}[\cos(m+n)x+\cos(m-n)x]$$
$$\sin(mx)\sin(nx) = -\frac{1}{2}[\cos(m+n)x-\cos(m-n)x]$$
$$\sin(mx)\cos(nx) = \frac{1}{2}[\sin(m+n)x+\sin(m-n)x]$$

于是，可以这样做：

$$\int_{-\pi}^{\pi}\sin(mx)\sin(nx)\mathrm{d}x = -\frac{1}{2}\underbrace{\int_{-\pi}^{\pi}\cos(m+n)x\mathrm{d}x}_{=0}+\frac{1}{2}\underbrace{\int_{-\pi}^{\pi}\cos(m-n)x\mathrm{d}x}_{=\delta_{mn}2\pi} \qquad (1)$$

$$\int_{-\pi}^{\pi}\cos(mx)\cos(nx)\mathrm{d}x = -\frac{1}{2}\underbrace{\int_{-\pi}^{\pi}\cos(m+n)x\mathrm{d}x}_{=0}+\frac{1}{2}\underbrace{\int_{-\pi}^{\pi}\cos(m-n)x\mathrm{d}x}_{=\delta_{mn}2\pi} \qquad (2)$$

$$\int_{-\pi}^{\pi}\sin(mx)\cos(nx)\mathrm{d}x = -\frac{1}{2}\underbrace{\int_{-\pi}^{\pi}\sin(m+n)x\mathrm{d}x}_{=0}+\frac{1}{2}\underbrace{\int_{-\pi}^{\pi}\sin(m-n)x\mathrm{d}x}_{=0} \qquad (3)$$

等式（1）右边的第一项和等式（2）右边的第一项在等式（6）中是 $k = m + n \neq 0$，所以这两项的结果都是 0[一]。等式（1）右边的第二项和等式（2）右边的第二项在等式（3）中为 $k = m - n$ 的时候，$m - n = 0$ 也就是 $m = n$ 的时候 $k = 0$，所以其结果是 $\delta_{mn} 2\pi$[二]。等式（3）右边的第一项和第二项由等式（4）得到 0。综上所述，如下所示。

$$\int_{-\pi}^{\pi} \sin(mx)\sin(nx)\mathrm{d}x = 0 + \frac{1}{2}\delta_{mn} 2\pi = \delta_{mn}\pi \qquad (1)$$

$$\int_{-\pi}^{\pi} \cos(mx)\cos(nx)\mathrm{d}x = 0 + \frac{1}{2}\delta_{mn} 2\pi = \delta_{mn}\pi \qquad (2)$$

$$\int_{-\pi}^{\pi} \sin(mx)\cos(nx)\mathrm{d}x = 0 + 0 = 0 \qquad (3)$$

问题 9-1 请自己计算并验证积化和差公式。 答案在 P.308

[一] m 和 n 是正整数，所以 $m + n > 0$。

[二] $m = n$ 时 $k = 0$，即积分的值为零。$m \neq n$ 的时候，$k \neq 0$，也就是积分的值是 2π，如果用克罗内克尔的 delta 来求和的话等于 $\delta_{mn} 2\pi$。

难易度 ★★★★★

9-1 ▶ 傅里叶级数

~ 改变视角的傅里叶级数 ~

在傅里叶级数和傅里叶变换中，出现了很多三角函数的微分和积分。但是，由于使用的计算模式是固定的，所以在此统一介绍一下。

> ▶【傅里叶级数】
> **原始数据：用时间看。**
> **级数的值：用频率看。**

以 t 为时间，考虑下式所表示的波形 $f(t)$。

$$f(t)=3\sin(t)+1.5\sin(2t)+0.2\sin(3t) \qquad (\bigstar)$$

在电的世界里，$f(t)$ 的波形就是电压和电流等。如图 9.1 所示，$f(t)$ 是角频率 ω[㊀] 为 1、2、3 时三角函数的加法运算，只选取对应的系数，考虑如下的一对一关系。

$f(t)\leftrightarrow(3,\ 1.5,\ 0.2)$

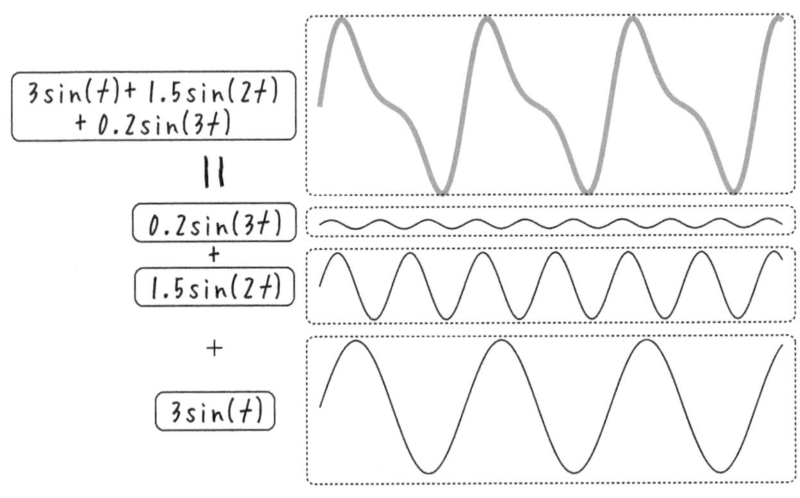

图 9.1　三角函数的和

㊀ 参见 5-12 节。另外，角频率 ω 和频率 f 是 $\omega=2\pi f$ 的关系，因为只差 2π 倍的常数，所以今后不做区别，都叫频率。

$f(t)$ 是一个函数，如果 t 的值确定，就返回对应的 $f(t)$ 的值[㊀]。

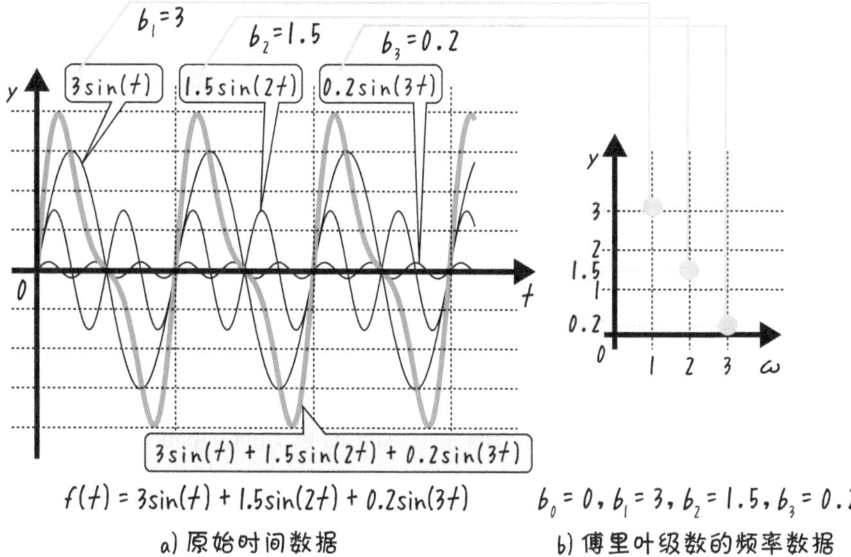

图 9.2　**观察三角函数之和的两种方法**

所有 t 的值都需要对应的 $f(t)$。如图 9.2 所示，为了表示 $f(t)$，需要像图 9.2a 那样对所有的时间确定 $f(t)$ 的值，如果绘制图表的话，所有的 $y=f(t)$ 的值都用线连接起来表示。但是，如果波形是由三角函数叠加而成的，那么即使像图 9.2b 那样只表示对应于各个频率 $\omega=1$、2、3 的大小，波形的信息也会全部表示出来。也就是说，在这个函数的情况下，用频率表示比较轻松，图表也可以用有限的点表示出来。

像这样，如果波形 $f(t)$ 是三角函数的叠加，就可以用更少的数据量来表示相同波形的信息。不是用所有时刻 t 的值 $f(t)$ 来表示数据，而是用频率 ω 的分量大小来表示同样的信息。图 9.2 的 a 和 b 表示相同的信息，即使看（a）也很难发现 $y=f(t)$ 的波形是三个三角函数的合计，但是在（b）的情况下，$\omega=1$ 的分量是 3，$\omega=2$ 的分量是 1.5，$\omega=3$ 的分量是 0.2。像这样提取频率分量的数的集合称为傅里叶系数。另外，等式（★）的傅里叶系数所涉及的三角函数的和称为傅里叶级数。

㊀ 关于函数参见 5-1 节。

难易度 ★★☆☆☆

9-2 ▶ 傅里叶级数的计算①

~ 乘以三角函数积分 ~

▶【傅里叶级数的计算方法】

乘以三角函数积分就出来了。

把想求函数乘以三角函数，然后在 $-\pi$ 到 π 的区间内积分，就可以得到傅里叶级数。实际用 9-1 式（★）函数 $f(t)$ 来做。$f(t)$ 乘以 $\sin(t)$，在 $t=-\pi$ 到 $t=\pi$ 的区间内积分，变成

$$\int_{-\pi}^{\pi} f(t)\sin(t)\mathrm{d}t=\int_{-\pi}^{\pi}[3\sin(t)+1.5\sin(2t)+0.2\sin(3t)]\sin(t)\mathrm{d}t$$

$$=3\underbrace{\int_{-\pi}^{\pi}\sin(t)\sin(t)\mathrm{d}t}_{=\pi}+1.5\underbrace{\int_{-\pi}^{\pi}\sin(2t)\sin(t)\mathrm{d}t}_{=0}$$

$$+0.2\underbrace{\int_{-\pi}^{\pi}\sin(3t)\sin(t)\mathrm{d}t}_{=0}=3\pi$$

积分的计算使用了 9-0 节的结果[㊀]。同样，如果用 $\sin(2t)$、$\sin(3t)$ 执行，

$$\int_{-\pi}^{\pi} f(t)\sin(2t)\mathrm{d}t=3\underbrace{\int_{-\pi}^{\pi}\sin(t)\sin(2t)\mathrm{d}t}_{=0}$$

$$+1.5\underbrace{\int_{-\pi}^{\pi}\sin(2t)\sin(2t)\mathrm{d}t}_{=\pi}+0.2\underbrace{\int_{-\pi}^{\pi}\sin(3t)\sin(2t)\mathrm{d}t}_{=0}=1.5\pi$$

$$\int_{-\pi}^{\pi} f(t)\sin(3t)\mathrm{d}t=3\underbrace{\int_{-\pi}^{\pi}\sin(t)\sin(3t)\mathrm{d}t}_{=0}$$

$$+1.5\underbrace{\int_{-\pi}^{\pi}\sin(2t)\sin(3t)\mathrm{d}t}_{=0}+0.2\underbrace{\int_{-\pi}^{\pi}\sin(3t)\sin(3t)\mathrm{d}t}_{=\pi}=0.2\pi$$

将 $\sin(kt)$（$k=1$，2，3）乘以积分，k 和 $f(t)$ 为与之一致的项的系数（3，1.5，0.2）乘以 π 后提取的。因此，我们可以用积分除以 π。

㊀ 用 $\int_{-\pi}^{\pi}\mathrm{d}t$ 对 $\sin(mt)$ 和 $\sin(nt)$ 的乘法进行积分时，当 $n=m$ 时，积分的值为 π，$n\neq m$ 时积分的值为 0。

$$b_1 = \frac{1}{\pi}\int_{-\pi}^{\pi} f(t)\sin(t)\mathrm{d}t$$

$$b_2 = \frac{1}{\pi}\int_{-\pi}^{\pi} f(t)\sin(2t)\mathrm{d}t$$

$$b_3 = \frac{1}{\pi}\int_{-\pi}^{\pi} f(t)\sin(3t)\mathrm{d}t$$

那么，傅里叶系数为 $b_1 = 3$、$b_2 = 1.5$、$b_3 = 0.2$。傅里叶系数可以这样求出，傅里叶级数如 9-1 节式（★）展开。展开的形式称为傅里叶展开。

用一般的周期函数进行傅里叶展开，不仅需要 sin 项，还需要 cos 项。这里，满足 $f(t+T)=f(t)$ 的函数称为周期为 T 的周期函数。已知周期为 2π 的傅里叶展开和傅里叶系数如下所示。

【周期 2π 的傅里叶级数】

如果函数 $f(t)$ 是周期为 2π 的周期函数，形式上可以这样写：

$$f(t) \sim \frac{a_0}{2} + \sum_{k=1}^{\infty}[a_k\cos(kt) + b_k\sin(kt)] \quad (♪)$$

傅里叶系数 a_k 和 b_k 为

$$a_k = \frac{1}{\pi}\int_{-\pi}^{\pi} f(t)\cos(kt)\mathrm{d}t \quad (k = 0,1,2,\cdots) \quad (1)$$

$$b_k = \frac{1}{\pi}\int_{-\pi}^{\pi} f(t)\sin(kt)\mathrm{d}t \quad (k = 1,2,\cdots) \quad (2)$$

※ a_0 是 $\cos(kt)$ 在 $k=0$ 时的系数。

符号“~”的意思是“接近”，因为是用无限多个加法来表示流畅连接的函数，担心中间图表可能会断裂，所以和“=”区别使用。想了解详细情况的读者，请参考数学专业书籍《傅里叶定理》。

问题 9-2 用公式（♪）的展开式，计算 $\int_{-\pi}^{\pi} f(t)\cos(mt)\mathrm{d}t$、$\int_{-\pi}^{\pi} f(t)\sin(mt)\mathrm{d}t$，求傅里叶系数 a_m、b_m，验证与公式（1）、（2）一致。

答案在 P.308~309

9-3 ▶ 傅里叶级数的计算②

~ 熟能生巧 ~

介绍一个例子。正所谓熟能生巧，通过具体例子来加深理解吧。

假设下面的函数 $f(t)$ 在 $-\pi \leqslant t \leqslant \pi$ 中被定义。此时，求 $f(x)$ 的傅里叶级数。

$$f(t)=\begin{cases}1 & (0 \leqslant t < \pi)\\ 0 & (-\pi \leqslant t < 0)\end{cases}$$

将其作为周期 2π 反复进行，并扩展到整个时间轴的波形被称为方波，如图 9.3 所示。

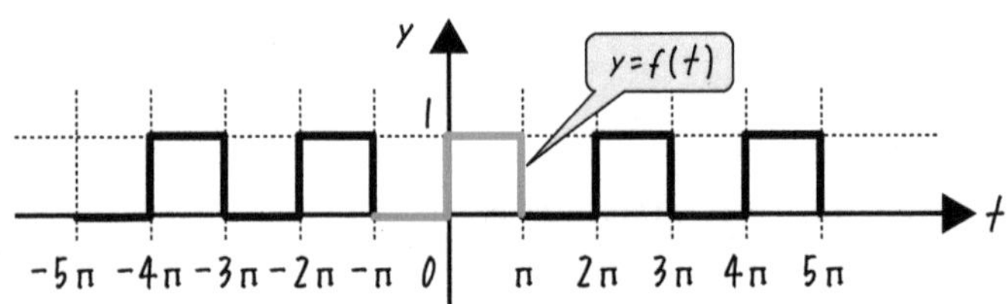

图 9.3　$y = f(t)$ 图及其扩展

由于 $f(t)$ 的值是根据 t 的值来划分的，所以我们可以将积分的区间划分为 $(0 \leqslant t < \pi)$ 和 $(-\pi \leqslant t < 0)$ 来计算。首先，$\cos(kt)$ 的系数 a_k 分为 $k = 0$ 和 $k \neq 0$ 两种情况，则变成，

$$\begin{aligned}a_0 &= \frac{1}{\pi}\int_{-\pi}^{\pi} f(t)\cos(0 \cdot t)\mathrm{d}t\\ &= \frac{1}{\pi}\int_{-\pi}^{0} \underbrace{f(t)}_{=0} 1\mathrm{d}t + \frac{1}{\pi}\int_{0}^{\pi} \underbrace{f(t)}_{=1} 1\mathrm{d}t\\ &= \frac{1}{\pi}[t]_0^{\pi} = 1\end{aligned}$$

$$
\begin{aligned}
\underbrace{a_k}_{(k\neq0)} &= \frac{1}{\pi}\int_{-\pi}^{\pi} f(t)\cos(kt)\mathrm{d}t \\
&= \frac{1}{\pi}\int_{-\pi}^{0} \underbrace{f(t)}_{=0}\cos(kt)\mathrm{d}t + \frac{1}{\pi}\int_{0}^{\pi} \underbrace{f(t)}_{=1}\cos(kt)\mathrm{d}t \\
&= \frac{1}{\pi}\int_{0}^{\pi} \cos(kt)\mathrm{d}t \\
&= \frac{1}{\pi}\left[\frac{1}{k}\sin(kt)\right]_0^{\pi} \\
&= \frac{1}{\pi k}[\sin(k\pi) - \sin 0] = 0
\end{aligned}
$$

$\sin(kt)$ 的系数 b_k 如下所示。

$$
\begin{aligned}
b_k &= \frac{1}{\pi}\int_{-\pi}^{\pi} f(t)\sin(kt)\mathrm{d}t \\
&= \frac{1}{\pi}\int_{-\pi}^{0} \underbrace{f(t)}_{=0}\sin(kt)\mathrm{d}t + \frac{1}{\pi}\int_{0}^{\pi} \underbrace{f(t)}_{=1}\sin(kt)\mathrm{d}t \\
&= \frac{1}{\pi}\int_{0}^{\pi} \sin(kt)\mathrm{d}t \\
&= \frac{1}{\pi}\left[-\frac{1}{k}\cos(kt)\right]_0^{\pi} \\
&= \frac{1}{\pi k}[-\cos(k\pi) - (-\cos 0)] \\
&= \frac{1}{\pi k}[-(-1)^k + 1] \\
&= \frac{1}{\pi k}[1 - (-1)^k] \\
&= \begin{cases} \dfrac{2}{\pi k} & (k\text{为奇数}) \\ 0 & (k\text{为偶数}) \end{cases}
\end{aligned}
$$

再者，k 为奇数时，$(-1)^k = -1$，所以 $1-(-1)^k = 1-(-1) = 2$，k 为偶数时，$(-1)^k = +1$，所以 $1-(-1)^k = 1-(+1) = 0$。

这里，将 $\sin(k\pi)$ 和 $\cos(k\pi)$ 的值作为如图 9.4 所示的单位圆上的角度 $k\pi$ 的坐标，k 为偶数时，坐标为（1，0），k 为奇数时，坐标为（−1，0）。由于 y 坐标始终为零，所以 $\sin(k\pi) = 0$。x 坐标在 k 为偶数时为 1，k 为奇数时为 −1，所以 $\cos(k\pi) = (-1)^k$ 就能很好地表示。

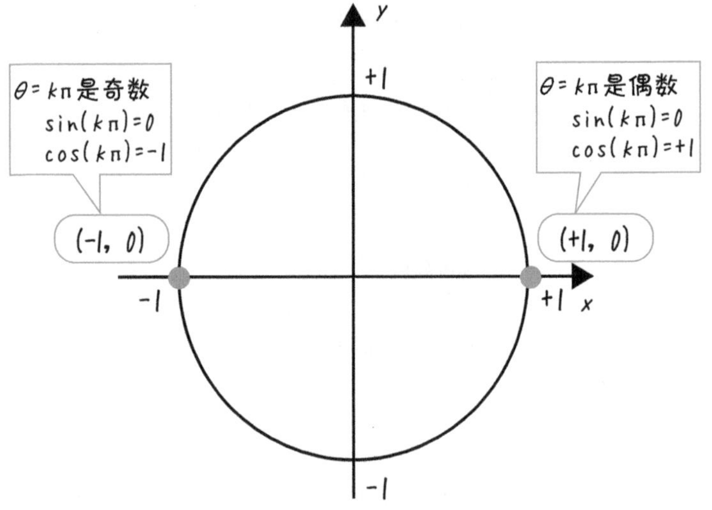

图 9.4　sin(kπ) = 0 和 cos(kπ) = (−1)

由此，$f(t)$ 的傅里叶级数为

$$
\begin{aligned}
f(t) &\sim \frac{a_0}{2}+\sum_{k=1}^{\infty}[a_k\cos(kt)+b_k\sin(kt)] \\
&=\frac{1}{2}+\sum_{k=1}^{\infty}\frac{1}{\pi k}[1-(-1)^k]\sin(kt) \\
&=\underbrace{\frac{1}{2}}_{k=0}+\underbrace{\frac{2}{\pi}\sin(t)}_{k=1}+\underbrace{\frac{2}{3\pi}\sin(3t)}_{k=3}+\underbrace{\frac{2}{5\pi}\sin(5t)}_{k=5}+\underbrace{\frac{2}{7\pi}\sin(7t)}_{k=7}+\cdots\cdots
\end{aligned}
$$

将得到的傅里叶级数用计算机计算出一部分的和（部分和），制成如图 9.5 所示的图表。可以看出，k 越大，就越接近方波。另外，我们还可以发现，每个波形都只在 $t=-\pi$、0、π 附近直接振荡。这被称为吉布斯现象，一般发生在函数不相连㊀的地方附近。傅里叶级数并不能完全再现原来的函数。因此，表示展开的符号不使用“=”而是“~”。

㊀ 在数学术语中称为不连续。

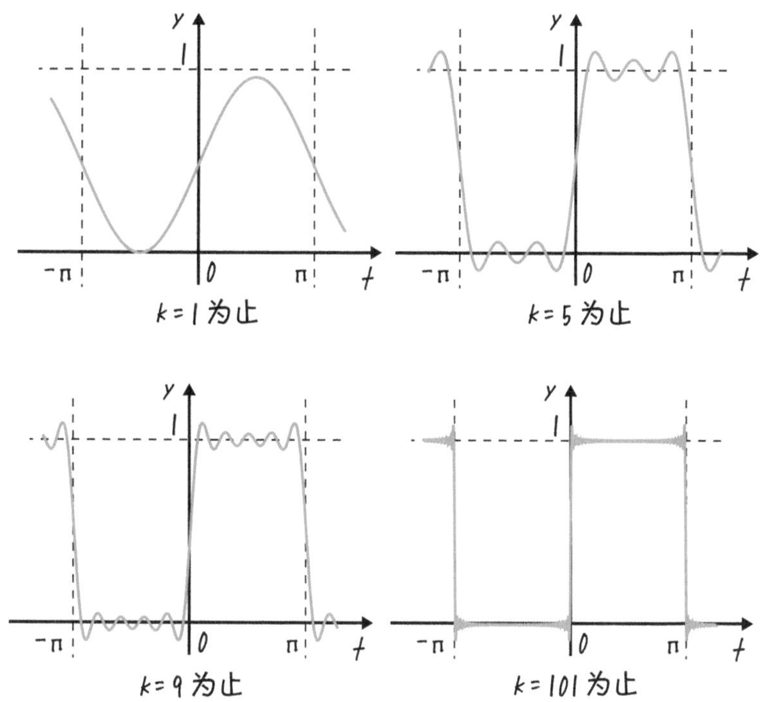

图 9.5 **傅里叶级数的部分和**

问题9-3 求出函数 $f(t)=t(-\pi<t\leqslant\pi)$ 的傅里叶级数。 答案在 **P.309~311**

9-4 ▶ 复傅里叶级数·傅里叶变换

~ 无缝隙 ~

▶【复傅里叶级数】

用复数 c_k 来表示 a_k 和 b_k。

根据欧拉公式，我们知道 $\sin\theta = \dfrac{e^{j\theta} - e^{-j\theta}}{2j}$、$\cos\theta = \dfrac{e^{j\theta} + e^{-j\theta}}{2}$，用 $\theta = kt$ 改写 9-2 节式（♪），

$$\begin{aligned}
&\frac{a_0}{2} + \sum_{k=1}^{\infty}(a_k\cos(kt) + b_k\sin(kt)) \\
&= \frac{a_0}{2} + \sum_{k=1}^{\infty}\left(a_k\frac{e^{jkt} + e^{-jkt}}{2} + b_k\frac{e^{jkt} - e^{-jkt}}{2j}\right) \\
&= \frac{a_0}{2} + \sum_{k=1}^{\infty}\left(\frac{a_k - jb_k}{2}e^{jkt} + \frac{a_k + jb_k}{2}e^{-jkt}\right) \\
&= \frac{a_0}{2} + \sum_{k=1}^{\infty}\left(\frac{a_k - jb_k}{2}e^{jkt}\right) + \sum_{k=-1}^{-\infty}\left(\frac{a_{-k} + jb_{-k}}{2}e^{+jkt}\right)
\end{aligned}$$

⇐ e^{jkt} 和 e^{-jkt} 的分子项

⇐ 第 3 项：把和的范围设为负，替换 k 的符号

$$c_0 = \frac{a_0}{2},\quad c_k = \frac{a_k - jb_k}{2}(k > 0),\quad c_{-k} = \frac{a_k + jb_k}{2}(k < 0)$$

那么，用 9-2 节式（♪）的三角函数写出的傅里叶级数为

$$\frac{a_0}{2} + \sum_{k=1}^{\infty}[a_k\cos(kt) + b_k\sin(kt)] = \sum_{k=-\infty}^{\infty}c_n e^{jkt} \qquad (♪)$$

可以用指数函数来定。因此，c_k 称为 $f(t)$ 的复傅里叶系数，等式（♪）的展开称为复傅里叶级数或复傅里叶展开。此时，如果给出 a_k 和 b_k，就能得到复傅里叶系数为

$$\begin{aligned}
c_k &= \frac{1}{2}(a_k - jb_k) = \frac{1}{2\pi}\int_{-\pi}^{\pi}f(t)[\cos(kt) - j\sin(kt)]dt \\
&= \frac{1}{2\pi}\int_{-\pi}^{\pi}f(t)e^{-jkt}dt
\end{aligned}$$

 用 9-3 节的 $f(t)$ 求复傅里叶系数。 答案在 P.311

▶【傅里叶变换】

无缝隙地使用傅里叶级数。

到目前为止的傅里叶级数和复傅里叶级数的下标是取整数值，如图 9.2（b）所示的傅里叶级数的图形是点。通过增加这些点的集合，将图表扩展成线，这就是傅里叶变换。假设复傅里叶级数 c_k 是 k 的函数，

$$c_k = \frac{1}{2\pi}\int_{-\infty}^{\infty} f(t)\mathrm{e}^{-\mathrm{j}kt}\mathrm{d}t$$

考虑到这一点，c_k 的值与实数 k 的值相比就可得到函数 $c\,(k)$。这样就可以画出以 k 为横轴、$c\,(k)$ 为纵轴的函数图。对于复傅里叶系数 c，v 是跳跃的整数值（…、−2、−1、0、1、2、…），所以，如果做成图表的话，就是点的集合。如果将 k 作为函数扩展到实数，那么 $c\,(k)$ 的值就会相对于 k 的值，整数与整数之间也没有空隙，图表就变成了线。

因此，我们把傅里叶变换 $F[F(t)]$ 写成 $F(\omega)$，

$$\mathcal{F}[f(t)] = F(\omega) = \frac{1}{\sqrt{2\pi}}\int_{-\infty}^{\infty} f(t)\mathrm{e}^{-\mathrm{j}\omega t}\mathrm{d}t$$

将其还原的傅里叶逆变换为 $\mathcal{F}^{-1}[F(\omega)] = f(t)$，公式为㊀

$$f(t) = \mathcal{F}^{-1}[F(\omega)] = \frac{1}{\sqrt{2\pi}}\int_{-\infty}^{\infty} F(\omega)\mathrm{e}^{+\mathrm{j}\omega t}\mathrm{d}t$$

傅里叶变换具有与拉普拉斯变换相似的性质，它常被用于解决以波动方程、热传导方程等为代表的偏微分方程时。

㊀ 之所以取系数 $\frac{1}{\sqrt{2\pi}}$，是因为在进行傅里叶变换和傅里叶逆变换时，函数的大小为 $\sqrt{\int_{-\infty}^{\infty}|f(t)^2|\mathrm{d}t}$ 不变（这被称为“norm”）。我们把不改变大小的变换称为一元变换。

例 求 9-3 节的函数 $f(t)$ 的傅里叶变换 $f(\omega)$，看看 $f(\omega)$ 与傅里叶系数的关系。

答 $f(t)$ 在 $(0\leqslant t<\pi)$ 以外的值为 0，变为

$$F(\omega)=\frac{1}{\sqrt{2\pi}}\int_{-\infty}^{\infty}f(t)\mathrm{e}^{-\mathrm{j}\omega t}\mathrm{d}t=\frac{1}{\sqrt{2\pi}}\int_{0}^{\pi}\mathrm{e}^{-\mathrm{j}\omega t}\mathrm{d}t$$
$$=\frac{1}{\sqrt{2\pi}}\left[\frac{\mathrm{e}^{-\mathrm{j}\omega t}}{-\mathrm{j}\omega}\right]_0^{\pi}=\frac{1}{\sqrt{2\pi}}\frac{\mathrm{e}^{-\mathrm{j}\omega t}-1}{\omega}$$

此外，根据复数的绝对值具有的 $|z_1z_2|=|z_1||z_2|$ 性质，从 $|F(\omega)|=\left|\frac{1}{\sqrt{2\pi}}\right|\frac{|\mathrm{e}^{-\mathrm{j}\omega\pi}-1|}{|-\mathrm{j}\omega|}$ 得

$$|\mathrm{e}^{-\mathrm{j}\omega\pi}-1|=|\cos(\omega\pi)-\mathrm{j}\sin(\omega\pi)-1|$$
$$=\sqrt{[\cos^2(\omega\pi)-1]^2+\sin^2(\omega\pi)}$$
$$=\sqrt{\cos^2(\omega\pi)-2\cos(\omega\pi)+1^2+\sin^2(\omega\pi)}$$
$$=\sqrt{2[1-\cos(\omega\pi)]}$$

这里使用了三角函数的相互关系 $\cos^2(\omega\pi)+\sin^2(\omega\pi)=1$。根据以上内容，可以得到以下公式。

$$|F(\omega)|=\frac{1}{\sqrt{2\pi}}\frac{\sqrt{2[1-\cos(\omega\pi)]}}{|\omega|}$$

观察 ω 为整数时的值，因为 $\cos(\omega\pi)=(-1)^{\omega}$，

$$|F(\omega)|=\frac{1}{\sqrt{2\pi}}\frac{\sqrt{2[1-(-1)^{\omega}]}}{|\omega|}=\begin{cases}\dfrac{2}{\sqrt{2\pi}\omega} & (\omega\text{为奇数})\\ 0 & (\omega\text{为偶数})\end{cases}$$

如果 ω 为奇数的话，

$$F(\omega)=\sqrt{\frac{\pi}{2}}b_{\omega}$$

这样，就变成了傅里叶系数的常数倍。一般来说，傅里叶变换的大小和复傅里叶系数的大小 $|c_k|$ 有相似的行为。

实际上，将 $|F(\omega)|$ 作为纵轴，ω 作为横轴时，图表如图 9.6 所示。实线是 $|F(\omega)|$ 本身，虚线是 ω 为奇数时的取值，擅自将其扩展成实数，做成图表。为奇数时，实线和虚线一致，为偶数时，值为零。

傅里叶系数 $b_\omega = \sqrt{\frac{2}{\pi}}|F(\omega)|$ 的图表，奇数部分的点是 $|F(\omega)|$ 除以 $\sqrt{2\pi}$ 得到的值，偶数为零点。

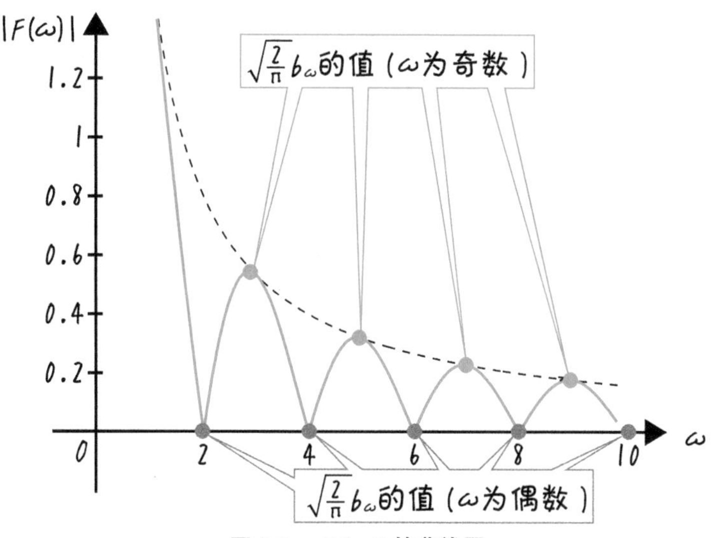

图 9.6　$|F(\omega)|$ 的曲线图

○（补充）复数的积分

取复数值的函数 $f(x)$ 的实部和虚部，$u(x)=\mathrm{Re}\,f(x)$，$v(x)=\mathrm{Im}\,f(x)$ 也就是说，

$$f(x)=u(x)+\mathrm{j}v(x)$$

那么假设

$$\int f(x)\mathrm{d}x=\int u(x)\mathrm{d}x+j\int v(x)\mathrm{d}x$$

于是，就像在 8-4 节中扩展复数的微分那样，$(\mathrm{e}^{\lambda x})'=\lambda\mathrm{e}^{\lambda x}$，所以，当 $\lambda\neq 0$ 的时候，有下式存在。

$$\int \mathrm{e}^{\lambda x}\mathrm{d}x=\int\left(\frac{1}{\lambda}\mathrm{e}^{\lambda x}\right)'\mathrm{d}x=\frac{1}{\lambda}\mathrm{e}^{\lambda x}+C$$

如果复数 $\lambda x=\mathrm{j}m\theta$（$m$ 为整数），积分从 $\theta=-\pi$ 到 $\theta=+\pi$，则 $m\neq 0$ 时，变成

$$\int_{-\pi}^{\pi}\mathrm{e}^{\mathrm{j}m\theta}\mathrm{d}\theta=\left[\frac{1}{\mathrm{j}m}\mathrm{e}^{\mathrm{j}m\theta}\right]_{-\pi}^{\pi}=\frac{1}{\mathrm{j}m}[\mathrm{e}^{\mathrm{j}m\pi}-\mathrm{e}^{\mathrm{j}m\pi}]$$

$$=\frac{2}{m}\sin(m\pi)=0$$

当 $m=0$ 时，

$$\int_{-\pi}^{\pi} e^{jm\theta} d\theta = \int_{-\pi}^{\pi} e^{0} d\theta = \int_{-\pi}^{\pi} 1 d\theta = [\theta]_{-\pi}^{\pi} = 2\pi$$

综上可得下式。

$$\int_{-\pi}^{\pi} e^{jm\theta} d\theta = \delta_{m0} 2\pi$$

于是，$e^{jmx}=\cos(mx)+j\sin(mx)$ 和 $e^{-jnx}=\cos(nx)-j\sin(nx)$ 这两个复数的乘积，从 $x=-\pi$ 积分到 $x=+\pi$，就可以得到下面的公式。

$$\int_{-\pi}^{\pi} e^{jm\theta} e^{-jn\theta} d\theta = \int_{-\pi}^{\pi} e^{j(m-n)\theta} d\theta = \delta_{mn} 2\pi$$

e^{jmx} 也具有与 $\sin(mx)$ 和 $\cos(mx)$ 相似的性质。

COLUMN 傅里叶变换和拉普拉斯变换

傅里叶和拉普拉斯都是法国著名的数学家、物理学家，他们在数学领域做出了许多贡献，引领了数学的发展。

第 8 章介绍了拉普拉斯变换，第 9 章介绍了傅里叶级数和傅里叶变换。好不容易介绍了傅里叶变换和拉普拉斯变换，接下来介绍两者非常简单的关联。函数 $f(t)$ 在 $t<0$ 处有 $f(t)=0$。然后将 σ 作为实数的常数，对 $\sqrt{2\pi}e^{-\sigma t}f(t)$ 这个函数进行傅里叶变换，

$$\begin{aligned}\mathcal{F}[\sqrt{2\pi}e^{-\sigma t}f(t)] &= \int_{-\infty}^{\infty} e^{-\sigma t} f(t) e^{-j\omega t} dt \\ &= \int_{-\infty}^{\infty} e^{-\sigma t} \underbrace{f(t)}_{=0} e^{-j\omega t} dt + \int_{-\infty}^{\infty} e^{-\sigma t} f(t) e^{-j\omega t} dt \\ &= \int_{0}^{\infty} f(t) e^{-\sigma t - j\omega t} dt\end{aligned}$$

如果 $s=\sigma+j\omega$ 的话，

$$\mathcal{F}[\sqrt{2\pi}e^{-\sigma t}f(t)] = \int_{0}^{\infty} f(t) e^{-st} dt = \mathcal{L}[f(t)]$$

$\sqrt{2\pi}e^{-\sigma t}f(t)$ 的傅里叶变换就是 $f(t)$ 的拉普拉斯变换 $\mathcal{L}[f(t)]$。傅里叶变换的功能是从时间表示的函数中提取频率 ω 信息。拉普拉斯变换还包括振动幅度 σ 的变动，以及提取频率 ω 的信息。

问题的答案

第 1 章

问题的答案

问题 1-1

（1）3 位：$\overset{1}{3}.\overset{2}{1}\overset{3}{4}$ （2）4 位：$\overset{1}{3}.\overset{2}{1}\overset{3}{4}\overset{4}{1}$ （3）5 位：$\overset{1}{3}.\overset{2}{1}\overset{3}{4}\overset{4}{1}\overset{5}{5}$

（4）9 位：$\overset{1}{1}.\overset{2}{7}\overset{3}{3}\overset{4}{2}\overset{5}{0}\overset{6}{5}\overset{7}{0}\overset{8}{8}\overset{9}{0}$ （5）6 位：$\overset{1}{2}.\overset{2}{7}\overset{3}{1}\overset{4}{8}\overset{5}{2}\overset{6}{8}$

问题 1-2

（1）$2\times10^{-3}\text{ m}=2\text{mm}$ （2）$3\times10^{3}\text{ m}=3\text{km}$

（3）$0.33\times10^{-2}\text{ m}=3.\underbrace{3\times10^{-1}\ \times10^{-2}}_{\text{这里会出现 }10^{-3}}\text{ m}$

$=3.3\times10^{-3}\text{ m}=3.3\text{mm}$

（4）$5\times10^{-6}\text{ m}=5\mu\text{m}$

问题 1-3

（1）[蓝色的上标记代表小数位]$1.\overset{1}{2}\overset{2}{4}\overset{3}{5}+2.\overset{1}{3}\overset{2}{6}=3.\overset{1}{6}\overset{2}{0}\overset{3}{5}=3.\overset{1}{6}\overset{2}{1}$

如果有误差较大的位数，是小数点后第二位。因此，我们需要将小数点后第二位之后的数四舍五入。这样可以减小误差，使计算结果更加准确。

（2）[蓝色的上标记代表小数位]$3.\overset{1}{5}\overset{2}{1}-2.\overset{1}{7}=0.\overset{1}{8}\overset{2}{1}=0.\overset{1}{8}$

和（1）类似，我们需要将小数点后第二位及以后的数字四舍五入到小数点后第一位。这样可以减小误差，使计算结果更加准确。

（3）$\overset{1}{4}.\overset{2}{5}\times\overset{1}{3}.\overset{2}{6}\overset{3}{1}=\overset{1}{1}\overset{2}{6}.\overset{3}{2}\overset{4}{4}\overset{5}{5}=\overset{1}{1}\overset{2}{6}$

因为 4.5 只有两位有效数字，所以我们需要将计算结果的有效数字保留两位。为此，我们需要将第三位有效数字即小数点后第二位进行四舍五入。这样可以减小误差，使计算结果更加准确。

（4）$\overset{1}{5}\overset{2}{2}.\overset{3}{8}\div\overset{1}{2}.\overset{2}{4}=\overset{1}{2}\overset{2}{2}$

和（3）类似，因为 $\overset{1}{2}.\overset{2}{4}$ 只有两位有效数字，所以我们只需要将计算结果的有效数字保留两位。为此，我们需要将第三位有效数字即小数点后第二位进行四舍五入。这样可以减小误差，使计算结果更加准确。但是，如果将答案写成 $\overset{1}{2}\overset{2}{2}.\overset{3}{0}\overset{4}{0}\overset{5}{0}$，这会增加有效数字的位数，从而导致误差。

第 2 章

问题的答案

问题 2-1 闭合的。

因为自然数乘以自然数的结果仍然是自然数，所以答案也是自然数。因此，答案是一个整数，没有小数部分，也就是“闭合”的。

问题 2-2 不闭合。

因为自然数除以自然数的结果不一定是自然数，有可能是分数或有理数。例如，$3 \div 4$，3 和 4 都是自然数，但是 $3 \div 4=\frac{3}{4}$不是自然数，是无理数。

问题 2-3

（1）$59 - 63 = -4$

因为自然数之间的减法结果可能是负数，所以我们需要将减法结果的符号确定下来。在这个问题中，我们可以将减法转化为加法，即 $63 - 59 = 4$ 可以转化为 $63 + (-4) = 59$。因此，答案是 -4。

（2）$49 - 89 = -40$

（3）$8 + (-5) = 8 - 5 = 3$

因为负数加上正数等于从正数中减去负数的绝对值，所以我们可以将负数加上正数的运算转化为正数减去负数绝对值的运算。

（4）$-5 + 10 = 10 - 5 = 5$

因为加法和乘法都满足交换律，即加法和乘法的顺序可以交换而不影响结果。

（5）$(-2)+(-8) = -(2+8) = -10$

当两个负数相加时，我们可以将它们的绝对值相加，然后在结果前面加上负号。

（6）$-9 \cdot 2 = -(9 \cdot 2) = -18$

当一个正数和一个负数相乘时，它们的乘积为负数。

（7）$3 \cdot (-5) = -(3 \cdot 5) = -15$

（8）$(-200) \cdot (-50) = +(200 \cdot 50) = 10000$

当两个负数相乘时，它们的乘积为正数。

（9）$(-100) \cdot (-20) = +(100 \cdot 20) = 2000$

问题 2-4 闭合的

当两个整数相乘时，它们的乘积也是整数。

问题 2-5 不闭合

当两个整数相除时，它们的商可能是整数，也可能是有理数。例如，（−3）÷4 的情况下，商为$-\frac{3}{4}$，这是一个有理数，而不是整数。

问题 2-6

（1）$\sqrt{64}=\sqrt{8^2}=8$

（2）$\sqrt{128}=\sqrt{2^2\cdot 2^2\cdot 2^2\cdot 2}=2\cdot 2\cdot 2\sqrt{2}=8\sqrt{2}$

（3）$\sqrt{7}\cdot\sqrt{14}=\sqrt{7}\cdot\sqrt{7\cdot 2}=\sqrt{7\cdot 7\cdot 2}=7\sqrt{2}$

（4）$\frac{3}{\sqrt{3}}=\frac{3\sqrt{3}}{\sqrt{3}\sqrt{3}}=\frac{3\sqrt{3}}{3}=\sqrt{3}$

（5）分子和分母同乘以（$\sqrt{3}+1$），使分母“有理化”。

$$\frac{\sqrt{3}+1}{\sqrt{3}-1}=\frac{(\sqrt{3}+1)(\sqrt{3}+1)}{(\sqrt{3}-1)(\sqrt{3}+1)}=\frac{(\sqrt{3})^2+2\cdot\sqrt{3}\cdot 1+1^2}{(\sqrt{3})^2-1^2}$$

$$=\frac{3+2\sqrt{3}+1}{3-1}=\frac{4+2\sqrt{3}}{2}=2+\sqrt{3}$$

问题 2-7 580 A 日元

1 串为 580 日元

2 串为 2×580 日元

3 串为 3×580 日元

⋮

A 串为 A · 580 日元 = 580 A 日元

问题 2-8

苹果 A 个，鲭鱼 B 条的费用为 $120A+200B$ 日元。如果将苹果设为 1.5 个，鲭鱼设为 2 条，则 $A=1.5$，$B=2$。将这些值代入 $120A+200B$ 中，可以得到以下费用：

$$120A+200B=120\cdot 1.5+200\cdot 2=180+400=580 \text{ 日元}$$

问题 2-9

（1）$49x+89x=(49+89)x=138x$

（2）$59t-63t=(59-63)t=-4t$

（3）$10A\cdot 72A=10\cdot 72\cdot A\cdot A=720A^2$

（4）$\frac{1}{2}a\cdot 4b=\frac{1}{2}\cdot 4\cdot a\cdot b=2ab$

（5）$\frac{15x}{81y}=\frac{3\cdot 5\cdot x}{3\cdot 27\cdot y}=\frac{5x}{27y}$

（6）$\frac{10a^5b}{3a^2b^3}=\frac{10a^2a^3b}{3a^2b\cdot b^2}=\frac{10a^2a^3b}{3a^2b\cdot b^2}=\frac{10a^3}{3b^2}$

（7）$\frac{1}{2}a^2\cdot\frac{1}{4ab}=\frac{a^2}{2\cdot 4ab}=\frac{a^2}{8ab}=\frac{a}{8b}$

（8）$\frac{A}{81B}\cdot\frac{6C}{A^2}\cdot\frac{15B}{2C}=\frac{6\cdot 15\cdot A\cdot C\cdot B}{81\cdot 2\cdot B\cdot A^2\cdot C}=\frac{2\cdot 3\cdot 3\cdot 5}{3\cdot 3\cdot 9\cdot 2\cdot A}=\frac{5}{9A}$

（9）我们需要将分母中的$\sqrt{2}$消去，因此可以将分子和分母同时乘以$\sqrt{2}$（参照 2-4 节）。具体解题过程如下，先化简分式：

$$\frac{a^2b}{\sqrt{2}ab^3}=\frac{a^2b}{\sqrt{2}ab^3}=\frac{a}{\sqrt{2}b^2}$$

对分式进行有理化

$$\frac{a}{\sqrt{2}b^2}=\frac{a\cdot\sqrt{2}}{\sqrt{2}b^2\cdot\sqrt{2}}=\frac{\sqrt{2}a}{2b^2}=\frac{\sqrt{2}}{2}\frac{a}{b^2}$$

问题 2–10

（1）到（4）的问题，可以先化简代数式，然后再把 $A=4$、$B=3$ 代入计算即可。

（1）$2A+3B+5A=7A+3B=7\cdot 4+3\cdot 3=28+9=37$

（2）$\frac{5A^3}{2A^2B}=\frac{5A}{2B}=\frac{5\cdot 4}{2\cdot 3}=\frac{10}{3}$

（3）$\frac{5A^3B}{A^2B}=5A=5\cdot 4=20$

（4）$\frac{81AB}{AB^2}=\frac{81AB}{AB^2}=\frac{81}{B}=\frac{81}{3}=27$

（5）$\frac{AB}{A+B}=\frac{4\cdot 3}{4+3}=\frac{12}{7}$

（6）$\frac{AB}{\sqrt{A^2+B^2}}=\frac{4\cdot 3}{\sqrt{4^2+3^2}}=\frac{12}{\sqrt{16+9}}=\frac{12}{\sqrt{25}}=\frac{12}{\sqrt{5^2}}=\frac{12}{5}$

问题 2–11

(1) $R-\dfrac{R+1}{5}=\dfrac{5R}{5}-\dfrac{R+1}{5}$ ⇐ 通分分母（将第 1 项的分母变为 5）

$=\dfrac{5R-(R+1)}{5}$ ⇐ 做加减运算，请注意负号

$=\dfrac{4R-1}{5}$

(2) $\dfrac{2E-1}{3R}-\dfrac{3-E}{2R}=\dfrac{2(2E-1)}{6R}-\dfrac{3(3-E)}{6R}$ ⇐ 通分分母（将各项的分母变为 6）

$=\dfrac{2(2E-1)-3(3-E)}{6R}$ ⇐ 做加减运算，请注意负号

$=\dfrac{4E-2-9+3E}{6R}$ ⇐ 除去括号

$=\dfrac{7E-11}{6R}$

(3) $0.1=\dfrac{1}{10}$、$1.5=\dfrac{15}{10}$的小数形式变为分数形式。

$0.1V-\dfrac{-V+1.5RI}{3}=\dfrac{V}{10}-\dfrac{-V+\frac{15}{10}RI}{3}$

$=\dfrac{V}{10}-\dfrac{\left(-V+\frac{15}{10}RI\right)\cdot 10}{3\cdot 10}$ ⇐ 第 2 项的分子和分母同乘以 10

$=\dfrac{V}{10}-\dfrac{-10V+15RI}{30}$ ⇐ 除去括号

$=\dfrac{3V}{30}-\dfrac{-10V+15RI}{30}$ ⇐ 通分分母（将各项的分母变为 30）

$=\dfrac{3V-(-10V+15RI)}{30}$ ⇐ 做加减运算，请注意负号

$=\dfrac{13V-15RI}{30}$

答案也可以将分子拆分成两个部分。

$$\frac{13V-15RI}{30}=\frac{13}{30}V-\frac{15}{30}RI=\frac{13}{30}V-\frac{1}{2}RI$$

问题 2-12

（1）$\frac{1}{2}-\frac{1}{3}=\frac{1\cdot 3}{2\cdot 3}-\frac{1\cdot 2}{3\cdot 2}$ ⇐ 通分分母（将各项的分母变为 6）

$=\frac{3}{6}-\frac{2}{6}=\frac{3-2}{6}=\frac{1}{6}$

（2）$\frac{1}{\frac{1}{2}-\frac{1}{3}}=\frac{1}{\frac{1}{2}-\frac{1}{3}}\cdot\frac{6}{6}$ ⇐ 分母 · 分子同乘以 6

$=\frac{6}{\left(\frac{1}{2}-\frac{1}{3}\right)\times 6}$ ⇐ 分别计算分母和分子

$=\frac{6}{\frac{1}{2}\times 6-\frac{1}{3}\times 6}$ ⇐ 分母除去括号

$=\frac{6}{3-2}=\frac{6}{1}=6$

【另外的一种解法】代入（1）的答案，变为下面的形式。

$$\frac{1}{\frac{1}{2}-\frac{1}{3}}=\frac{1}{\frac{1}{6}}=1\div\frac{1}{6}=1\times\frac{6}{1}=6$$

（3）$1+\frac{1}{A}=\frac{A}{A}+\frac{1}{A}=\frac{A+1}{A}$首先通分分母为 A。

$$\frac{1}{1+\frac{1}{A}}=\frac{1}{\frac{A+1}{A}}$$

$=\frac{A}{\frac{A+1}{A}A}$ ⇐ 分母 · 分子同乘以 A

$=\frac{A}{A+1}$

（4）通分最底下分式的分母，及$1+\frac{1}{A}=\frac{A+1}{A}$，然后代入可得；

$$\frac{1}{1+\frac{1}{1+\frac{1}{A}}}=\frac{1}{1+\frac{1}{\frac{A+1}{A}}}=\frac{1}{1+\frac{A}{A+1}}$$

问题的答案

再对分母中的分式进行通分，

$$1+\frac{A}{A+1}=\frac{A+1}{A+1}+\frac{A}{A+1}=\frac{A+1+A}{A+1}=\frac{2A+1}{A+1}$$

代入原代数式，即可求得答案。

$$\frac{1}{1+\frac{1}{1+\frac{1}{A}}}=\frac{1}{\frac{2A+1}{A+1}}=\frac{A+1}{2A+1}$$

第 3 章

问题的答案

问题 3–1 请亲自确认。

问题 3–2

（1）单项式　　（2）单项式

（3）多项式（2 项）$\underbrace{ax}_{第1项}+\underbrace{b}_{第2项}$

（4）多项式（3 项）$\underbrace{x^2}_{第1项}+\underbrace{y^2}_{第2项}+\underbrace{z^2}_{第3项}$

（5）单项式

问题 3–3

（1）π　（2）x^2　（3）by　（4）y^2

（5）0※ 如果写成 $ax = ax + 0$，可以把第 2 项视为 0。

问题 3–4

（1）a　（2）$2x$　（3）2　（4）b　（5）2　（6）2　（7）a^2

问题 3–5

（1）$x + 100 = 5000$ 的两边同减去 100，也就是 $x + 100 - 100 = 5000 - 100$，所以 $x = 4900$。

（2）$x - 20 = 580$ 的两边同加上 20，也就是 $x - 20 + 20 = 580 + 20$，所以 $x = 600$。

（3）首先，$50x + 5 = 49x + 2$ 的两边同减去 $49x$，也就是 $50x + 5 - 49x = 49x + 2 - 49x$，得到 $x + 5 = 2$。再将等式两边同减去 5，即 $x + 5 - 5 = 2 - 5$，可得到 $x = -3$。

问题 3–6

（1）$3x=9000$ 的两边同除以 3，即$\dfrac{3x}{3}=\dfrac{9000}{3}$，所以 $x=3000$。

（2）$5x=95$ 的两边同除以 5，即$\dfrac{5x}{5}=\dfrac{95}{5}$，所以 $x=19$。

（3）$12345679x=111111111$ 的两边同除以 12345679，即$\dfrac{12345679x}{12345679}=\dfrac{111111111}{12345679}$，所以 $x=9$。

（4）$\dfrac{x}{2}=5$的两边同乘以 2，即$\dfrac{x}{2}\cdot 2=5\cdot 2$，所以 $x=10$。

（5）$\dfrac{x}{4}=-2$的两边同乘以 4，即$\dfrac{x}{4}\cdot 4=-2\cdot 4$，所以 $x=-8$。

（6）$\dfrac{x}{-5}=-3$的两边同乘以 -5，即$\dfrac{x}{-5}\cdot(-5)=-3\cdot(-5)$，所以 $x=15$。

问题 3–7

（1）$13x=9$ 的两边同除以 13，即$\dfrac{13x}{13}=\dfrac{9}{13}$，所以$x=\dfrac{9}{13}$，该解为分数的形式，数学上是存在的。

（2）如果对（1）的解用小数形式来表示，即$x=\dfrac{9}{13}=0.\underbrace{6}_{1}\underbrace{9}_{2}\underbrace{2}_{3位}3\cdots$，有效数字为 3 位，这是电气工程上的解。

（3）$x=\dfrac{9}{13}=0.\underbrace{6}_{1}\underbrace{9}_{2}\underbrace{2}_{3}\underbrace{3}_{4}\underbrace{0}_{5}\underbrace{7}_{6}\cdots=0.\underbrace{6}_{1}\underbrace{9}_{2}\underbrace{2}_{3}\underbrace{3}_{4}\underbrace{1}_{5位}$，求得的解为 6 位有效数字，将其四舍五入到 5 位有效数字。

问题 3–8

（1）将$\dfrac{2}{3}x=x-2$右边的 x 移项到左边，得到$\dfrac{2}{3}x-x=-2$，因为$\left(\dfrac{2}{3}-1\right)x=-2$，所以$-\dfrac{1}{3}x=-2$。

然后，将两边都乘以 -3，即$-\dfrac{1}{3}x\cdot(-3)=-2\cdot(-3)$，所以 $x=6$ 为所求的解。

（2）将$\dfrac{5}{2}x=\dfrac{x}{2}+2$右边的$\dfrac{x}{2}$移项到左边，得到$\dfrac{5}{2}x-\dfrac{x}{2}=+2$，因为$\left(\dfrac{5}{2}-\dfrac{1}{2}\right)x=2$，所以$\dfrac{4}{2}x=2$，在对其约分可得到 $2x=2$。再对方程式两边同除以 2，即$\dfrac{2x}{2}=\dfrac{2}{2}$，所

以 $x=1$ 为所求的解。

（3）将$-\frac{1}{2}x=\frac{x}{3}+\frac{1}{2}$右边的$\frac{x}{3}$移项到左边，得到$-\frac{1}{2}x-\frac{x}{3}=\frac{1}{2}$，将 x 提取出，可得到$\left(-\frac{1}{2}-\frac{1}{3}\right)x=\frac{1}{2}$，因为$-\frac{3+2}{6}x=\frac{1}{2}$，所以$-\frac{5}{6}x=\frac{1}{2}$。对方程式两边同乘以 6，即$-\frac{5}{6}x\cdot 6=\frac{1}{2}\cdot 6$，所以 $-5x=3$，两边再同除以 -5，即$\frac{-5x}{-5}=\frac{3}{-5}$，所以$x=-\frac{3}{5}$为所求的解。

（4）将 $1-\frac{1}{2}x=\frac{x}{3}+\frac{1}{2}$ 右边的 $\frac{x}{3}$ 移项到左边，左边的 1 移项到右边，得到$-\frac{1}{2}x-\frac{x}{3}=+\frac{1}{2}-1$，因为$\left(-\frac{1}{2}-\frac{1}{3}\right)x=-\frac{1}{2}$，所以$-\frac{5}{6}x=-\frac{1}{2}$。对方程式两边同乘以 6，即$-\frac{5}{6}x\cdot 6=-\frac{1}{2}\cdot 6$所以$-5x=-3$，两边再同除以$-5$，所以$x=\frac{3}{5}$为所求的解。

（5）将 $-\frac{1}{3}x=\frac{2x}{3}+\frac{1}{3}$ 右边的 $\frac{2x}{3}$ 移项到左边，得到 $-\frac{1}{3}x-\frac{2x}{3}=+\frac{1}{3}$，因为$-\left(\frac{1}{3}+\frac{2}{3}\right)x=+\frac{1}{3}$，所以$-x=\frac{1}{3}$，两边再同乘以 -1，可求解得到$x=-\frac{1}{3}$。

（6）将$\frac{2x}{5}+\frac{1}{3}=0$左边的$\frac{1}{3}$移项到右边，得到$\frac{2x}{5}=-\frac{1}{3}$，然后两边再同乘以 5，即$\frac{2x}{5}\cdot 5=-\frac{1}{3}\cdot 5$，所以 $2x=-\frac{5}{3}$。对方程式两边再同除以 2，可求解得到$x=-\frac{5}{3\cdot 2}=-\frac{5}{6}$。

问题 3-9

（1）将方程式两边同时除以 10，即$150x=6000$，所以$x=\frac{600}{15}$，这样计算比较将简便。另外，如果把 15 分解为 $15=3\cdot 5$，把 600 分解为 $600=3\cdot 200=3\cdot 5\cdot 40$，代入得到$x=\frac{\cancel{3\cdot 5}\cdot 40}{\cancel{3\cdot 5}}=40$，这样计算起来会更加的简便。

（2）方程式 $0.01x=0.1x+9$ 的最小小数位为 0.01，为了将 0.01 变为 1，需要将等式两边同乘以 100，就可得到 $x=10x+900$。求解这个方程就比较容易，最后求解得到 $x=-100$。

（3）为了消去方程式$0.8x+64=\frac{14}{100}x$中的$\frac{14}{100}$，需要先将两边同乘以100，得到$80x+6400=14x$。这样一来，求解方程就比较容易了，最后求解得到$x=-\frac{6400}{66}=-\frac{3200}{33}$（最终的答案需要把分数约分）。

问题 3-10 求解下面的方程式。

（1）首先两边同乘以$x+1$，即$\frac{3}{x+1}(x+1)=2(x+1)$，可得到$3=2(x+1)$，所以$3=2x+2$，求解得到$x=\frac{1}{2}$。

（2）首先两边同乘以$\frac{1}{x}+1$，即$\frac{1}{\frac{1}{x}+1}\left(\frac{1}{x}+1\right)=2\left(\frac{1}{x}+1\right)$，可得到$1=\frac{2}{x}+2$。两边再同乘以$x$，即$1\cdot x=\left(\frac{2}{x}+2\right)x$，可得到$x=2+2x$，所以求解得到$x=-2$。

（3）对方程式$\frac{1}{x+\frac{3}{2}}=\frac{1}{2x+\frac{1}{2}}$两边同乘以$\left(x+\frac{3}{2}\right)\left(2x+\frac{1}{2}\right)$，可得到，

$$（左边）=\frac{1}{x+\frac{3}{2}}\cdot\left(x+\frac{3}{2}\right)\left(2x+\frac{1}{2}\right)=2x+\frac{1}{2}$$

$$（右边）=\frac{1}{2x+\frac{1}{2}}\cdot\left(x+\frac{3}{2}\right)\left(2x+\frac{1}{2}\right)=x+\frac{3}{2}$$

这样方程式可化简为

$$2x+\frac{1}{2}=x+\frac{3}{2},$$

再将左边的$\frac{1}{2}$移项到右边，右边的x移项到左边，即$2x-x=\frac{3}{2}-\frac{1}{2}$，所以最终求解得到$x=1$。

问题 3-11

考虑把给定的方程式

$$V_1+V_2=R_1I_1+R_2I_2-R_3I_3$$

变化为「I_3 = ○○○」的形式。把左边的所有项移项到右边，把右边的第 3 项移项到左边，可得到

$$+R_3 I_3 = R_1 I_1 + R_2 I_2 - (V_1 + V_2)$$

再对两边同除以 R_3，最终求解得到

$$I_3 = \frac{R_1 I_1 + R_2 I_2 - (V_1 + V_2)}{R_3}$$

问题 3–12

让我们假设电车的长度为 x〔m〕，并建立方程式来求解电车的长度。如图所示，电车通过隧道时，电车必须移动隧道的长度和自身的长度。也就是说，必须移动的长度为 $76 + x$〔m〕。

对于这个长度，移动所需的时间为 7s，电车的速度为 13m/s，由于（移动距离）=（所需时间）×（每秒速度）的关系，可以得到方程式

$$76 + x = 7 \cdot 13。$$

求解这个方程式，可以得到 $x = 15$〔m〕的解。因此，电车的长度为 15m。

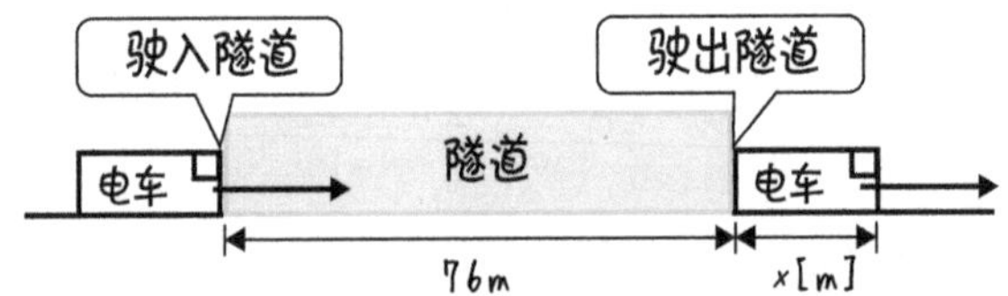

问题 3–13

如果将 $V = IR$ 视为关于 I 的方程式，则可以通过将两边除以 R 来得到 $I = \frac{V}{R}$。同样地，如果将 $V = IR$ 视为关于 R 的方程式，则可以通过将两边除以来 I 得到 $R=\frac{V}{I}$。

问题 3–14

如果将 $R_1 R_2 = R_3 R_X$ 视为关于 R_X 的方程式，则可以通过将等式两边同时除以 R_3，得到$R_X = \frac{R_1 R_2}{R_3}$。根据题意，$R_1$、$R_2$、$R_3$ 都是已知的值，因此可以直接代入计算得到 R_X 的值。像这样，抽象问题的答案有时是由代数构成的。只要这些代数不是自己随意编造的或者题目中没有提及的，是按照题目回答的，符合题意就可以。

第 4 章

问题的答案

问题 4-1

将 $x=20$、$y=30$ 代入方程式，可得 $7x+5y=7\cdot20+5\cdot30=290$、$4x+3y=4\cdot20+3\cdot30=170$，这些结果证明了这些方程式的解是正确的。

问题 4-2

加减法 $x=1$、$y=3$

考虑将 y 消去，将式（1）－式（2），即

$$\begin{array}{rrl} & 2x+y=5 & \cdots\cdots 式（1）\\ -) & x+y=4 & \cdots\cdots 式（2）\\ \hline & 1\cdot x+0=1 & \cdots\cdots 式（1）-（2）\end{array}$$

可求得 $x=1$，再将其代入式（2）中，得到 $1+y=4$，所以 $y=4-1=3$。

代入法 $x=1$、$y=3$

考虑将 y 消去，可将式（2）变化为 $y=4-x$，并代入到式（1）中，可得到，

$$2x+\underbrace{(4-x)}_{将y=4-x代入}=5$$

这个方程的未知数只有 x，因此可以作为 x 的一元一次方程求解。

如果我们去掉括号，即 $2x+4-x=5$，就可以求得 $x=1$。再将其代入式②中，即 $1+y=4$，可求得 $y=3$。

当然，无论是使用代入法还是加减法，得到的答案都是一样的。

问题 4-3

试着用代入法求解。考虑消除掉 y，根据式（1），$y=35-x$，并将其代入到式（2）中。这样就可得到，

$$2x+4\underbrace{(35-x)}_{将y=35-x代入}=94$$

这是一个关于 x 的一元一次方程。如果去掉括号，就得到 $2x+140-4x=94$，化简可得 $2x=46$，所以求解得到 $x=23$。再将其代入式（1），求解得到 $y=35-23=12$。

问题 4-4

方程式（1）…… 电压 [V]，方程式（2）……电压 [V]，方程式（3）……电流 [A]

因为这些方程左右两边的单位总是相同的，因此只需要检查其中的一边即可。如

果看一下式子（1）的左边，可以发现电压 V_1 和 V_2 是相减的。也就是说，式子（1）是关于电压〔V〕的式子。当然，右边的单位也必须是电压，根据欧姆定律电阻和电流的乘积单位是电压。因此，可以知道右边的 R_1I_1 和 R_2I_2 的相减的结果单位也是电压单位。同样的道理，式子（2）也是关于电压的方程式。最后，由于式子（3）的右边是电流 I_3，因此它是关于电流〔A〕的方程式。当然，左边的单位也必须是电流，而且是 I_1、I_2 相加后的结果。

问题 4-5 $x=\frac{1}{3}$、$y=\frac{2}{3}$、$z=1$、$w=\frac{1}{3}$

根据 $A=\begin{bmatrix}1 & 2\\3 & 4\end{bmatrix}$、$3X=\begin{bmatrix}3x & 3y\\3z & 3(w+1)\end{bmatrix}$，通过检查 $A=3X$ 中每个元素可得到，

[（1，1）元素] $1=3x$，[（1，2）元素] $2=3y$，

[（2，1）元素] $3=3z$，[（2，2）元素] $4=3(w+1)$。

因此，可以得到 4 个方程式。通过这些方程式，求解可得

$x=\frac{1}{3}$、$y=\frac{2}{3}$、$z=\frac{3}{3}=1$、$w=\frac{4}{3}-1=\frac{1}{3}$。

问题 4-6

$$AB=\begin{bmatrix}1 & 2\\3 & 4\end{bmatrix}\begin{bmatrix}4 & 3\\2 & 1\end{bmatrix}=\begin{bmatrix}1\cdot 4+2\cdot 2 & 1\cdot 3+2\cdot 1\\3\cdot 4+4\cdot 2 & 3\cdot 3+4\cdot 1\end{bmatrix}=\begin{bmatrix}8 & 5\\20 & 13\end{bmatrix}$$

$$BA=\begin{bmatrix}4 & 3\\2 & 1\end{bmatrix}\begin{bmatrix}1 & 2\\3 & 4\end{bmatrix}=\begin{bmatrix}4\cdot 1+3\cdot 3 & 4\cdot 2+3\cdot 4\\2\cdot 1+1\cdot 3 & 2\cdot 2+1\cdot 4\end{bmatrix}=\begin{bmatrix}13 & 20\\5 & 8\end{bmatrix}$$

从上述结果可以看出，各个元素并不相同。因此，$AB\neq BA$。一般来说，矩阵的乘积 AB 和 BA 并不相等。但是，有些矩阵的元素可以满足 $AB=BA$，这样的矩阵被称为可交换矩阵。

问题 4-7

写出联立方程式的系数，则如下所示：

x 的系数	y 的系数	z 的系数	w 的系数
7	5	1	−1
2	−3	1	1
4	2	0	1
0	2	−1	3

$$A=\begin{bmatrix}7 & 5 & 1 & -1\\2 & -3 & 1 & 1\\4 & 2 & 0 & 1\\0 & 2 & -1 & 3\end{bmatrix}$$

为左边系数的矩阵。在此基础上，如果我们乘以矩阵 $X=\begin{bmatrix}x\\y\\z\\w\end{bmatrix}$，方程组的左边用 AX 的矩阵形式来表示。方程组的右边用矩阵可表示为 $B=\begin{bmatrix}290\\9\\190\\32\end{bmatrix}$，这样问题的方程组就可以表示为 $AX=B$。

问题 4-8 $x=23$、$y=12$

增广系数矩阵为 $\left[\begin{array}{cc|c}1&1&35\\2&4&94\end{array}\right]$。化简可得，

$$\begin{array}{cc|cl}1&1&35&\\2&4&94&\\\hline 1&1&35&\\0&2&24&(2)-(1)\times 2\\\hline 1&1&35&\\0&1&12&(2)\times\frac{1}{2}\\\hline 1&0&23&(1)-(2)\\0&1&12&\end{array}$$

得到原来的联立方程式为

$$\begin{cases}x=23\\y=12\end{cases}$$

求解得到 $x=23$、$y=12$。

问题 4-9

（1）

$$\begin{array}{cc|cl}1&1&50&\\1&-2&-20&\\2&1&20&\\\hline 1&1&50&\\0&-3&-70&(2)-(1)\\0&-1&-80&(3)-(1)\times 2\end{array}$$

1	1	50
0	−1	−80 对调（2）和（3）
0	−3	−70

1	1	50
0	−1	−80
0	0	170（3）−（2）×3

提取出第 3 行，即 $0 \cdot x_1 + 0 \cdot x_2 = 170$。对于这个方程式，无论我们如何选择 x_1 和 x_2，都不可能成立。所以该方程组为【无解】。

（2）

1	2	3	4
5	6	7	8

1	2	3	4	
0	−4	−8	−12	（2）−（1）×5

1	2	3	4	$(2)\times\left(-\frac{1}{4}\right)$
0	1	2	3	

1	0	−1	−2	（1）−（2）×2
0	1	2	3	

将这两行可详细写成，

$$x_1 - x_3 = -2$$
$$x_2 + 2x_3 = 3$$

这里还无法消除所有未知数。另外，增广系数矩阵的阶乘是 2，这意味着我们无法确定所有未知数。因此设 $x_3 = c$，c 为任意常数，这样可表示为

$$x_1 = -2 + c$$
$$x_2 = 3 - 2c$$
$$x_3 = c$$

这样解的写法可以不考虑任意常数 c 的任意性，但是只要任意常数 c 被确定后，x_1、x_2、x_3 的值也就都被确定了。

问题 4-10 $x = \begin{bmatrix} 3 \\ -2 \\ 2 \end{bmatrix}$

$A=\begin{bmatrix}1&2&1\\2&3&1\\1&2&2\end{bmatrix}$的逆矩阵可以被写为$A^{-1}=\begin{bmatrix}-4&2&1\\3&-1&-1\\-1&0&1\end{bmatrix}$，另外联立方程式 $Ax=b$ 的解为 $x=A^{-1}b$，所以，

$$x=\begin{bmatrix}-4&2&1\\3&-1&-1\\-1&0&1\end{bmatrix}\begin{bmatrix}1\\2\\3\end{bmatrix}=\begin{bmatrix}-4\cdot1+2\cdot2&+1\cdot3\\3\cdot1&+(-1)\cdot2+(-1)\cdot3\\-1\cdot1+0\cdot2&+1\cdot3\end{bmatrix}=\begin{bmatrix}3\\-2\\2\end{bmatrix}$$

第 5 章

问题的答案

问题 5-1 $f(e)=E$

问题 5-2 $f^{-1}(C)=c$

问题 5-3 ⓐ $=f(3)=3\cdot3+1=10$

ⓑ $=f(-1)=3\cdot(-1)+1=-2$

ⓒ $=f(a)=3a+1$

ⓓ $=\frac{4}{3}$

由于$f($ⓓ$)=5$，另外$f($ⓓ$)=3$ⓓ$+1$，所以 $5=3$ⓓ$+1$ 中的ⓓ求解可得 ⓓ$=\frac{4}{3}$。

※ ⓓ 为f的反函数，在输入为 5 时，即$f^{-1}(5)=\frac{4}{3}$。

问题 5-4

（1）$f(1)=1^2-1+1=1$

（2）$f(2)=2^2-2+1=3$

（3）$f(-1)=(-1)^2-(-1)+1=3$

（4）$f(a)=a^2-a+1$

问题 5-5

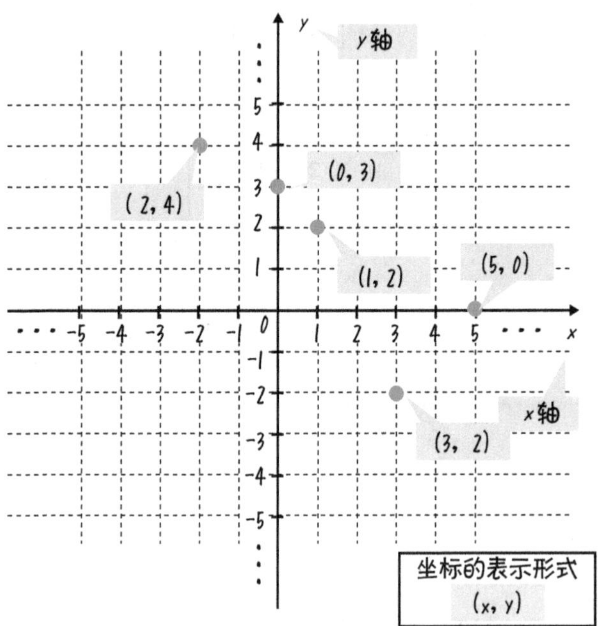

问题 5-6

表与对应的图表示如下。

x	−4	−3	−2	−1	0	1	2	3	4
y	17	10	5	2	1	2	5	10	17

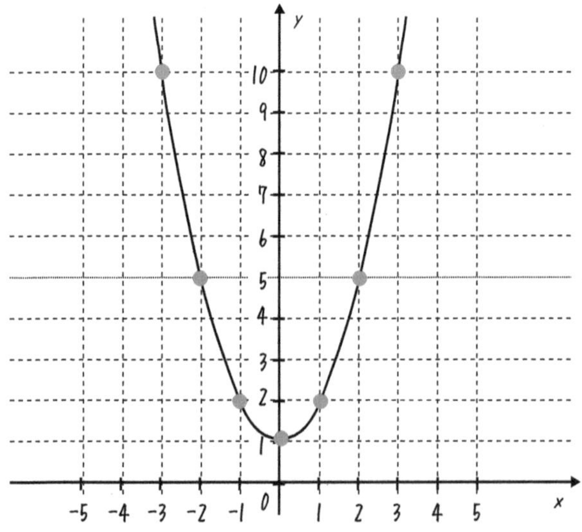

问题 5-7

$$\cos 30° = \frac{底边}{斜边} = \frac{\sqrt{3}}{2}$$

$$\tan 30° = \frac{高}{底边} = \frac{1}{\sqrt{3}}$$

$$\csc 30° = \frac{斜边}{高} = \frac{2}{1} = 2$$

$$\sec 30° = \frac{斜边}{底边} = \frac{2}{\sqrt{3}}$$

$$\cot 30° = \frac{底边}{高} = \frac{\sqrt{3}}{1} = \sqrt{3}$$

问题 5-8

$$\sin 390° = \sin(30° + 360°) = \sin 30° = \frac{1}{2}$$

$$\cos\frac{19\pi}{6} = \cos\left(\frac{12\pi}{6} + \frac{7\pi}{6}\right) = \cos\left(2\pi + \frac{7\pi}{6}\right) = \cos\left(\frac{7\pi}{6}\right) = -\frac{\sqrt{3}}{2}$$

问题 5-9

限于篇幅，这里只介绍$\theta = 0$、$\frac{\pi}{6}$、$\frac{\pi}{4}$、$\frac{\pi}{3}$，但其他任何角度的$\tan\theta$的求法是相同的。

$$\tan 0 = \frac{\sin 0}{\cos 0} = \frac{0}{1} = 0$$

$$\tan\frac{\pi}{6} = \frac{\sin\frac{\pi}{6}}{\cos\frac{\pi}{6}} = \frac{\frac{1}{2}}{\frac{\sqrt{3}}{2}} = \frac{1}{2} \div \frac{\sqrt{3}}{2} = \frac{1}{\cancel{2}} \times \frac{\cancel{2}}{\sqrt{3}} = \frac{1}{\sqrt{3}}$$

$$\tan\frac{\pi}{4} = \frac{\sin\frac{\pi}{4}}{\cos\frac{\pi}{4}} = \frac{\cancel{\frac{\sqrt{2}}{2}}}{\cancel{\frac{\sqrt{2}}{2}}} = 1$$

$$\tan\frac{\pi}{3} = \frac{\sin\frac{\pi}{3}}{\cos\frac{\pi}{3}} = \frac{\frac{\sqrt{3}}{2}}{\frac{1}{2}} = \frac{\sqrt{3}}{2} \div \frac{1}{2} = \frac{\sqrt{3}}{\cancel{2}} \times \frac{\cancel{2}}{1} = \sqrt{3}$$

问题 5–10

根据三角形的相互关系 $\sin^2\theta+\cos^2\theta=1$，将 $\sin\theta=0.6$ 代入可得，$0.4^2+\cos^2\theta=1$，也就是 $\cos^2\theta=1-0.4^2=1-0.36=0.64$。因此就可以求解得到 $\cos\theta=\pm\sqrt{0.64}=\pm\sqrt{0.8^2}=\pm0.8$。再根据三角函数表和三角函数图可以知道，因为 $0<\theta<\dfrac{\pi}{2}$，处于第 1 象限范围内，所以 $0<\cos\theta<1$，在 $\cos\theta=\pm0.8$ 中，θ 的适当的值只能是 $\cos\theta=+0.8$。

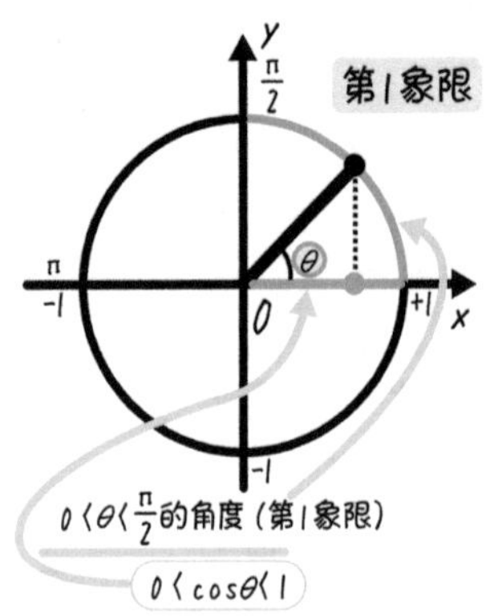

问题 5–11

（1）$\sin75°=\sin(45°+30°)=\sin45°\cos30°+\cos45°\sin30°$

$$=\frac{\sqrt{2}}{2}\cdot\frac{\sqrt{3}}{2}+\frac{\sqrt{2}}{2}\cdot\frac{1}{2}=\frac{\sqrt{6}+\sqrt{2}}{4}$$

（2）$\cos\dfrac{5\pi}{12}=\cos\left(\dfrac{3\pi}{12}+\dfrac{2\pi}{12}\right)=\cos\left(\dfrac{\pi}{4}+\dfrac{\pi}{6}\right)$

$$=\cos\frac{\pi}{4}\cos\frac{\pi}{6}-\sin\frac{\pi}{4}\sin\frac{\pi}{6}=\frac{\sqrt{2}}{2}\cdot\frac{\sqrt{3}}{2}-\frac{\sqrt{2}}{2}\cdot\frac{1}{2}$$

$$=\frac{\sqrt{6}-\sqrt{2}}{4}$$

如果弧度制$\dfrac{5\pi}{12}$不好理解的话，写成$\dfrac{5\pi}{12}=75°=45°+30°$也是没有问题的。

（3）根据提示，$\sin(0°-75°)=\sin0°\cos75°-\cos0°\sin75°=0\cdot\cos75°-1\cdot\sin75°=-\sin75°$，化简求得$\sin75°=\dfrac{\sqrt{6}+\sqrt{2}}{4}$，因此$\sin(-75°)=-\dfrac{\sqrt{6}+\sqrt{2}}{4}$。

一般来说，以下的函数表达式都成立。

$\sin(-\theta) = -\sin\theta$、$\cos(-\theta) = +\cos\theta$、$\tan(-\theta) = -\tan\theta$

问题 5-12

根据加法定理 $\sin(A+B) = \sin A\cos B + \cos A\sin B$，设 $A = B = \theta$，代入得到 $\sin(2\theta) = \sin\theta\cos\theta + \cos\theta\sin\theta$。由于 $\sin\theta\cos\theta = \cos\theta\sin\theta$，所以方程右边可写为 $2\sin\theta\cos\theta$，最终可得到 $\sin(2\theta) = 2\sin\theta\cos\theta$。

同样地，根据加法定理 $\cos(A+B) = \cos A\cos B - \sin A\sin B$，设 $A = B = \theta$，代入得到 $\cos(2\theta) = \cos\theta\cos\theta - \sin\theta\sin\theta$，也就是 $\cos(2\theta) = \cos^2\theta - \sin^2\theta$。根据三角函数的相互关系 $\sin^2\theta + \cos^2\theta = 1$，如果将 $\cos^2\theta = 1 - \sin^2\theta$ 代入可得到 $\cos(2\theta) = 1 - 2\sin^2\theta$；如果将 $\sin^2\theta = 1 - \cos^2\theta$ 代入可得到 $\cos(2\theta) = 2\cos^2\theta - 1$。

问题 5-13

（1）由于 $f(1) = 3^1 = 3$、$f(2) = 3^2 = 9$，所以 $f(1) < f(2)$。也就是 $f(2)$ 会更大。

（2）由于 $g(1) = \left(\frac{1}{3}\right)^1 = \frac{1}{3}$、$g(2) = \left(\frac{1}{3}\right)^2 = \frac{1^2}{3^2} = \frac{1}{9}$，所以 $g(1) > g(2)$。也就是 $g(1)$ 会更大。

（3）底数大于 1 的函数，如 $f(x) = 3^x$，随着 x 的增大，$f(x)$ 的值也增大。底数小于 1 的函数，如 $g(x) = \left(\frac{1}{3}\right)^x$，随着 x 的增大，$g(x)$ 的值会减小。

问题 5-14

（1）$\log_3 27 = \log_3 3^3 = 3$

（2）$\log_2 0.5 = \log_2 \frac{1}{2} = \log_2 2^{-1} = -1$

（3）$\log_{1.5} 1 = \log_{1.5} 1.5^0 = 0$

问题 5-15 增加 20dB

从本文中的例子可以看出，随着增益增加 10 倍，增益也增加了 +20dB。具体来说，例（3）中的 $A_v = 0.1$ 在例（2）中变为 $A_v = 0.1$，增加了 10 倍；增益从例（3）的 $G = -20\text{dB}$ 增加 20dB 到了例（2）中的 $G = 0\text{dB}$。

通过利用在 5-19 节中学到的对数函数的性质①，放大率为 $10A_v$ 时的增益为

$$
\begin{aligned}
20\log_{10}(10\cdot A_v) &= 20\log_{10}10 + 20\log_{10}A_v \\
&= 20\cdot 1 + 20\log_{10}A_v \\
&= 20 + \underbrace{20\log_{10}A_v}_{\text{放大率为}10A_v\text{时的增益}}
\end{aligned}
$$

问题 5–16

（1）反向利用对数性质①，

$$\log_2 24 + \log_2 \frac{1}{3} = \log_2\left(24\cdot\frac{1}{3}\right) = \log_2 8 = \log_2 2^3 = 3$$

（2）因为$8=2^3$，所以，$8^5=(2^3)^5=2^{3\cdot 5}=2^{15}$，代入可得$\log_2 8^5=\log_2 2^{15}=15$

（3）利用换底性质③，将对数的底变换为 3，

$$\log_{\sqrt{3}} 9 = \frac{\log_3 9}{\log_3\sqrt{3}} = \frac{\log_3 3^2}{\log_3 3^{\frac{1}{2}}} = \frac{2}{\frac{1}{2}} = 2\div\frac{1}{2} = 2\times\frac{2}{1} = 4$$

将对数底变换为 3，是因为 $\log_3 9$ 和 $\log_3\sqrt{3}$ 都可以同时可求解得到，是最简单便捷的。

（4）反向使用性质②可得，

$$\log_{\sqrt{3}}162 - \log_{\sqrt{3}}6 = \log_{\sqrt{3}}\frac{162}{6} = \log_{\sqrt{3}}27$$

如果我们再使用换底性质③，将对数的底变换为 3，

$$\log_{\sqrt{3}}27 = \frac{\log_3 27}{\log_3\sqrt{3}} = \frac{\log_3 3^3}{\log_3 3^{\frac{1}{2}}} = \frac{3}{\frac{1}{2}} = 3\div\frac{1}{2} = 3\times\frac{2}{1} = 6$$

问题 5–17 为了帮助您更好地理解，我们提供了下面的图片。请加油！

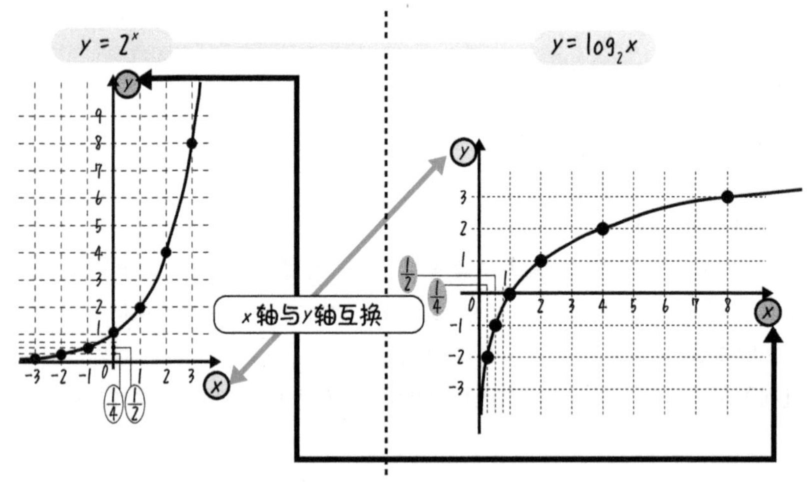

第 6 章

问题的答案

问题 6–1

B：如果是直角坐标系，则为 (2，8)，如果是复数，则为 $2+j8$

C：如果是直角坐标系，则为 (−3，5)，如果是复数，则为 $-3+j5$

D：如果是直角坐标系，则为 (−3，−6)，如果是复数，则为 $-3-j6$

E：如果是直角坐标系，则为 (5，−6)，如果是复数，则为 $5-j6$

问题 6–2

B：$30\angle\frac{\pi}{4}$　　C：$30\angle\frac{7\pi}{6}$　　D：$30\angle\frac{3\pi}{2}$　　E：$20\angle\frac{7\pi}{4}$

问题 6–3

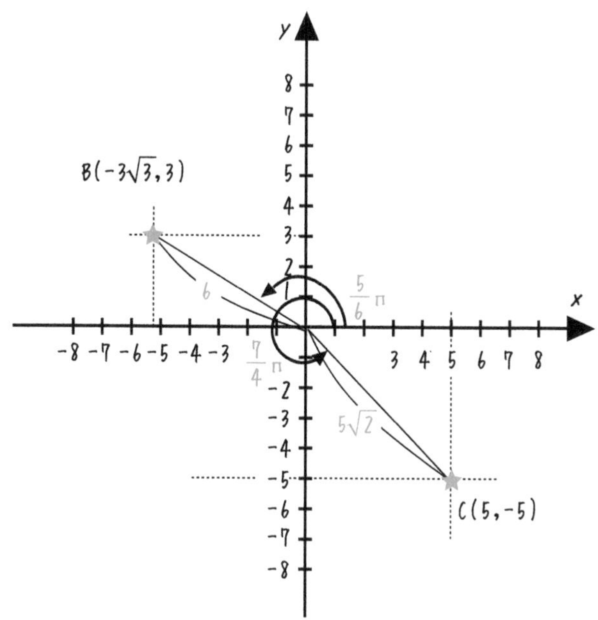

B 点的坐标为$(-3\sqrt{3},3)$，因此有

$$r=\sqrt{x^2+y^2}=\sqrt{(-3\sqrt{3})^2+3^2}=\sqrt{9\cdot3+9}=\sqrt{36}=6$$

$$\theta=\tan^{-1}\frac{y}{x}=\tan^{-1}\frac{3}{-3\sqrt{3}}=\tan^{-1}\frac{1}{-\sqrt{3}}=\frac{5\pi}{6}$$

此时，$B(-3\sqrt{3},3)$点用极坐标来表示的话，就有$6\angle\frac{5\pi}{6}$。

对于 C (5，−5) 点，与 B 点做同样的运算，就有

$$r=\sqrt{x^2+y^2}=\sqrt{5^2+(-5)^2}=\sqrt{25+25}=\sqrt{50}=5\sqrt{2}$$
$$\theta=\tan^{-1}\frac{y}{x}=\tan^{-1}\frac{-5}{5}=\tan^{-1}(-1)=\frac{7\pi}{4},$$

此时，C (5，−5) 点用极坐标来表示的话，就有$5\sqrt{2}\angle\frac{7\pi}{4}$。

问题 6–4

（1）$z_1+z_2=(-6+j8)+(3+j4)=(-6+3)+j(8+4)$
$=-3+j12$

（2）$z_1-z_2=(-6+j8)-(3+j4)=(-6-3)+j(8-4)$
$=-9+j4$

（3）$z_1z_2=(-6+j8)(3+j4)$
$=-6\cdot3+(-6)\cdot j4+j8\cdot3+j8\cdot j4$
$=-18-j24+j24+j^2 32=-18+(-1)\cdot32$
$=-18-32=-50$

（4）$\bar{z}_2=3-j4$所以$z_2\bar{z}_2=(3+j4)(3-j4)=3^2-(j4)^2$
$=9-j^2 4^2=9-(-1)\cdot16=25$

（5）对$\frac{z_1}{z_2}=\frac{-6+j8}{3+j4}$的分子和分母通乘以分母 3 + j4 的共轭复数 3 − j4，即$\frac{z_1}{z_2}=\frac{(-6+j8)(3-j4)}{(3+j4)(3-j4)}$。分母和题目（4）中求得$z_2\bar{z}_2$的结果相同为 25，分子方面为 $(-6+j8)(3-j4)=-6\cdot3-6\cdot(-j4)+j8\cdot3+j8\cdot(-j4)=-18+j24-j^2 32=-18-(-1)\cdot32+j48=14+j48$。因此可得到，$\frac{z_1}{z_2}=\frac{14+j48}{25}$。

问题 6–5

（1）$z_1z_2=(10\angle60°)(5\angle30°)=(10\cdot5)\angle(60°+30°)=50\angle90°$

（2）$\frac{z_1}{z_2}=\frac{10\angle60°}{5\angle30°}=\left(\frac{10}{5}\right)\angle(60°-30°)=2\angle30°$

（3）将加法・减法转换为正坐标系进行计算。

$$z_1=10\angle 60°=10\cos 60°+\mathrm{j}10\sin 60°=10\cdot\frac{1}{2}+\mathrm{j}10\cdot\frac{\sqrt{3}}{2}$$
$$=5+\mathrm{j}5\sqrt{3}$$

$$z_2=5\angle 30°=5\cos 30°+\mathrm{j}5\sin 30°=5\cdot\frac{\sqrt{3}}{2}+\mathrm{j}5\cdot\frac{1}{2}$$
$$=\frac{5\sqrt{3}}{2}+\mathrm{j}\frac{5}{2}$$

因此，答案就是下式。

$$z_1+z_2=(5+\mathrm{j}5\sqrt{3})+\left(\frac{5\sqrt{3}}{2}+\mathrm{j}\frac{5}{2}\right)$$
$$=\left(5+\frac{5\sqrt{3}}{2}\right)+\mathrm{j}\left(\frac{5}{2}+5\sqrt{3}\right)$$

（4）根据在（3）中正坐标系的计算结果，

$$z_1-z_2=(5+\mathrm{j}5\sqrt{3})-\left(\frac{5\sqrt{3}}{2}+\mathrm{j}\frac{5}{2}\right)$$
$$=\left(5-\frac{5\sqrt{3}}{2}\right)+\mathrm{j}\left(-\frac{5}{2}+5\sqrt{3}\right)$$

问题 6-6 与【①乘法的证明】相同，让我们将其转换为正坐标表示并进行计算。

$$\frac{r_1\angle\theta_1}{r_2\angle\theta_2}$$
$$=\frac{r_1\cos\theta_1+\mathrm{j}r_1\sin\theta_1}{r_2\cos\theta_2+\mathrm{j}r_2\sin\theta_2}$$
$$=\frac{(r_1\cos\theta_1+\mathrm{j}r_1\sin\theta_1)(r_2\cos\theta_2-\mathrm{j}r_2\sin\theta_2)}{(r_2\cos\theta_2+\mathrm{j}r_2\sin\theta_2)(r_2\cos\theta_2-\mathrm{j}r_2\sin\theta_2)}$$
$$=\frac{r_1\cos\theta_1 r_2\cos\theta_2+r_1\cos\theta_1(-\mathrm{j}r_2\sin\theta_2)+\mathrm{j}r_1\sin\theta_1 r_2\cos\theta_2+\mathrm{j}r_1\sin\theta_1(-\mathrm{j}r_2\sin\theta_2)}{(r_2\cos\theta_2)^2+(r_2\sin\theta_2)^2}$$
$$=r_1r_2\frac{\cos\theta_1\cos\theta_2+\sin\theta_1\sin\theta_2+\mathrm{j}(\sin\theta_1\cos\theta_2-\cos\theta_1\sin\theta_2)}{r_2^2(\cos^2\theta_2+\sin^2\theta_2)}$$

在这里，根据加法定理，

（分子的实部）$=\cos\theta_1\cos\theta_2+\sin\theta_1\sin\theta_2=\cos(\theta_1-\theta_2)$

（分子的虚部）$=\sin\theta_1\cos\theta_2-\cos\theta_1\sin\theta_2=\sin(\theta_1-\theta_2)$

再根据三角函数关系$\cos^2\theta_2+\sin^2\theta_2=1$，此时分母为$r_2^2$。因此可得到，

$$\frac{r_1\angle\theta_1}{r_2\angle\theta_2}$$
$$= r_1 \not{r_2} \frac{\cos(\theta_1-\theta_2)+\mathrm{j}\sin(\theta_1-\theta_2)}{r_2^{\not 2}}$$
$$= \frac{r_1}{r_2}[\cos(\theta_1-\theta_2)+\mathrm{j}\sin(\theta_1-\theta_2)]$$
$$= \frac{r_1}{r_2}\cos(\theta_1-\theta_2)+\frac{r_1}{r_2}\mathrm{j}\sin(\theta_1-\theta_2)$$
$$= \frac{r_1}{r_2}\angle(\theta_1-\theta_2)$$

（证明完毕）

第 7 章

问题的答案

问题 7-1

根据提示，设$X = t_A$、$Y = \Delta t$，代入公式$(X+Y)^3 = X^3+3X^2Y+3XY^2+Y^3$，就可得到等式$(t_A+\Delta t)^3 = t_A^3+3t_A^2\Delta t+3t_A(\Delta t)^2+(\Delta t)^3$。

$$y'(t_A) = \lim_{\Delta t\to 0}\frac{y(t_A+\Delta t)-y(t_A)}{\Delta t} = \lim_{\Delta t\to 0}\frac{(t_A+\Delta t)^3-t_A^3}{\Delta t}$$
$$= \lim_{\Delta t\to 0}\frac{t_A^3+3t_A^2\Delta t+3t_A(\Delta t)^2+(\Delta t)^3-t_A^3}{\Delta t}$$ ⇐ 此处利用提示给出的等式
$$= \lim_{\Delta t\to 0}\frac{\not{t_A^3}+3t_A^2\Delta t+3t_A(\Delta t)^2+(\Delta t)^3-\not{t_A^3}}{\Delta t}$$
$$= \lim_{\Delta t\to 0}\Delta t\frac{3t_A^2+3t_A(\Delta t)+(\Delta t)^2}{\Delta t}$$ ⇐ 将分子中 Δt 提取出来
$$= \lim_{\Delta t\to 0}\not{\Delta t}\frac{3t_A^2+3t_A(\Delta t)+(\Delta t)^2}{\not{\Delta t}}$$
$$= \lim_{\Delta t\to 0}[3t_A^2+3t_A(\Delta t)+(\Delta t)^2]$$ ⇐ 此处将 $\Delta t\to 0$
$$= 3t_A^2+3t_A\cdot 0+0^2 = 3t_A^2$$

问题 7-2

根据问 7-1 的结果，当 $y(t) = t^3$ 时，$t = t_A$ 时的导数为$y(t_A) = 3t_A^2$。

由于没有特别指定 t_A 的具体值，因此实际上对于任何 t_A 的值，都可以保证 $y'(t_A) = 3t_A^2$。因此，可以用 x 代替 t_A，对于 $y(x) = x^3$，可以得出$y'(x) = 3x^2$。

问题 7-3

由于在本文中已经求出了$y''(x)=6x$的二阶微分，因此三阶微分$y^{(3)}(x)$可以通过再次对$y''(x)$进行再一次的微分得到，结果如下：

$$y^{(3)}(x)=(y''(x))'=(6x)'=6(x)'=6\cdot 1=6$$

问题 7-4

（1）如果设 $u=2x+1$，则有$\frac{du}{dx}=2$，根据④合成函数的公式，可以得到：

$$\begin{aligned}\frac{df_1}{dx}(x)&=\frac{df_1}{du}\frac{du}{dx}=[3u^4]'\cdot 2=3\cdot 4u^3\cdot 2=24u^3\\&=24(2x+1)^3\end{aligned}$$

（2）如果设 $u=x^2$，则有$\frac{du}{dx}=2x$，根据④合成函数的公式，可以得到：

$$\frac{df_2}{dx}(x)=\frac{df_2}{du}\frac{du}{dx}=[\sin u]'\cdot 2x=\cos u\cdot 2x=2x\cos(x^2)$$

（3）如果设 $u=kx+\theta$，则有$\frac{du}{dx}=k$，根据④合成函数的公式，可以得到：

$$\frac{df_3}{dx}(x)=\frac{df_3}{du}\frac{du}{dx}=[\sin u]'\cdot k=\cos u\cdot k=k\cos(kx+\theta)$$

（4）根据③的商的微分性质，

$$\frac{df_4}{dx}(x)=\frac{(x)'\ln x-x(\ln x)'}{(\ln x)^2}=\frac{1\cdot\ln x-x\cdot\frac{1}{x}}{(\ln x)^2}=\frac{\ln x-1}{(\ln x)^2}$$

问题 7-5

正如下面图所示。我们将 $y=f(x)=\sin x$ 和 $y=f'(x)=\cos x$ 绘制在 $x=0°$ 到 360° 之间，以便显示一个周期。

首先，在 $x=0°$ 处，$f'(0°)=\cos 0°=1$，正如从下图中可以看出的那样，此时切线的斜率最大（向右上方）。在 $0°<x<90°$ 之间，由于 $f'(x)>0$，切线的斜率为正，因此函数 $y=f(x)$ 的值会增大。

当 $x=90°$ 时，$f'(90°)=\cos 90°=0$，切线的斜率为零。也就是说，此时函数 $f(x)=\sin x$ 将取得极值。当 x 略微偏离 90° 时，函数 $f(x)=\sin x$ 的值会比 $x=90°$ 时略微减小，因此 $x=90°$ 的极值将成为“极大值”。在 $90°<\theta<180°$ 之间，由于 $f'(x)<0$，切线的斜率为负，因此函数 $y=f(x)$ 的值会逐渐减小。

当 $x = 180°$ 时，$f'(180°) = \cos 180° = -1$，切线的斜率为负（向右下方），达到最小值。在 $180° < x < 270°$ 之间，由于 $f'(x) < 0$，切线的斜率仍为负，因此函数 $y = f(x)$ 的值会逐渐减小。

当 $x = 270°$ 时，$f'(270°) = \cos 270° = 0$，切线的斜率为零。也就是说，此时函数 $f(x) = \sin x$ 将取得极值。

当 x 略微偏离 $270°$ 时，函数 $f(x) = \sin x$ 的值会比 $x = 270°$ 时略微增大，因此 $x = 270°$ 的极值将成为“极小值”。在 $270° < \theta < 360°$ 之间，由于 $f'(x) > 0$，切线的斜率为正，因此函数 $y = f(x)$ 的值会逐渐增大。

当 $x < 0°$ 或 $x > 360°$ 时，根据三角函数的性质，它们会以 $360°$ 为周期重复相同的性质。

因此，通过微分系数的正负，可以了解函数的增减情况。此外，可以理解函数在微分系数为零的地方取得极值。因此，在绘制图表时，通过把握极值的位置，可以更好地理解函数的特点。

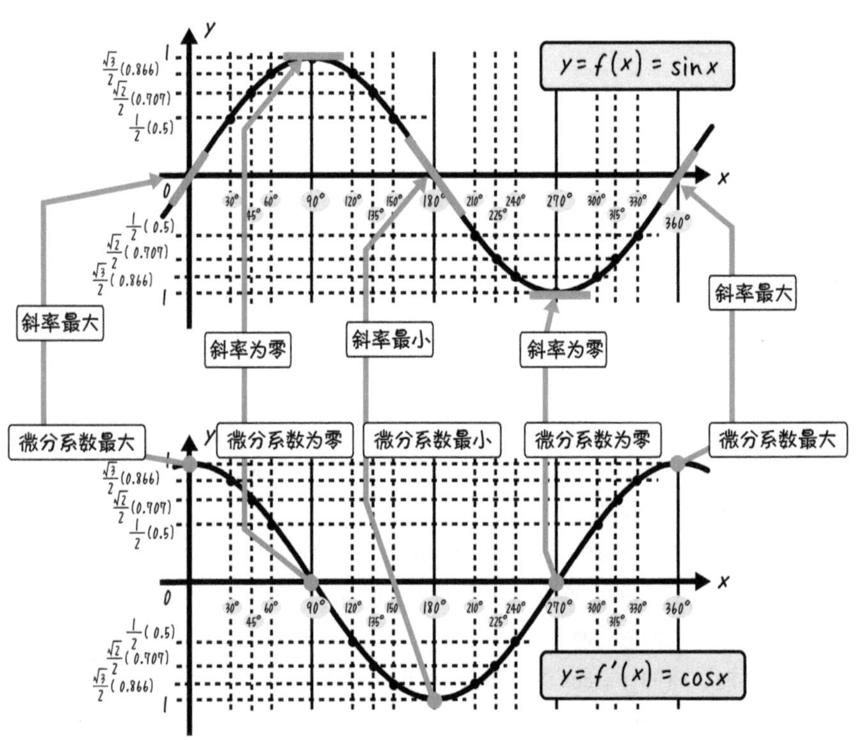

问题 7-6 x^3 的原函数可以从表 7.1 中得到，为$\frac{1}{4}x^4$。因此，

$$\int_0^1 x^3 dx = \left[\frac{1}{4}x^4\right]_0^1 = \frac{1}{4}[1^4 - 0^4] = \frac{1}{4}$$

问题 7-7 对表格右侧进行微分。

x^n

$$\left(\frac{1}{n+1}x^{n+1}\right)' = \frac{1}{n+1}(x^{n+1})' = \frac{1}{n+1}(n+1)x^{n+1-1} = x^n$$

$\frac{1}{x}$

当 $x > 0$ 时

$$(\ln|x|)' = (\ln x)' = \frac{1}{x}$$

当 $x < 0$ 时 (※ 这时变成了 $-x > 0$！)

$$(\ln|x|)' = [\ \ln(-x)\ ]'$$

如果设 $u = -x$，就有 $\frac{du}{dx} = -1$，

$$[\ln(-x)]' = (\ln u)'\frac{du}{dx} = \frac{1}{u}\cdot(-1) = \frac{1}{-x}\cdot(-1) = \frac{1}{x}$$

$\sin x$ $(-\cos x)' = -(\cos x)' = -(-\sin x) = \sin x$

$\cos x$ $(\sin x)' = \cos x$

e^x $(e^x)' = e^x$

$\ln x\ (x > 0)$ $(x\ln x - x)' = (x\ln x)' - (x)'$

这里，根据积的微分性质，

$$(x\ln x)' = (x)'\ln x + x(\ln x)' = \ln x + x\frac{1}{x} = \ln x + 1$$

所以，

$$(x\ln x - x)' = (x\ln x)' - (x)' = \ln x + 1 - 1 = \ln x$$

$\sinh x$ $(\cosh x)' = \sinh x$：详细请参阅 7-5 节的③

$\cosh x$ $(\sinh x)' = \cosh x$：详细请参阅 7-5 节的③

$\sin^{-1}\frac{x}{a}$

如果令 $y=\sin^{-1}\dfrac{x}{a}$，则 $x=a\tan y$，且$\dfrac{\mathrm{d}x}{\mathrm{d}y}=a\cos y$。所以，

$$\frac{\mathrm{d}y}{\mathrm{d}x}=\frac{1}{\dfrac{\mathrm{d}x}{\mathrm{d}y}}=\frac{1}{a\cos y}$$

根据三角函数的关系 $\sin^2 y+\cos^2 y=1$，因此，

$$\cos y=\pm\sqrt{1-\sin^2 y}=\pm\sqrt{1-\left(\frac{x}{a}\right)^2}$$

由于逆三角函数的定义域为 $-\pi/2<y<\pi/2$，所以有

$$\cos y=+\sqrt{1-\left(\frac{x}{a}\right)^2}$$

通过上述的计算，最终可得，

$$\frac{\mathrm{d}y}{\mathrm{d}x}=\frac{1}{a\sqrt{1-\left(\dfrac{x}{a}\right)^2}}=\frac{1}{\sqrt{a^2-x^2}}$$

$\tan^{-1}\dfrac{x}{a}$

如果令 $y=\tan^{-1}\dfrac{x}{a}$，则 $x=a\tan y$，且$\dfrac{\mathrm{d}x}{\mathrm{d}y}=\dfrac{a}{\cos^2 y}$。所以，

$$\frac{\mathrm{d}y}{\mathrm{d}x}=\frac{1}{\dfrac{\mathrm{d}x}{\mathrm{d}y}}=\frac{1}{\dfrac{a}{\cos^2 y}}=\frac{1}{a}\cos^2 y,$$

根据三角函数的关系 $\sin^2 y+\cos^2 y=1$，对等式两边同除以 $\cos^2 y$，可得到 $\left(\dfrac{\sin y}{\cos y}\right)^2+1=\dfrac{1}{\cos^2 y}$，设 $\tan y=\dfrac{\sin y}{\cos y}$ 并将其代入，可得到 $\tan^2 y+1=\dfrac{1}{\cos^2 y}$，综合上述的计算结果，最终可得，

$$\frac{\mathrm{d}y}{\mathrm{d}x}=\frac{1}{a}\cos^2 y=\frac{1}{a(\tan^2 y+1)}=\frac{1}{a\left[\left(\dfrac{x}{a}\right)^2+1\right]}=\frac{a}{x^2+a^2}$$

$\sinh^{-1}\dfrac{x}{a}$

如果令 $y=\sinh^{-1}\dfrac{x}{a}$，则 $x=a\sinh y$，且 $\dfrac{dx}{dy}=a\cosh y$。所以，

$$\frac{dy}{dx}=\frac{1}{\frac{dx}{dy}}=\frac{1}{a\cosh y},$$

因为 $\cosh^2 y-\sinh^2 y=\left(\dfrac{e^y+e^{-y}}{2}\right)^2-\left(\dfrac{e^y-e^{-y}}{2}\right)^2=1$，

所以 $\cosh y=\sqrt{1+\sinh^2 y}$ [一]

综合上述的计算结果，最终可得，

$$\frac{dy}{dx}=\frac{1}{a\sqrt{1+\sinh^2 y}}=\frac{1}{a\sqrt{1+\left(\frac{x}{a}\right)^2}}=\frac{1}{\sqrt{x^2+a^2}}$$

问题 7–8

$$\begin{aligned}\int x\cos x dx&=\int x(\sin x)' dx\\&=x\sin x-\int (x)'\sin x dx\\&=x\sin x-\int \sin x dx\\&=x\sin x-(-\cos x)+C\\&=x\sin x+\cos x+C\end{aligned}$$

问题 7–9

根据提示，令 $\sqrt{x-1}=u$，则 $x=u^2+1$，

当 $x=1$ 时，$u=\sqrt{1-1}=0$，

当 $x=2$ 时，$u=\sqrt{2-1}=1$，

因此，可以得到以下对应表，

x	$1\ \rightarrow\ 2$
u	$0\ \rightarrow\ 1$

另外，

$$\frac{dx}{du}=\frac{d}{du}(u^2+1)=2u,$$

$$dx=2udu$$

[一] 因为 $\cosh y\geqslant 0$，所以此处无需考虑 $\cosh y=-\sqrt{1+\sinh^2 y}$。

因此，可以将 dx 替换为 $2u\mathrm{d}u$。于是有，

$$\begin{aligned}\int_1^2 x\sqrt{x-1}\mathrm{d}x &= \int_0^1 (u^2+1)u2u\mathrm{d}u = 2\int_0^1 (u^4+u^2)\mathrm{d}u \\ &= 2\left[\frac{u^5}{5}+\frac{u^3}{3}\right]_0^1 = 2\left\{\frac{1}{5}+\frac{1}{3}-\left(\frac{0}{5}+\frac{0}{3}\right)\right\} \\ &= 2\left(\frac{1}{5}+\frac{1}{3}\right) = \frac{16}{15}\end{aligned}$$

第 8 章

问题的答案

问题 8–1

如果令 $f_1(x) = \sin(x+\theta)$，则 $f_1'(x) = \cos(x+\theta)$、$f_1''(x) = -\sin(x+\theta)$，因此 $f_1''(x) + f_1(x) = 0$。

如果令 $f_2(x) = \cos(x+\theta)$，

则 $f_2'(x) = -\sin(x+\theta)$、$f_2''(x) = -\cos(x+\theta)$，因此 $f_2''(x) + f_2(x) = 0$。

如果令 $f(x) = A\sin(x+\theta) + B\cos(x+\theta)$，

则 $f(x) = Af_1(x) + Bf_2(x)$，且 $f_1(x)$、$f_2(x)$ 满足方程式（♪）。由于微分的线性性质，有 $f''(x) = Af_1''(x) + Bf_2''(x)$，因此，

$$\begin{aligned}f''(x) + f(x) &= Af_1''(x) + Bf_2''(x) + Af_1(x) + Bf_2(x) \\ &= A(f_1''(x) + f_1(x)) + B(f_2''(x) + f_2(x)) \\ &= A \cdot 0 + B \cdot 0 = 0\end{aligned}$$

问题 8–2

根据 $y'(t) = (\mathrm{e}^{kt})' = k\mathrm{e}^{kt} = ky(t)$，因此满足微分方程（♪♪）。

问题 8–3

根据 $y_1'(t) = A\omega\cos\omega t$、$y_1''(t) = -A\omega^2\sin\omega t$，可以得到 $y_1''(t) + \omega^2 y_1(t) = -A\omega^2\sin\omega t + \omega^2 A\sin\omega t = 0$。

同样地，根据 $y_2'(t) = -B\omega\sin\omega t$、$y_2''(t) = -B\omega^2\cos\omega t$，可以得到 $y_2''(t) + \omega^2 y_2(t) = -B\omega^2\cos\omega t + \omega^2 B\cos\omega t = 0$。

最后，根据微分的线性性质 $y''(x) = y_1''(x) + y_2''(x)$，可以得到

$y''(x) + \omega^2 y(x) = y_1''(x) + y_2''(x) + \omega^2(y_1(x) + y_2(x)) = y_1''(t) + \omega^2 y_1(t)) + (y_2''(t) + \omega^2 y_2(t)) = 0 + 0 = 0$

问题 8-4

由于 A 是常数，如果$u(t)=\dfrac{y(t)}{A}=\mathrm{e}^{-\lambda t}\sin(\omega_* t)$满足（★），则 $y(t)$ 也满足（★）。因此，我们试着将 $u(t)$ 代入（★）中。首先从导数的乘积性质得到

$$u'(t)=-\lambda\mathrm{e}^{-\lambda t}\sin(\omega_* t)+\mathrm{e}^{-\lambda t}\omega_*\cos(\omega_* t)$$
$$u''(t)=+\lambda^2\mathrm{e}^{-\lambda t}\sin(\omega_* t)-\lambda\mathrm{e}^{-\lambda t}\omega_*\cos(\omega_* t)$$
$$-\lambda\mathrm{e}^{-\lambda t}\omega_*\cos(\omega_* t)-\mathrm{e}^{-\lambda t}\omega^2_*\sin(\omega_* t)$$

因此，（★）变为

$$0=u''(t)+2\lambda u'(t)+\omega^2 u(t)$$
$$=+\lambda^2\mathrm{e}^{-\lambda t}\sin(\omega_* t)-\lambda\mathrm{e}^{-\lambda t}\omega_*\cos(\omega_* t)$$
$$-\lambda\mathrm{e}^{-\lambda t}\omega_*\cos(\omega_* t)-\mathrm{e}^{-\lambda t}\omega_*^2\sin(\omega_* t)$$
$$-2\lambda^2\mathrm{e}^{-\lambda t}\sin(\omega_* t)+2\lambda\mathrm{e}^{-\lambda t}\omega_*\cos(\omega_* t)+\omega^2\mathrm{e}^{-\lambda t}\sin(\omega_* t)$$

将等式两边都除以$\mathrm{e}^{-\lambda t}$，并将$\sin(\omega_* t)$和$\cos(\omega_* t)$项分别整理，可得到

$$0=\sin(\omega_* t)(\lambda^2-2\lambda^2-\omega_*^2+\omega^2)$$
$$+\cos(\omega_* t)(-\lambda\omega_*-\lambda\omega_*+2\lambda\omega_*)\quad(\#)$$

在 $\cos(\omega_* t)$ 的关联项中，$(-\lambda\omega_*-\lambda\omega_*+2\lambda\omega_*)=0$，在 $\sin(\omega_* t)$ 的关联项中，$\omega_*=\sqrt{\omega^2-\lambda^2}$，所以有，

$$\lambda^2-2\lambda^2-\omega_*^2+\omega^2=-\lambda^2-\omega_*^2+\omega^2=-\lambda^2-(\omega^2-\lambda^2)+\omega^2=0$$

这样一来，最终，式（#）右边也变为 0，因此，$u(t)$ 满足了式（★）。同样地，也可证明$v(t)=\mathrm{e}^{-\lambda t}\cos(\omega_* t)$也满足式（★）。

问题 8-5

这是 8-2 节中的微分方程（♪♪）中所述的方程式。对于$\dfrac{1}{y}y'=k$，我们可以对两边做关于 x 积分，

$$\int\frac{1}{y}y'\mathrm{d}x=\int k\mathrm{d}x$$

如果将左边的积分变量从 x 变为 y，则为

$$（左边）=\int\frac{1}{y}\frac{\mathrm{d}y}{\mathrm{d}x}\mathrm{d}x=\int\frac{1}{y}\mathrm{d}y=\ln|y|+C_1$$

同时，右边的积分则为

$$(\text{右边}) = \int k\mathrm{d}x = kx + C_2$$

因此，微分方程式变为

$$\ln y + C_1 = kx + C_2$$

由此可以得到：

$$\ln y = kx + C_2 - C_1$$

从而得到：

$$y = \mathrm{e}^{(kx+C_2-C_1)} = C\mathrm{e}^{kx}$$

这里，常数$C = \mathrm{e}^{(C_2-C_1)}$。

根据初始值条件，$1 = y(0) = C\mathrm{e}^0 = C$，所以 $C = 1$，$y = \mathrm{e}^{kx}$

问题 8-6

（1）将两边除以 L，得到：

$$i'(t) + \frac{R}{L}i(t) = \frac{E_{\mathrm{m}}}{L}\sin\omega t$$

与式（☆）对照，可得$p(t) = \frac{R}{L}$、$q(t) = \frac{E_{\mathrm{m}}}{L}\sin\omega t$。

因此，

$$g(t) = \int\frac{R}{L}\mathrm{d}t = \frac{R}{L}t$$

积分因子为

$$f(t) = \exp\left(\frac{R}{L}t\right)$$

因此，一般解为

$$\begin{aligned}
i(t) &= \exp(-g(t))\int\exp(g(t))q(t)\mathrm{d}t + C \\
&= \exp\left(-\frac{R}{L}t\right)\int\exp\left(\frac{R}{L}t\right)\frac{E_{\mathrm{m}}}{L}\sin\omega t\mathrm{d}t + C \\
&= \exp\left(-\frac{R}{L}t\right)\frac{E_{\mathrm{m}}}{L}\int\exp\left(\frac{R}{L}t\right)\sin\omega t\mathrm{d}t + C
\end{aligned}$$

接下来计算积分

$$u(t) = \int\exp\left(\frac{R}{L}t\right)\sin\omega t\mathrm{d}t$$

为进行部分积分，将积分转化为

$$u(t)=\int\left(\frac{L}{R}\exp\left(\frac{R}{L}t\right)\right)'\sin\omega t\mathrm{d}t$$

这样就可得到：

$$\begin{aligned}u(t)&=\frac{L}{R}\exp\left(\frac{R}{L}t\right)\sin\omega t-\frac{L}{R}\int\exp\left(\frac{R}{L}t\right)(\sin\omega t)'\mathrm{d}t\\&=\frac{L}{R}\exp\left(\frac{R}{L}t\right)\sin\omega t-\frac{L}{R}\int\exp\left(\frac{R}{L}t\right)\omega\cos\omega t\mathrm{d}t\\&=\frac{L}{R}\exp\left(\frac{R}{L}t\right)\sin\omega t-\frac{\omega L}{R}\int\exp\left(\frac{R}{L}t\right)\cos\omega t\mathrm{d}t\end{aligned}$$

然后再对第二项进行分部积分，

$$\begin{aligned}u(t)&=\frac{L}{R}\exp\left(\frac{R}{L}t\right)\sin\omega t-\frac{\omega L}{R}\int\exp\left(\frac{R}{L}t\right)\cos\omega t\mathrm{d}t\\&=\frac{L}{R}\exp\left(\frac{R}{L}t\right)\sin\omega t-\frac{\omega L}{R}\int\left(\frac{L}{R}\exp\left(\frac{R}{L}t\right)\right)'\cos\omega t\mathrm{d}t\\&=\frac{L}{R}\exp\left(\frac{R}{L}t\right)\sin\omega t-\left[\frac{\omega L}{R}\frac{L}{R}\exp\left(\frac{R}{L}t\right)\cos\omega t\right.\\&\quad\left.-\frac{\omega L}{R}\int\frac{L}{R}\exp\left(\frac{R}{L}t\right)(\cos\omega t)'\mathrm{d}t\right]\\&=\frac{L}{R}\exp\left(\frac{R}{L}t\right)\sin\omega t-\left[\frac{\omega L}{R}\frac{L}{R}\exp\left(\frac{R}{L}t\right)\cos\omega t\right.\\&\quad\left.+\frac{\omega^2L^2}{R^2}\underbrace{\int\exp\left(\frac{R}{L}t\right)\sin\omega t\mathrm{d}t}_{=u(t)}\right]\end{aligned}$$

从中我们可以看到出现了 $u(t)$。整理可得到，

$$u(t)=\frac{L}{R}\exp\left(\frac{R}{L}t\right)\sin\omega t-\frac{\omega L^2}{R^2}\exp\left(\frac{R}{L}t\right)\cos\omega t-\frac{\omega^2L^2}{R^2}u(t)$$

对 $u(t)$ 进行求解，

$$u(t)=\frac{\frac{L}{R}\exp\left(\frac{R}{L}t\right)\sin\omega t-\frac{\omega L^2}{R^2}\exp\left(\frac{R}{L}t\right)\cos\omega t}{1+\frac{\omega^2L^2}{R^2}}$$

因此，一般解为

$$i(t)=\exp\left(-\frac{R}{L}t\right)\frac{E_m}{L}u(t)+C$$

$$=\exp\left(-\frac{R}{L}t\right)\frac{E_m}{L}\frac{\frac{L}{R}\exp\left(\frac{R}{L}t\right)\sin\omega t-\frac{\omega L^2}{R^2}\exp\left(\frac{R}{L}t\right)\cos\omega t}{1+\frac{\omega^2L^2}{R^2}}+C$$

$$=\frac{\frac{E_m}{L}\exp\left(-\frac{R}{L}t\right)}{1+\frac{\omega^2L^2}{R^2}}\left[\frac{L}{R}\exp\left(\frac{R}{L}t\right)\sin\omega t-\frac{\omega L^2}{R^2}\exp\left(\frac{R}{L}t\right)\cos\omega t\right]+C$$

$$=\frac{\frac{E_m}{L}}{1+\frac{\omega^2L^2}{R^2}}\left[\frac{L}{R}\sin\omega t-\frac{\omega L^2}{R^2}\cos\omega t\right]+C$$

$$=\frac{\frac{E_m}{L}}{1+\frac{\omega^2L^2}{R^2}}\frac{L}{R}\left[\sin\omega t-\frac{\omega L}{R}\cos\omega t\right]+C$$

$$=\frac{RE_m}{R^2+(\omega L)^2}\left[\sin\omega t-\frac{\omega L}{R}\cos\omega t\right]+C$$

这是处于稳定状态时微分方程的解。

（2）代入初始条件，

$$0=i(0)=\frac{RE_m}{R^2+(\omega L)^2}\left[0-\frac{\omega L}{R}\cdot 1\right]+C$$

$$0=-\frac{RE_m}{R^2+(\omega L)^2}\frac{\omega L}{R}\cdot 1+C$$

所以，

$$C=+\frac{\omega L}{R^2+(\omega L)^2}E_m$$

因此求得，

$$i(t)=\frac{RE_m}{R^2+(\omega L)^2}\left[\sin\omega t-\frac{\omega L}{R}\cos\omega t\right]+\frac{\omega L}{R^2+(\omega L)^2}E_m$$

（3）化入初始条件，

$$\frac{E_m}{R}=i(0)=\frac{RE_m}{R^2+(\omega L)^2}\left[0-\frac{\omega L}{R}\cdot 1\right]+C$$

$$\frac{E_m}{R}=-\frac{RE_m}{R^2+(\omega L)^2}\frac{\omega L}{R}\cdot 1+C$$

所以，

$$C=\frac{E_{\mathrm{m}}}{R}+\frac{\omega L}{R^2+(\omega L)^2}E_{\mathrm{m}}$$

因此求得，

$$i(t)=\frac{RE_{\mathrm{m}}}{R^2+(\omega L)^2}\left[\sin\omega t-\frac{\omega L}{R}\cos\omega t\right]+\frac{E_{\mathrm{m}}}{R}$$
$$+\frac{\omega L}{R^2+(\omega L)^2}E_{\mathrm{m}}$$

问题 8–7

代入初始条件进行计算，

$$y(0)=C_1\cos 0+C_2\sin 0=C_1\cdot 1=A$$
$$y'(0)=\omega(-C_1\sin 0+C_2\cos 0)=\omega C_2\cdot 1=0$$

因此得到，

$$C_1=A$$

$$C_2=0$$

所以，初值问题的解为

$$y(t)=A\cos\omega t$$

问题 8–8

特征方程式为

$$\lambda^2+2\lambda+2=0$$

根据解的公式：

$$\lambda=\frac{-2\pm\sqrt{2^2-4\cdot 2}}{2}=\frac{-2\pm \mathrm{j}2}{2}=-1\pm\mathrm{j}$$

这在 8-4 节解 2 阶线性微分方程的分类中对应第③种情况，一般解为

$$y(t)=\mathrm{e}^{-x}(C_1\cos x+C_2\sin x)$$

接下来解初始值问题。

$$2=y(0)=1\cdot(C_1\cos 0+C_2\sin 0)=C_1\text{，所以，}C_1=2$$

所以，

$$y(x)=\mathrm{e}^{-x}(2\cos x+C_2\sin x)$$

再根据，

$$y'(t)=(-\mathrm{e}^{-x})(2\cos x+C_2\sin x)+\mathrm{e}^{-x}(-2\sin x+C_2\cos x)$$

所以，

$$y'(0)=-(2+0)+(0+C_2)=-2$$

并由此得到，

$$C_2=0$$

综上，该初值问题的特解为

$$y(t)=2\mathrm{e}^{-x}\cos x$$

问题 8–9

$$\mathcal{L}[\sin(at)]=\frac{1}{\mathrm{j}2}(\mathcal{L}[\mathrm{e}^{\mathrm{j}at}]-\mathcal{L}[\mathrm{e}^{-\mathrm{j}at}])=\frac{1}{\mathrm{j}2}\left(\frac{1}{s-\mathrm{j}a}-\frac{1}{s+\mathrm{j}a}\right)=\frac{a}{s^2+a^2}$$

问题 8–10

$$\mathcal{L}[\sinh(at)]=\frac{1}{2}(\mathcal{L}[\mathrm{e}^{at}]-\mathcal{L}[\mathrm{e}^{-at}])=\frac{1}{2}\left(\frac{1}{s-a}-\frac{1}{s+a}\right)=\frac{a}{s^2-a^2}$$

$$\mathcal{L}[\cosh(at)]=\frac{1}{2}(\mathcal{L}[\mathrm{e}^{at}]+\mathcal{L}[\mathrm{e}^{-at}])=\frac{1}{2}\left(\frac{1}{s-a}+\frac{1}{s+a}\right)=\frac{s}{s^2-a^2}$$

问题 8–11

$\cos(bt)$ 的拉普拉斯变换为

$$\mathcal{L}[\cos(bt)]=\frac{s}{s^2+b^2}$$

将其乘以e^{at}，由于 $s\to s-a$，因此有：

$$\mathcal{L}[\mathrm{e}^{at}\cos(bt)]=\frac{s-a}{(s-a)^2+b^2}$$

问题 8–12

（1）根据拉普拉斯变换的性质：

$\mathcal{L}[y''(t)]=s^2Y(s)-sy'(0)-y(0)$、$\mathcal{L}[y(t)]=Y(s)$

微分方程可以变换为

$$s^2Y(s)-sy'(0)-y(0)+Y(s)=\mathcal{L}[\sin t]$$

这里，$\mathcal{L}[\sin t]=\dfrac{1}{s^2+1}$，代入得到，

$$s^2Y(s)-sy'(0)-y(0)+Y(s)=\frac{1}{s^2+1}$$

根据初始条件，$y(0)=1$、$y'(0)=1$，并代入方程，得到，

$$s^2Y(s)-1+Y(s)=\frac{1}{s^2+1}$$

（2）用 $Y(s)$ 表示所得到的方程，

$$Y(s)(s^2+1)-1=\frac{1}{s^2+1}$$

所以，$Y(s)(s^2+1)=\frac{1}{s^2+1}+1=\frac{1}{s^2+1}+\frac{s^2+1}{s^2+1}=\frac{s^2+2}{s^2+1}$，

方程两边同除以 s^2+1，可得到，

$$Y(s)=\frac{s^2+2}{(s^2+1)^2}$$

（3）将分子分拆为 $s^2+2=(s^2+1)+1$，得到以下的方程，

$$Y(s)=\frac{(s^2+1)+1}{(s^2+1)^2}=\frac{(s^2+1)}{(s^2+1)^2}+\frac{1}{(s^2+1)^2}=\frac{1}{s^2+1}+\frac{1}{(s^2+1)^2}$$

（4）对（3）的结果做拉普拉斯逆变化，可得到，

$$\begin{aligned}y(t)&=\mathcal{L}^{-1}[Y(s)]=\mathcal{L}^{-1}\left[\frac{1}{s^2+1}+\frac{1}{(s^2+1)^2}\right]\\&=\mathcal{L}^{-1}\left[\frac{1}{s^2+1}\right]+\mathcal{L}^{-1}\left[\frac{1}{(s^2+1)^2}\right]\end{aligned}$$

这里，第一项可写成，

$$\mathcal{L}^{-1}\left[\frac{1}{s^2+1}\right]=\sin t$$

而第二项通过卷积（复合积）的性质（8-6 节中拉普拉斯变换的性质⑤）可得：

$$\int_0^t \sin(t-x)\sin(x)\mathrm{d}x=\frac{1}{2}\sin t-\frac{t}{2}\cos t$$

综上，我们得到所求解为

$$\begin{aligned}y(t)&=\mathcal{L}^{-1}\left[\frac{1}{s^2+1}\right]+\mathcal{L}^{-1}\left[\frac{1}{(s^2+1)^2}\right]\\&=\sin t+\frac{1}{2}\sin t-\frac{t}{2}\cos t=\frac{3}{2}\sin t-\frac{t}{2}\cos t\end{aligned}$$

第 9 章

问题的答案

问题 9-1

根据三角函数的加法定理，

$$\sin(A+B)=\sin A\cos B+\cos A\sin B \quad (1)$$

$$\sin(A-B)=\sin A\cos B-\cos A\sin B \quad (2)$$

$$\cos(A+B)=\cos A\cos B-\sin A\sin B \quad (3)$$

$$\cos(A-B)=\cos A\cos B+\sin A\sin B \quad (4)$$

（3）和（4）相加得到，

$$\begin{aligned}&\cos(A+B)+\cos(A-B)\\&=(\cos A\cos B-\sin A\sin B)+(\cos A\cos B+\sin A\sin B)\\&=2\cos A\cos B\end{aligned}$$

同样，（3）-（4）可得到，

$$\begin{aligned}&\cos(A+B)-\cos(A-B)\\&=(\cos A\cos B-\sin A\sin B)-(\cos A\cos B+\sin A\sin B)\\&=-2\sin A\sin B\end{aligned}$$

对（1）和（2）相加得到，

$$\begin{aligned}&\sin(A+B)+\sin(A-B)\\&=(\sin A\cos B+\cos A\sin B)+(\sin A\cos B-\cos A\sin B)\\&=2\sin A\cos B\end{aligned}$$

问题 9-2

试着计算 $\int_{-\pi}^{\pi} f(t)\cos(mt)\mathrm{d}t$ 和 $\int_{-\pi}^{\pi} f(t)\sin(mt)\mathrm{d}t$，

$$\begin{aligned}&\int_{-\pi}^{\pi} f(t)\cos(mt)\mathrm{d}t\\&=\int_{-\pi}^{\pi}\frac{a_0}{2}\cos(mt)\mathrm{d}t+\int_{-\pi}^{\pi}\sum_{k=1}^{\infty}[a_k\cos(kt)+b_k\sin(kt)]\cos(mt)\mathrm{d}t\end{aligned}$$

这里第一项，

$$\int_{-\pi}^{\pi}\frac{a_0}{2}\cos(mt)\mathrm{d}t=\frac{a_0}{2}\int_{-\pi}^{\pi}\cos(mt)\mathrm{d}t=\frac{a_0}{2}\cdot 0=0$$

对于第二项，我们将积分放到 $\sum_{k=1}^{\infty}$ 中，并利用 9-0 节的结果，得到

$$\sum_{k=1}^{\infty}\left[\int_{-\pi}^{\pi}a_k\cos(kt)\cos(mt)\mathrm{d}t+\int_{-\pi}^{\pi}b_k\sin(kt)\cos(mt)\mathrm{d}t\right]$$

$$=\sum_{k=1}^{\infty}\underbrace{[a_k\pi\delta_{km}+0]}_{\text{根据}\delta_{km}\text{，只有}k=m\text{时该项才会留下来}}=a_m\pi$$

整理后得到 $\int_{-\pi}^{\pi}f(t)\cos(mt)\mathrm{d}t=a_m\pi$，因此傅里叶系数 a_m 为

$$a_m=\frac{1}{\pi}\int_{-\pi}^{\pi}f(t)\cos(mt)\mathrm{d}t$$

这样成功地提取了傅里叶系数。同样地对于 $\int_{-\pi}^{\pi}f(t)\sin(mt)\mathrm{d}t$，

$$\int_{-\pi}^{\pi}f(t)\sin(mt)\mathrm{d}t$$

$$=\int_{-\pi}^{\pi}\frac{a_0}{2}\sin(mt)\mathrm{d}t+\int_{-\pi}^{\pi}\sum_{k=1}^{\infty}[a_k\cos(kt)+b_k\sin(kt)]\sin(mt)\mathrm{d}t$$

这里第一项，

$$\int_{-\pi}^{\pi}\frac{a_0}{2}\sin(mt)\mathrm{d}t=\frac{a_0}{2}\int_{-\pi}^{\pi}\sin(mt)\mathrm{d}t=\frac{a_0}{2}\cdot 0=0$$

对于第二项，我们将积分放到 $\sum_{k=1}^{\infty}$ 中，并利用 9-0 节的结果，得到，

$$\sum_{k=1}^{\infty}\left[\int_{-\pi}^{\pi}a_k\cos(kt)\sin(mt)\mathrm{d}t+\int_{-\pi}^{\pi}b_k\sin(kt)\sin(mt)\mathrm{d}t\right]$$

$$=\sum_{k=1}^{\infty}\underbrace{[0+b_k\pi\delta_{km}]}_{\text{根据}\delta_{km}\text{，只有}k=m\text{时该项才会留下来}}=b_m\pi$$

整理后得到 $\int_{-\pi}^{\pi}f(t)\sin(mt)\mathrm{d}t=b_m\pi$。因此傅里叶系数 b_m 为

$$b_m=\frac{1}{\pi}\int_{-\pi}^{\pi}f(t)\sin(mt)\mathrm{d}t$$

问题 9–3

首先，当 $k=0$ 时，a_0 为

$$a_0=\frac{1}{\pi}\int_{-\pi}^{\pi}f(t)\mathrm{d}t=\frac{1}{\pi}\int_{-\pi}^{\pi}t\mathrm{d}t=\frac{1}{\pi}\left[\frac{t^2}{2}\right]_{-\pi}^{\pi}=\frac{1}{2\pi}(\pi^2-(-\pi)^2)=0$$

接下来，当 $k\neq 0$ 时，

$$a_k=\frac{1}{\pi}\int_{-\pi}^{\pi}f(t)\cos(kt)\mathrm{d}t=\frac{1}{\pi}\int_{-\pi}^{\pi}t\cos(kt)\mathrm{d}t$$

因为$\left[\frac{1}{k}\sin(kt)\right]=\cos(kt)$，并利用分部积分，可以得到：

$$
\begin{aligned}
a_k &= \frac{1}{\pi}\int_{-\pi}^{\pi} t\left[\frac{1}{k}\sin(kt)\right]' \mathrm{d}t \\
&= \frac{1}{\pi}\left[t\frac{1}{k}\sin(kt)\right]_{-\pi}^{\pi} - \frac{1}{\pi}\int_{-\pi}^{\pi}(t)'\frac{1}{k}\sin(kt)\mathrm{d}t \\
&= 0 - \frac{1}{\pi k}\int_{-\pi}^{\pi}\sin(kt)\mathrm{d}t \\
&= -\frac{1}{\pi k}\left[-\frac{1}{k}\cos(kt)\right]_{-\pi}^{\pi} = \frac{1}{\pi k}\left(-\frac{1}{k}\right)[\cos k\pi - \cos(-k\pi)] \\
&= \frac{1}{\pi k^2}[(-1)^2 - (-1)^2] = 0
\end{aligned}
$$

同样地，对于 $b_k = \frac{1}{\pi}\int_{-\pi}^{\pi} f(t)\sin(kt)\mathrm{d}t = \frac{1}{\pi}\int_{-\pi}^{\pi} t\sin(kt)\mathrm{d}t$，因为 $\left[-\frac{1}{k}\cos(kt)\right]' = \sin(kt)$，并利用分部积分，可以得到：

$$
\begin{aligned}
b_k &= \frac{1}{\pi}\int_{-\pi}^{\pi} t\left[-\frac{1}{k}\cos(kt)\right]' \mathrm{d}t \\
&= \frac{1}{\pi}\left[-t\frac{1}{k}\cos(kt)\right]_{-\pi}^{\pi} - \frac{1}{\pi}\int_{-\pi}^{\pi}(t)'\left[-\frac{1}{k}\cos(kt)\right]\mathrm{d}t \\
&= -\frac{1}{\pi k}[t\cos(kt)]_{-\pi}^{\pi} + \frac{1}{\pi k}\int_{-\pi}^{\pi}\cos(kt)\mathrm{d}t \\
&= -\frac{1}{\pi k}[\pi\cos(k\pi) - (-\pi)\cos(-(k\pi))] + \frac{1}{\pi k}\left[\frac{1}{k}\sin(kt)\right]_{-\pi}^{\pi} \\
&= -\frac{1}{\pi k}[\pi(-1)^k + \pi(-1)^k] + \frac{1}{\pi k^2}[0-0] \\
&= -\frac{2\pi}{\pi k}(-1)^k + 0 = \frac{2}{k}(-1)^k\cdot(-1) = \frac{2}{k}(-1)^{k+1}
\end{aligned}
$$

这样，傅里叶级数仅保留了 b_k 的项，

$$
f(t) \sim \frac{a_0}{2} + \sum_{k=1}^{\infty}[a_k\cos(kt) + b_k\sin(kt)] = \sum_{k=1}^{\infty}\frac{2}{k}(-1)^{k+1}\sin(kt)
$$

展开和符号的部分，就有：

$$
\begin{aligned}
f(t) &\sim \sum_{k=1}^{\infty}\frac{2}{k}(-1)^{k+1}\sin(kt) \\
&= \underbrace{+\frac{2}{1}\sin(t)}_{k=1}\underbrace{-\frac{2}{2}\sin(2t)}_{k=2}\underbrace{+\frac{2}{3}\sin(3t)}_{k=3}\underbrace{-\frac{2}{4}\sin(4t)}_{k=4}\underbrace{+\frac{2}{5}\sin(5t)}_{k=5}-\cdots\cdots
\end{aligned}
$$

以下是通过计算机计算得到部分和的图形和原始函数的图形的对比，供大家参考。

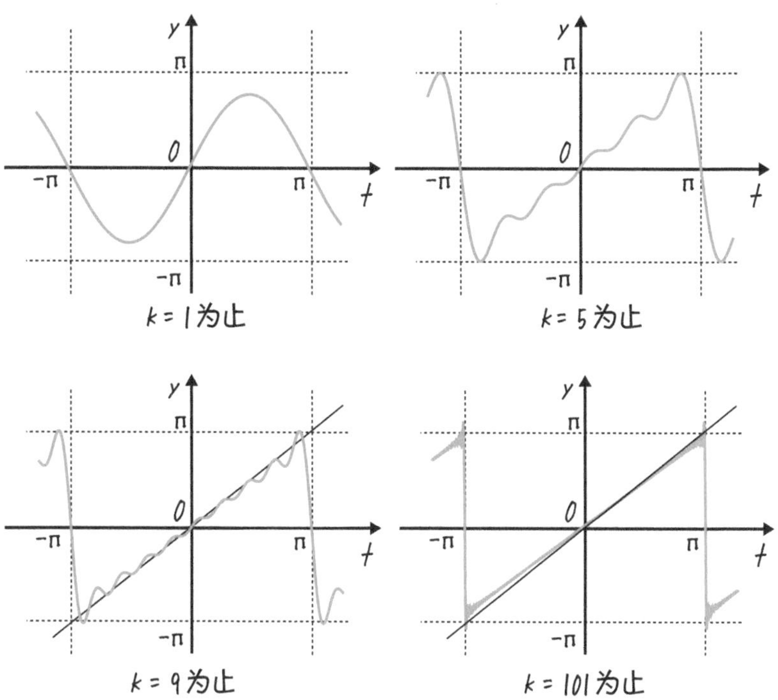

问题 9–4

根据例题得到的傅里叶级数系数如下：

$$a_0=\frac{1}{2},\quad a_k=0(k=1,2,3,\cdots\cdots),\quad b_k=\begin{cases}\dfrac{2}{\pi k} & (k\text{为奇数的时候})\\ 0 & (k\text{为偶数的时候})\end{cases}$$

$$c_0=a_0=\frac{1}{2}$$

$$c_k=\frac{a_k-\mathrm{j}b_k}{2}=\frac{0-\mathrm{j}b_k}{2}=\begin{cases}-\mathrm{j}\dfrac{1}{\pi k} & (k\text{为奇数的时候})\\ 0 & (k\text{为偶数的时候})\end{cases}$$

$$c_{-k}=\frac{a_{-k}+\mathrm{j}b_{-k}}{2}=\frac{0+\mathrm{j}b_k}{2}=\begin{cases}+\mathrm{j}\dfrac{1}{\pi k} & (k\text{为奇数的时候})\\ 0 & (k\text{为偶数的时候})\end{cases}$$